围填海适宜性评估方法与实践

于永海　索安宁　编著

U0341867

海洋出版社

2013年·北京

图书在版编目(CIP)数据

围填海适宜性评估方法与实践 / 于永海　索安宁　编著.
— 北京 : 海洋出版社, 2013.10

ISBN 978-7-5027-8682-3

Ⅰ. ① 围… Ⅱ. ① 于… ② 索… Ⅲ. ① 填海造地 — 适宜性评价 — 评估方法 — 中国 Ⅳ. ① TU982.2

中国版本图书馆CIP数据核字(2013)第242289号

责任编辑：苏　勤
责任印制：赵麟苏

海洋出版社 出版发行
http://www.oceanpress.com.cn
北京市海淀区大慧寺路 8 号　　邮编：100081
北京旺都印务有限公司印刷　　新华书店经销
2013 年10月第 1 版　2013 年10月北京第 1 次印刷
开本：889mm × 1194mm　1 / 16　印张：12.75
字数：320千字　　定价：80.00 元
发行部：010-62147016　邮购部：010-68038093　总编室：010-62114335
海洋版图书印、装错误可随时退换

参与编写人员名单（按姓氏笔画为序）：

于永海　于东生　丰爱平　王初升

羊天柱　刘大海　许雪峰　许玉甫

李怡群　赵锦霞　黄　杰　黄发明

索安宁　韩　康　曾江宁

前 言

随着我国沿海地区社会经济的快速发展，有限的土地资源已经成为制约社会发展的主要因素。为了拓展发展空间，沿海各地纷纷把发展的方向转向海洋，围填海成为缓解土地供需矛盾、拓展发展空间的有效途径，但一些地区也出现了围填海规模增长过快、局部海域生态环境破坏严重、减灾防灾能力明显降低等问题，大规模的围填海造地产生的资源环境影响问题引起了社会各界的关注。为了科学评估围填海造地的海洋资源环境适宜性，2007年国家海洋公益性行业科研专项启动了“典型围填海综合评估体系与应用示范研究（200705015）”项目。该项目针对我国各类海岸的资源环境特征，研究构建了基岩海岸、砂质海岸、淤泥质海岸、红树林海岸、海湾、河口以及离岸人工岛等不同类型海岸资源环境下的围填海适宜性评估指标体系与方法，并选取了一些典型的围填海造地项目开展了实践应用。本书是在总结“典型围填海综合评估体系与应用示范研究”项目中围填海适宜性评估理论与实践应用研究工作的基础上形成的，以期为我国不同特征海岸围填海造地适宜性评估工作提供理论方法参考。

全书共分九章，由国家海洋环境监测中心、国家海洋局第一海洋研究所、国家海洋局第二海洋研究所、国家海洋局第三海洋研究所和河北省海洋与水产科学研究院共同完成。具体分工如下：第一章，于永海、索安宁、黄杰；第二章，羊天柱、许雪峰、曾江宁；第三章，丰爱平、刘大海、赵锦霞；第四章，羊天柱、许雪峰、曾江宁；第五章，黄发明、王初升、于东生；第六章，黄发明、王初升、于永海；第七章，羊天柱、许雪峰、曾江宁；第八章，韩康、于永海、索安宁；第九章，李怡群、赵振良、索安宁。全书由于永海、索安宁进行统纂和定稿，黄杰协助。

由于研究的深度和水平有限，再加上不少评估方法尚待实践的进一步检验，不妥之处在所难免，敬请各位同行和广大读者批评指正。

典型围填海综合评估体系与应用示范研究课题组

2013年6月

目 录

第一章 围填海适宜性评估概述

第一节 围填海及其资源环境影响

围海是指通过筑堤等手段，围割海域进行海洋开发活动的用海方式，包括围海养殖、围海制盐等。填海（或填海造地）是指筑堤围割海域填成土地的海洋开发活动，围填海是围海和填海的总称。围填海是沿海地区缓解土地供求矛盾、扩大社会生存和发展空间的有效手段。许多沿海国家和地区，尤其是陆地资源贫乏的沿海国家都非常重视利用滩涂或海湾造地。荷兰 800 年来填海近千万亩，相当于国土面积的 1/5；日本在过去的 100 年间填海 12×10^4 km^2，沿海城市约有 1/3 的土地是通过填海获得的；新加坡填海造地 100 多平方千米，世界最大、最壮观的机场之一——樟宜机场，工业区裕廊镇等地都是填海而建；韩国仁川国际机场是围海填沙营造而成的；位于韩国东南端的釜山，能够同时停靠 30 艘超大型集装箱船舶的釜山新港也是填海而建。

我国沿海人口稠密，经济发达，海岸线漫长、海湾众多。改革开放以来，东部沿海地区一直是我国经济增长最活跃、工业化和城市化进程最快的区域。快速的工业化、城镇化对土地资源的大量需求与沿海土地资源相对短缺之间的矛盾成为制约我国沿海地区社会经济持续发展的主要问题。向海洋拓展发展空间，实施围填海工程，缓解人地矛盾，成为沿海城市发展的重要选择之一。为此，21 世纪以来，我国沿海兴起了规模庞大的围填海热潮，出现了曹妃甸工业园区、天津滨海新区、连云港滨海新城、珠海高栏港经济区等大规模围填海造地集中区域。根据国家海洋局《海域使用管理公报》显示，从 1993 年开始实施海域使用权确权登记到 2010 年底，我国累计确权填海造地面积达到 9.84×10^4 hm^2。“十一五”期间，全国累计确权围填海造地面积 6.72×10^4 hm^2。

在一定历史时期，围填海确实为土地资源短缺的沿海国家和地区带来了更多的发展机遇，如发展农业、提供大量城市用地、保证港口陆域用地、美化城市等。但随着人类对自然认知能力的提高，一些大规模围填海引发的生态环境问题也不容忽视，如无序无度、缺少科学规划的围填海会带来滨海湿地大量丧失，滨海景观、岸线、港口等海岸资源遭到破坏等，具体如下。

一、围填海导致海岸生态系统退化

滨海盐沼、红树林、河口、海湾等都是重要的湿地生态系统，也是当前围填海最为活跃

的地区，大规模围填海活动致使这些重要的生态系统被占用和破坏，退化严重，生物多样性降低。研究显示，天津滨海湿地一半以上已被改造为生物种群较为单一、生态功能较为低下的人工湿地。近 40 年来，我国红树林面积由 4.83×10^4 hm^2 锐减到 1.51×10^4 hm^2，围填海占用是主要原因之一。

二、围填海使海域水环境容量下降，加剧海洋环境污染

围填海大量占用海域面积，使海湾纳潮量减少，海洋潮差变小，潮汐的冲刷与交换能力降低，湾内水交换能力变差，近岸海域水环境容量下降，削弱了海水净化纳污能力，导致海水中营养物质增多，海水水质进一步恶化，从而增加引发赤潮的可能。有关研究表明，深圳市经过 20 年的围海造地，西部伶仃洋海岸地区纳潮量减少 20% ～30%，深圳湾纳潮量减少 15.6%，原先 2 个潮周期就可使湾内水体循环一遍，现在需要 7～8 个潮周期。

三、围填海破坏海洋生境，造成生物多样性下降

沿海滩涂是各种鱼类繁衍、大量海洋生物栖息、海鸟等野生动物觅食、珍稀动植物生长的场所，围填海改变这些生物的栖息环境，导致生物种群数量减少甚至濒临灭绝，对海洋生物资源造成了深远的影响。福建省的许多港湾滩涂是重要经济鱼类的产卵场、索饵场。如，三都澳、官井洋等是黄鱼的产卵场；兴化湾、湄洲湾、厦门港等是蓝点马鲛的主要产卵场。由于围填海等许多原因，海湾内海洋生物栖息地的水文和底质等条件发生了变化。

四、围填海导致近岸海岛消失、海岸线急剧缩短

海岛是近海生态系统中的重要组成部分，在维护海洋生态健康、促进海洋经济发展、保障国家权益与安全等方面发挥着重要的作用。围填海活动使众多海岛陆地化而失去了自然的海岛属性。如，温州半岛工程在霓屿岛至洞头本岛的 8 座岛屿之间修建实体海堤相连，群岛逐步演化为半岛，岛屿生态系统的独立性受到影响。海岸线长度是海岸空间资源的一个基本要素，也是海岸带生态系统的重要支撑。海湾内的围填海活动直接后果就是海湾面积大幅萎缩，岸线经截弯取直后长度大幅度减少。

五、围填海破坏海岸带独特的自然景观

良好的海岸自然景观具有很高的美学价值和经济价值，很多滨海城市也因此而成为热点旅游城市，产生巨大经济效益。围填海破坏了海岸与海底的自然平衡状态及一些珍贵的滨海景观和历史遗迹。围填海后，人工景观取代自然景观，降低了自然景观的美学价值。烟台市沿岸绵延数十千米的原生砂质海岸被称为“千里黄金海岸”，其综合价值巨大，但其间一些围海养殖工程稍弱了这些砂质海岸的综合开发利用价值。

六、围填海改变沿岸水动力条件，造成港口淤积

随着淤泥质滩涂围填海的不断向海推进，起围高程一降再降，堤外新淤面积不断增加，使得港口淤积，潮滩航道变浅、变窄，造成了港航资源的破坏。研究表明，福建铁基湾围垦

工程使得三沙湾内各主要水道的纳潮量重新分配，其中三沙湾航道纳潮量减少，工程实施后三沙湾深水航道平均回淤强度 1.9 ~ 11.1 cm/a，对湾内的深水航道产生较大影响。

填海造地是一把双刃剑，一方面为沿海地区社会经济发展提供了载体，成为沿海地区产业结构调整的促进力量；另一方面，由于填海改变了海域属性，如没有科学的规划与引导，极易引发海域生态和环境灾难，以及海洋空间资源的极大浪费。为此，建立科学的围填海适宜性评估方法体系，通过对围填海项目的科学评估，选取适宜围填的海域位置与围填方式，协调和平衡海洋经济发展与海洋资源环境保护之间的关系，具有重要的意义。

第二节　我国围填海管理概述

2000 年以来，随着经济全球化进程的加快，我国进入了工业化、城镇化和国际化深入发展阶段，经济和人口要素向滨海地区集聚趋势进一步显现，围海造地成为沿海地区拓展生产和生活空间的重要途径。为规范围填海活动，国家采取了一系列的管理措施，主要如下。

一、依法管理围填海活动

《中华人民共和国海域使用管理法》对围海造地管理作出了明确的规定，第四条规定："国家严格管理填海、围海等改变海域自然属性的用海活动。"

二、依据海洋功能区划管理围填海活动

海洋功能区划是依据《中华人民共和国海域使用管理法》和《中华人民共和国海洋环境保护法》确立的海洋管理工作的一项重要制度，是引导和调控海域使用、保护和改善海洋环境的重要依据和手段，也是围填海管理和围填海项目审批的基本依据。自 2002 年全国海洋功能区划及沿海省市海洋功能区划陆续实施以来，各级海洋行政主管部门依据海洋功能区划加强围填海项目的审批和管理。

三、实施区域用海规划

建立了区域用海规划制度，加强对集中连片围填海的管理。对于连片开发、需要整体围填用于建设或农业开发的海域要编制区域用海规划，实行整体规划、整体论证、整体评审，防止多个围填海项目聚集后对生态环境造成的累积影响，对区域内的建设项目进行整体规划和合理布局，提高海域资源利用效率。经批准的区域用海规划，由市、县级人民政府统一组织实施，规划区内单个用海项目仍应按照规定的程序和审批权限办理用海手续。

四、实行围填海计划管理

国家对围填海审批实施年度计划管理，建设用围填海计划指标和农业用围填海计划指标不得混用。全国围填海年度总量建议和分省方案由国家海洋局提出，经国家发展改革委员会综合平衡后，形成全国围填海计划，按程序纳入国民经济和社会发展年度计划。国土资源主

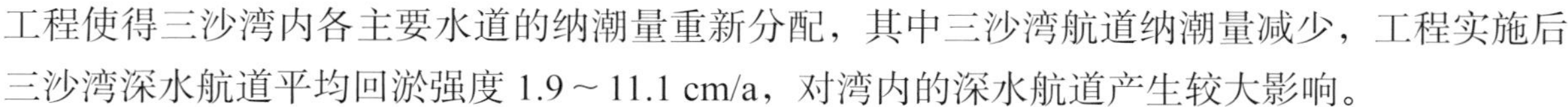

管部门在编制土地利用年度计划时，统筹考虑围填海计划。海洋主管部门编制围填海计划与土地利用年度计划相互衔接。围填海实行计划管理表明我国合理开发利用海域资源，整顿和规范围填海秩序已迈出了实质性的步伐，围填海新增建设用地纳入了宏观调控体系。

五、强化围填海平面设计管理

2008年初，国家海洋局发布了《关于改进围填海造地工程平面设计的若干意见》（国海管字〔2008〕37号），提出围填海造地工程要注重平面设计和整体布局，同时明确了围填海造地工程平面设计的基本原则和主要方式。其根本目的是转变围填海工程设计的理念，切实改进围填海造地工程的平面设计方式，全面提升围填海造地工程的社会、经济、环境效益，最大限度地减少其对海洋自然海岸线、海域功能和海洋生态环境造成的损失，实现科学合理用海。

六、严格围填海科学论证

为了加强对围填海等严重改变海域自然属性的海域使用活动的管理，1993年颁布的《国家海域使用管理暂行规定》规定了“对于改变海域属性或影响生态环境的开发利用活动，应当严格控制并经科学论证”。围填海作为彻底改变海域自然属性的海域使用行为，所有的围填海项目在批准前都必须开展海域使用论证和海洋环境影响评价。通过海域使用论证，对项目选址、平面设计方案、用海规模和围填方式等进行多方案比选，以加强围填海造地空间布局的平面设计，合理化解了围填海活动引发的海域使用利益冲突，减少围填海对自然海岸线的占用和浪费。经过20年的发展，以围填海评估论证为主体的海域使用论证制度与技术方法体系不断完善。

七、加强围填海活动的监督管理

各级海洋行政主管部门及其所属的海监队伍加强对围填海项目监督检查，同时依托国家海域使用动态监视监测系统，采用卫星遥感、航空遥感和地面监视监测等手段，对围填海项目选址是否符合海洋功能区划、围填海工程进展是否按规划执行、围填海面积是否符合批准指标等围填海活动实行全过程监管，及时发现并制止违规违法围填海活动，同时不断完善与规范填海工程竣工验收工作。

第三节　国内外围填海适宜性评估进展

围填海适宜性评估是围填海管理的重要基础工作，其根本目的是对围填海项目选址的海洋资源环境适宜性进行系统评估，为围填海行政审批提供决策依据和技术支撑。围填海适宜性评估对于合理开发海洋资源、保护海洋生态环境、维护国家海洋权益和促进海洋经济的可持续发展都具有重要的现实意义，因此，国内外都十分重视围填海的海洋资源环境适宜性评估工作。

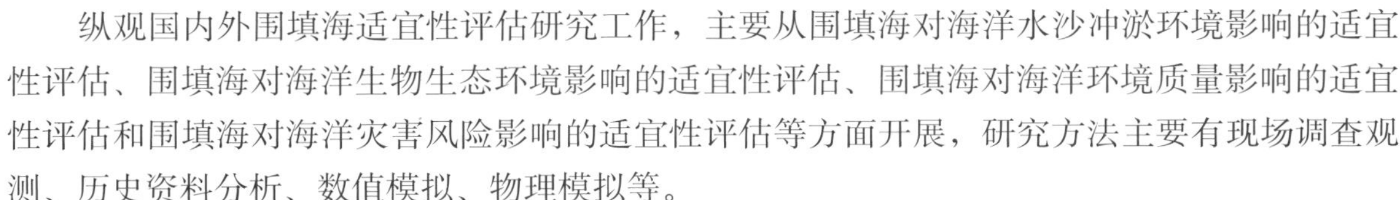

纵观国内外围填海适宜性评估研究工作，主要从围填海对海洋水沙冲淤环境影响的适宜性评估、围填海对海洋生物生态环境影响的适宜性评估、围填海对海洋环境质量影响的适宜性评估和围填海对海洋灾害风险影响的适宜性评估等方面开展，研究方法主要有现场调查观测、历史资料分析、数值模拟、物理模拟等。

一、围填海的海洋水沙冲淤环境影响适宜性评估

围填海工程改变了岸线形态和近岸地貌，必然引起近岸水动力环境的变化。研究主要集中在预测分析围填海工程后潮流、海流、波浪等海洋水动力条件的变化，通过模型模拟（如利用ECOM-SED模式，算子分裂法和“干、湿”点法建立变边界数值模型）和现状水动力调查、海域波浪状况分析等，确定围填海工程对海域水动力环境的主要影响及其后果。同时围填海对水动力环境的影响研究是泥沙和污染物输运研究的基础，杜鹏等（2008）采用ECOM-SED模式建立了胶州湾变边界数值模型，预测了前湾填海造地对胶州湾潮、余流、潮波等多个方面的影响，结果表明，围填海工程后，工程区附近海域潮流流速和潮流能通量变化较大。夏海峰和张玮（2008）利用数值模型模拟研究了南汇东滩及浦东国际机场外围围海造地对潮流的影响。陆永军等（2002）以瓯江口温州浅滩围海工程为例，应用二维潮流泥沙数学模型，研究了强潮河口围海工程对水动力环境的影响问题，包括该工程引起的潮量变化、各水道流速变化及长时期的底床变形等。

围填海对沉积和泥沙运动影响的研究主要集中在围填海工程对近岸海域沉积速率的影响、对岸滩淤蚀的影响、对淤泥质海岸潮沟的影响等方面。通过对围填区及其附近区域沉积柱状样分析、岸滩动态分析、平面二维潮流数学模型模拟、围填前后对比观测等方法，追踪围填海对泥沙运动和沉积直至海岸地貌的影响。目前，普遍认为在淤涨型岸段进行的围填海，围填之后，引起潮流条件的变化，使得原来相对平衡的海滩剖面遭受破坏，堤外滩地逐渐淤高，形成新的较稳定的岸坡，并继续向海推进，随着回填产生的高含沙浑水逐步扩散、减轻乃至消失，淤积强度将逐渐减弱，岸滩的淤积持续一定时间后重新回归均衡态。弱侵蚀潮滩围填后，堤前低潮滩和堤外低潮滩呈淤积特征，中潮滩仍保持侵蚀。强侵蚀段潮滩围垦后，一般不能改变堤前潮滩的淤蚀状况（陈才俊，1990），岸滩稳定后，仍保持弱侵蚀的状态。海堤的外迁引起潮滩上发育的潮水沟发生变化。随潮滩的淤高增宽，近堤部分逐步萎缩。如果海岸外迁时形成顺岸向的低洼地，如与潮水沟接通，会发育成沿堤向的潮水沟（陈才俊，2001）。徐敏和陆培东（2003）以厦门漳州港招商局中银码头区为例，通过泥沙来源分析和岸滩观测分析，研究了围填对海岸淤高的影响机制和发展过程。孙连成（2003）在对塘沽围填区潮流、泥沙分布特征、悬浮物等观测的基础上，构建了泥沙运移模型，预测围填对周围泥沙环境的影响。

二、围填海对海洋生物生态环境影响适宜性评估

围填海多依赖海岸开展，对近岸海洋生态系统，尤其是滨海湿地具有重要的影响。滨海湿地是重要的湿地类型，也是生产力最高的生态系统之一。围填海将湿地不可逆的转变为陆地，改变了本底状况。围填海滨海湿地对生物的影响研究包括对海岸植物、底栖生物、鸟类及兽类的影响研究。研究主要基于对海岸生物种类、群落、数量、生物量的调查及空间对比

分析或现状历史对比分析等方法，如通过围垦区和邻近相似自然区的对比或现状调查结果与围垦前调查结果进行对比。

L.Lu 等 (2002) 在 1998—2000 年期间对新加坡 Sungei Punggol 进行了调查，观测分析了海岸围填海对大型底栖生物群落的影响。倪晋仁等 (2003) 应用数学模型对深圳湾不同的填海工程方案可能造成的潮间带面积变化进行了预测，并提出分析填海工程对潮间带湿地生境损失影响的方法，得到了深圳湾填海面积变化与潮间带面积变化的关系；王志勇等 (2004) 利用数学模型的研究成果，结合项目区域海洋生态环境现状，分析了围海造陆工程形成后由于项目本身侵占湿地以及周围海域水文动力条件的改变对生态环境和渔业资源的影响；吴英海等 (2005) 以江苏省苏州太仓港口开发为例，采用泥沙测验和污染物扩散数学模型模拟等方法研究涉水工程所造成水质、河势和水生群落的影响；陈才俊 (1990) 根据有关观测资料初步探讨了围垦所引起的潮滩动物变化；陈彬等 (2004) 采用现场调查资料与历史资料对比的方法，从海岸地貌、水环境质量、海洋生物种类和群落结构等几方面分析了近几十年来福建泉州湾围海工程的环境生态效应；范航清等 (1997) 分析了海堤对广西沿海红树林数量、群落、特征和恢复的影响，表明海堤阻截了红树林滩涂的自然海岸地貌，造成红树林优势种改变，红树林的恢复受到强烈的人为干扰。

三、围填海对海洋环境质量影响适宜性评估

围填海的影响还表现在围填海对整个海岸及近岸海域结构、物质能量流动改变而影响海洋环境质量。研究集中在包括污染物扩散输移模拟等在内的环境质量变化预测。孙长青等（2002）利用二维变边界对流——扩散数值模型模拟研究胶州湾围海造地工程对污染物输运及海洋水环境质量的影响。骆晓明 (2006) 采用海湾潮流动力模拟方法，建立了污染物对流扩散的数学模型，用以预测浙江三门湾宁海下洋涂围垦工程的养殖污水排放后的扩散范围及强度大小。裘江海等 (2005) 分析了围涂工程对环境的影响，包括沿海湿地面积变化、生态环境变化、河口围涂对泄洪影响、港口航道影响、环境污染及海域环境容量的影响等几个方面。冯利华等 (2004) 分析了滩涂围垦造成的负面影响，包括超采水量、海水入侵，河口建闸、泄洪不畅，环境污染、生态失衡，湿地减少、物种濒危等。随着遥感、GIS 和数值模型等技术的迅速发展，关于围填海造成的物理环境方面影响的研究日益增多，包括泥沙淤积、岸线变化、潮流特征影响、滩涂空间特征变化等。张华国等 (2005) 利用 1986 年以来 8 个时相的 TM/EIM 遥感资料，利用 GIS 空间分析功能，分析岸线动态变化，围垦淤涨状况及其趋势，表明 1986 年以来杭州湾岸线演化主要是由人工围垦和滩涂养殖引起。

四、围填海资源环境影响适宜性综合评估

关于围填海资源环境影响综合评估的研究还不是很多。综合评估不是将焦点集中于某一因素，而是将围填海相关的多个因素及其重要性进行综合考虑，进而综合分析围填海的生态环境影响与工程适宜性。王艳红等（2006）以江苏淤泥质海岸为例，评价了保证滩涂可持续利用的淤泥质海岸围垦速度。李孟国（2006）综合运用自然条件分析，悬浮泥沙卫星遥感分析和波浪、潮流、盐度、泥沙数学模型模拟等多种研究手段，对温州浅滩的围填海工程适宜

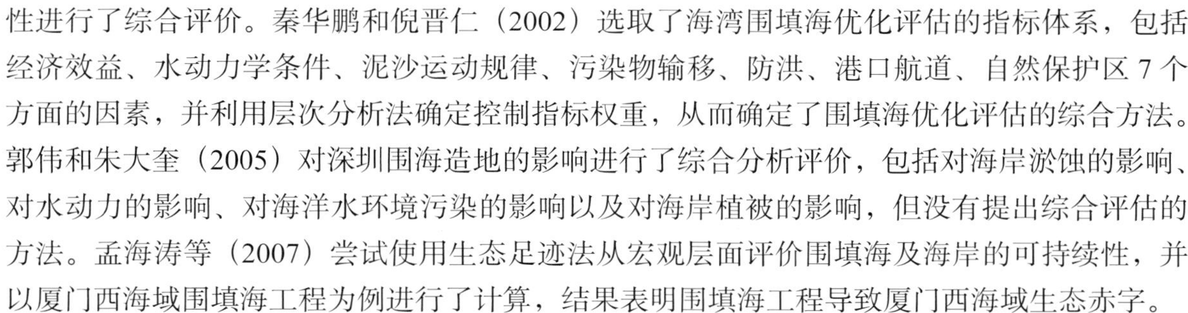

性进行了综合评价。秦华鹏和倪晋仁（2002）选取了海湾围填海优化评估的指标体系，包括经济效益、水动力学条件、泥沙运动规律、污染物输移、防洪、港口航道、自然保护区 7 个方面的因素，并利用层次分析法确定控制指标权重，从而确定了围填海优化评估的综合方法。郭伟和朱大奎（2005）对深圳围海造地的影响进行了综合分析评价，包括对海岸淤蚀的影响、对水动力的影响、对海洋水环境污染的影响以及对海岸植被的影响，但没有提出综合评估的方法。孟海涛等（2007）尝试使用生态足迹法从宏观层面评价围填海及海岸的可持续性，并以厦门西海域围填海工程为例进行了计算，结果表明围填海工程导致厦门西海域生态赤字。

五、围填海适宜性评估国内外研究进展总结

围填海造成的环境生态影响越来越受到重视，其相关研究也日益增多，并取得了一定的成效。但是，分析当前所做的围填海适宜性评估工作与研究，可以发现，研究中仍存在一些不足：① 在我国，围填海环境生态影响的研究工作区域分布不均衡，浙江、福建、江苏等地区进行了大量研究，而在广西、海南等沿海地区的研究相对薄弱；② 在围填海对物理环境和环境化学的影响研究中，大多采用了定量的研究方法，而围填海对生物的影响研究仍以定性描述为主；③ 研究集中于分析单个围填海工程或从单一学科角度分析研究围填海的生态环境影响，而从宏观层面上研究多个围填海工程的累积或资源环境综合影响则很少；④ 在研究围填海的生物影响中，主要侧重于对生物个体或群落、生物多样性、生物丰富度或对生境面积的影响等常规的生物指标，缺少对海洋生态系统结构—功能分析；⑤ 研究缺少从海域空间资源价值角度探讨围填海影响问题，如海湾、砂质或基岩等海岸类型的不同，其具有的海域空间资源价值取向及其在不同地域空间范围体现的价值优势具有很大的差异性。

第二章　基岩海岸围填海适宜性评估方法与实践

第一节　我国基岩海岸分布与围填海现状

一、我国基岩海岸分布

我国东部多山地丘陵，它们延伸入海，其边缘处顺理成章地便成了基岩海岸。基岩海岸在我国广有分布，在杭州湾以南的华东、华南沿海都能见到它们的雄姿；而在杭州湾以北，则主要集中在山东半岛和辽东半岛沿岸。此外，在我国的第一、第二大岛的台湾岛和海南岛，其基岩海岸更为多见。我国的基岩海岸长度约 5 000 km，约占大陆海岸线总长的 30%。

辽宁省的基岩海岸，主要分布在大洋河口至老鹰嘴和城头山至西子北角等岸段，其中城头山至老铁山角以及长山群岛等近岸岛屿最为普遍。该省基岩海岸的海蚀地貌类型齐全，海蚀崖、海蚀滩、海蚀平台、海蚀洞穴随处可见。

河北省的基岩海岸很少，仅在北部北戴河、秦皇岛、老龙头一带有零星分布。

山东省的基岩海岸主要分布在山东半岛的东部和东南部。由于山地丘陵向海延伸，使得海蚀崖普遍，发育岩滩上散布着碎石和巨砾。尤其是岬角处海蚀特别强烈，岸滩崎岖，岸边冲刷槽发育。海蚀使岸线后退，造成海蚀平台上发育砾石滩，而海蚀柱，则残留于海中。

江苏省的基岩海岸只分布在局部地段，如连云港市的西墅至大板，岸线仅长 30 km。

浙江省的基岩海岸分布在舟山群岛岸线以及镇海角以南的大陆岸线。大陆沿岸的基岩海岸较长，约为 748 km（不含岛屿），占浙江省大陆海岸线的 42%；而舟山群岛的海岸线多数为基岩岸线。浙江沿岸的基岩岬角处海蚀地貌相当发育，海蚀平台宽度大小不一。

福建省的基岩海岸约 621 km（不含岛屿），占福建省大陆海岸线的 20%。在闽江口北，主要分布在南镇至古雷、宫口等半岛的山地丘陵地带；而在闽江口南，则以围头半岛较为广泛。

在广东省，基岩海岸主要分布在珠江三角洲东西两侧。如东侧的大亚湾、大鹏湾，西侧的广海湾至镇海湾和海陵山湾。其中，大亚湾、大明岛湾及香港一带是华南著名的山地港湾基岩海岸。

在广西壮族自治区，基岩海岸主要分布于大风江以西至珍珠港一带，以及北海冠头岭、钦州龙门、白龙半岛和犀牛脚等地。

台湾省和海南省本身就是孤悬于大海之中的岛屿，故以山地丘陵地形为主貌，其基岩海岸遍布全岛沿岸，各类海蚀地貌齐全。

二、基岩海岸特征

基岩海岸主要是因为第四纪冰川后期海平面的上升，海水淹没了沿岸的山谷、河口，经过一定的地质年代，便形成了岬角、港湾相间的曲折岸线。基岩海岸的形态和地质构造有关，如浙江、福建曲折岸线的形成，便受到构造线的控制，在基岩岸线上，因为波浪折射、岬角段波浪能量的辐聚，因此多为侵蚀性质；而波能相对较小的区域，产生岬角岸段侵蚀、港湾岸段堆积的侵蚀－堆积相间的海岸地貌。

基岩海岸的主要特点从平面上看，岸线曲折且曲率大，岬角（凸入海中的尖形陆地）与海湾相间分布，如图 2-1 所示；岬角向海突出，海湾深入陆地。海湾奇形怪状，数量多，但通常狭小。一般岬角处以侵蚀为主，海湾内以堆积为主。由于波浪和海流的作用，岬角处侵蚀下来的物质和海底坡上的物质被带到海湾内来堆积。基岩海岸的主要特点从垂向上看，由于陆地的山地丘陵被海侵入，使岸边的山峦起伏，奇峰林立，怪石峥嵘，海水直逼崖壁。

图2-1　基岩岸线形态（宁波穿山半岛）

基岩海岸一般地势陡峭，深水逼岸，岸线曲折，岸滩狭窄，堆积物多砾石、粗砂，海床还往往覆盖有淤泥、粉砂，其中部分来自岩石的风化剥蚀，但主要来自邻近河流的输沙。基岩海岸一般比较稳定。

基岩海岸由于沿岸水深条件优越，掩护条件好，水下地形稳定，多拥有优良的港址，奇特壮观的海蚀地貌景观和湾澳间的砂（砾）质滩地，也为发展旅游业提供了条件。因此，基岩海岸围填海要首先考虑对港口和旅游资源的合理利用和保护，建立港口资源与旅游资源价值评估体系。

三、基岩海岸围填海现状

基岩海岸基质稳定，海岸带岩体轮廓分明，线条强劲，气势磅礴，不仅具有阳刚之美，

而且具有变幻无穷的神韵，多被开发为重要的自然风景旅游区，如青岛市石老人国家旅游度假区，大连市滨海国家地质公园，台湾野柳村旅游度假区，汕头海角石林等。基岩海岸泥沙淤积小，底质稳定，近岸水深，是许多港口、码头、海洋工程优良的建设区域，目前已经建设成的葫芦岛港，大连新港、旅顺港等都是在基岩海岸建设的港口。

目前，我国基岩海岸围填海主要存在以下问题。

（1）由于近年来开发规模过大，使得基岩岸段的围垦水深越来越深，就舟山群岛而言，为了争取更多的城市发展空间，几乎所有目前在建的围填海项目的堤前水深都在 0 m 高程以下，有些甚至达到了 −7 ～ −8 m。使得工程本身的难度加大，围堤的安全性也受到一定影响。如舟山六横岛中远船务基地的围填海项目、岱山江南山围填海项目，都发生了围堤前沿海底滑坡导致堤坝坍塌的事故。

（2）部分区域不合理开发带来严峻的生态环境压力。基岩岸段一般海岸线曲折，水动力环境和生物环境相对比较复杂，近岸海域营养盐丰富，生物多样性丰富。但由于围填海项目一般对小海湾进行围垦，而围堤前沿水深又较深，使得潮间带生物的生存空间减小。对小海湾内的生物生存空间、海洋生物多样性等可能产生较大影响，且较难逆转。海岸线形态的改变，使得海水的水动力作用不断减弱，近海岸地带水域分层，水底缺氧严重，同时滩涂床面底质的变化，大量底栖生物死亡，水域自净能力减弱，水质日益恶化，赤潮发生的频率和强度不断增加。因此，基岩岸段的围垦势必对生物生存环境造成不利影响。

（3）基岩岸段的围填海使得海岸线的长度缩短，可开发的岸线资源减少。由于围填海项目一般对小海湾进行围垦，且基岩岸段的围垦前沿水深一般较深，而为了减少投资，围垦堤坝轴线一般采用最短直线，因此使得海岸线缩短。

（4）大面积基岩海岸的围填海工程破坏了良好的滨海景观。城市滨海景观带是指城市临海的、海陆相互作用而产生的、具有一定景观价值的特定区域。滨海地带独特的风貌，始终具有强大的观赏吸引力。为此，几乎所有滨海城市均建有滨海观光大道，作为对外展示城市形象的窗口。游览活动大多集中于这一特定狭长的地带内。一般将这一特定狭长地带称之为“城市滨海景观带”。在基岩岸段实施围填海势必影响滨海景观，甚至对景观造成不可恢复的破坏，因此在基岩海岸的围填海项目中，应遵循“在保护中开发，在开发中保护”的可持续发展原则，合理有效利用资源。

第二节　基岩海岸围填海适宜性评估方法

一、基岩海岸围填海适宜性评估指标筛选

基岩海岸资源主要有港口航道资源、渔业资源、海洋能资源、海水资源、矿产资源等，如图 2-2 所示，其可开发利用的功能一般有：风景旅游功能、临港产业功能、渔业养殖功能、交通运输功能、海洋能发电功能、排污倾倒功能等。基岩海岸的主导功能一般为以上各类功能中的一种或若干种，因此对各项指标进行评定时，必须先确定所研究的基岩海岸的主导功

能，以把握指标评估过程中的重点。

本评估体系选取基岩海岸最通常的主导功能指标：① 风景旅游功能；② 交通运输及临港产业功能；③ 渔业养殖功能。

采用层次分析法和专家打分法，判定指标的权重以及其重要性，以确定基岩海岸围填海适宜性。

层次分析法确定指标权重的方法如下。

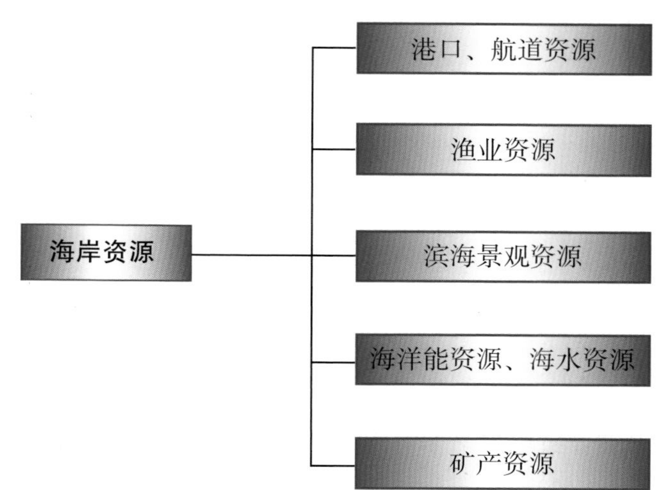

图2-2 基岩海岸资源类型

1. 构建层次结构矩阵

层次结构反映了各判定指标重要程度。在确定影响某指标在所有指标中所占的比重时，遇到的主要困难是这些比重常常不易定量化。此外，当影响某指标的因子较多时，直接考虑各因子对该因素有多大程度的影响时，常常会因考虑不周全、顾此失彼而提出与实际的重要性程度不相一致的权重，甚至有可能提出一组隐含矛盾的数据。

我们采取对各指标进行两两比较建立成对比较矩阵的办法。设现在要比较 n 个指标 $X=\{x_1,\cdots,x_n\}$ 对围垦的影响大小。采取对因子进行两两比较建立成对比较矩阵的办法，即每次取两个因子 x_i 和 x_j，以 a_{ij} 表示 x_i 和 x_j 对 Z 的影响大小之比，全部比较结果用矩阵 $A=(a_{ij})_{n\times n}$ 表示，称 A 为 $Z \sim X$ 之间的成对比较判断矩阵（简称判断矩阵）。若 x_i 与 x_j 对 Z 的影响之比为 a_{ij}，则 x_j 与 x_i 对 Z 的影响之比应为 $a_{ji}=\dfrac{1}{a_{ij}}$。

定义 1　若矩阵 $A=(a_{ij})_{n\times n}$ 满足

$$(1)\ a_{ij}>0；\quad (2)\ a_{ji}=\frac{1}{a_{ij}}\ (i,j=1,2,\cdots,n)；$$

则称之为正互反矩阵。

关于如何确定 a_{ij} 的值，Saaty 等建议引用数字 1～9 及其倒数作为标度。表 2-1 列出了 1～9 标度的含义。

表2–1 围填海评判指标重要程度打分

标　度	含　义
1	表示两个因素相比，具有相同重要性
3	表示两个因素相比，前者比后者稍重要
5	表示两个因素相比，前者比后者明显重要

续表

标　度	含　义
7	表示两个因素相比，前者比后者强烈重要
9	表示两个因素相比，前者比后者极端重要
2，4，6，8	表示上述相邻判断的中间值
出现的小数点	表示取专家评分的平均值，取小数点后两位
倒数	若因素 i 与 j 因素的重要性之比为 a_{ij}，那么因素 j 与因素 i 重要性之比为 $a_{ji}=\frac{1}{a_{ij}}$

把所有元素都进行两两比较，进行 $\frac{n(n-1)}{2}$ 次比较可以提供更多的信息，通过各种不同角度的反复比较，从而导出一个合理的排序。

2. 层次单排序及一致性检验

满足关系式 $a_{ij}a_{jk}=a_{ik}$，$\forall_{i,j,k}=1,2,\cdots,n$ 的正互反矩阵称为一致矩阵。

对判断矩阵的一致性检验的步骤如下：

（1）计算一致性指标 CI

$$CI=\frac{\lambda_{\max}-n}{n-1} \qquad \cdots\cdots (2\text{-}1)$$

（2）查找相应的平均随机一致性指标 RI。对 $n=1,\cdots,9$，Saaty 给出了 RI 的值，如表 2-2 所示。

表2–2　RI 值对应表

n	1	2	3	4	5	6	7	8	9
RI	0	0	0.58	0.90	1.12	1.24	1.32	1.41	1.45

RI 的值是这样得到的，用随机方法构造 500 个样本矩阵：随机地从 1 ～ 9 及其倒数中抽取数字构造正互反矩阵，求得最大特征根的平均值 $\lambda'_{\max}$，并定义：

$$RI=\frac{\lambda'_{\max}-n}{n-1} \qquad \cdots\cdots (2\text{-}2)$$

（3）计算一致性比例 CR

$$CR=\frac{CI}{RI} \qquad \cdots\cdots (2\text{-}3)$$

当 $CR<0.10$ 时，认为判断矩阵的一致性是可以接受的，否则应对判断矩阵作适当修正。

3. 本研究各项待选指标的权重及排序的确定

根据专家打分，并平均，得到各指标重要性对比的结构矩阵如表 2-3 所示。

表2-3 10项待选指标的层次分析矩阵

	岸线演变	景观价值	湿地生态价值	生态系统	环境质量变化	水动力变化	围垦利用方式	效益情况	港口、航道	灾害
岸线演变	1.00	0.14	0.50	0.17	0.37	0.67	0.33	0.32	0.15	2.00
景观价值	7.00	1.00	4.00	1.20	5.00	9.00	4.50	5.00	1.50	8.00
湿地价值	2.00	0.25	1.00	0.33	2.50	3.00	2.30	2.70	0.25	5.00
生态系统	6.00	0.83	3.00	1.00	4.00	5.00	6.00	3.50	2.00	7.00
环境质量变化	2.70	0.20	0.40	0.25	1.00	3.00	2.00	2.50	0.30	5.00
水动力变化	1.50	0.11	0.33	0.20	0.33	1.00	0.36	0.30	0.14	0.50
围垦利用方式	3.00	0.22	0.43	0.17	0.50	2.78	1.00	1.20	0.20	4.00
效益情况	3.10	0.20	0.37	0.29	0.40	3.30	0.83	1.00	0.21	3.40
港口、航道	6.50	0.67	4.00	0.50	3.33	7.00	5.00	4.76	1.00	7.00
灾害	0.50	0.13	0.20	0.14	0.20	2.00	0.25	0.29	0.14	1.00

上述矩阵求解可得特征根为 10.639，特征向量及特征向量归一化权重如表 2-4 所示。

表2-4 10项待选指标的特征向量及特征向量归一化权重

指标	特征向量	特征向量归一化权重
历史演变	0.0679	0.03
景观价值	0.6012	0.25
湿地生态价值	0.2197	0.09
生态系统	0.5329	0.22
环境质量变化	0.1763	0.07
水动力变化	0.0606	0.02
围垦利用方式	0.1291	0.05
效益情况	0.1276	0.05
港口、航道	0.4807	0.20
灾害	0.0543	0.02

从各项权重来看，港口、航道，景观价值，生态系统 3 项指标所占的权重最大，因此，本研究将这 3 项指标作为主要的评价指标。

二、基岩海岸围填海适宜性评估指标量化

（一）基岩滨海景观价值计算方法

基岩滨海景观因子主要采用形状指数来进行判别。一般而言，形状指数通常是经过某种数学转化的缀块边长与面积之比。结构最紧凑而又简单的几何形状（如圆形或正方形）常用来标准化边长和面积之比，从而使其具有可比性。具体地讲，缀块形状指数是通过计算某一缀块形状与相同面积的圆形或正方形之间的偏离程度来测量其形状复杂程度的（王胜，1999）。

$$S = \frac{0.25P}{\sqrt{A}} \quad \text{（2-4）}$$

上式以正方形为几何参考图形。

式中：

P——景观内所有边界的周长；

A——景观面积。

基于对岛屿的研究，岛屿的面积与周长是相互关系的，对于给定的面积，任意一个闭合形状的圆都有一个直径，即，$P/(4\pi A)^{0.5} \geqslant 1$，其比例越大表明形状越复杂，这个比例可以用来描述岛屿海岸线的复杂程度。这里，我们定义基岩海岸的各岬角之间的连线（直线）与海岸线（曲线）构成的水域面积为景观面积。

在大陆基岩岸线研究中，$P/(4\pi A)^{0.5}$ 的比值称为海岸线生长指数，生物学家对此相当感兴趣，相对于一定的海岸线，它反映了沿岸群落的潜在发展性。围垦等活动往往减少了岸线的复杂性，特别是一些河口海湾往往容易遭到围垦，这使得岸线分维值、景观形态指数减少。其结果往往是影响了该水域的水动力作用，造成水体分层，水域下层缺氧，大批底栖生物死亡，最终导致水域自净能力下降，水环境恶化。

另外，形态复杂的海湾，凸凹不平，海流入射时容易生成离岸流，有的海湾里岛屿众多，岛屿周围容易生成环流，这些因素造成了景观指数大的海湾溶解氧丰富。同时，复杂的景观斑块为底栖生物提供了良好的栖息环境。底栖生物在景观形态指数高的地方更容易生长、繁殖。因此，当港湾的形态指数越高，生物多样性指数就越高，海域污染生物净化能力也就越强，反之亦然（潘耀辉，2007）。

因此，本评估方法采用围填海实施前后的岸线形态指数的变化进行评估。

$$C = \frac{S_{围填后}}{S_{围填前}} \quad \text{（2-5）}$$

假定，工程前后基岩海岸的景观面积不变，指数岸线形态发生变化，则 $C = \frac{S_{围填后}}{S_{围填前}}$ 即为工程前后的岸线长度比。即 $C = \frac{\frac{0.25P_{围填后}}{\sqrt{A}}}{\frac{0.25P_{围填前}}{\sqrt{A}}} = \frac{P_{围填后}}{P_{围填前}}$。$S_{围填后}$ 是围填海实施后岸线形态指数；

$S_{围填前}$是围填海实施前岸线形态指数。C 是判别指标，当 $C \geqslant 1$ 时，表示围填后岸线形态指数增大。当 $C < 1$ 时，表示围填后岸线形态指数减小，岸线景观受负面影响。

基岩滨海景观因子主要采用滨海景观的美景度和海岸线形状指数来进行判别。景观美景度是通过测定公众的审美态度，获得美景度量值。景观美景度越高，景观受到破坏或视觉污染时引起的反应越强烈。一般复杂的基岩海岸，相对的景观美景度也较高。

景观适宜性评价的首要指标是是否具有独特观赏价值的基岩景观（如沙滩、奇石、海崖地貌）。若基岩海岸存在此类景观，则此类海岸不宜围填。

本研究的适宜性评价指标采用了围填前后景观形态指数的比值。围填前后景观形态指数比值 $C = \dfrac{S_{围填后}}{S_{围填前}} < 1$ 时，则该海岸为适度围填区；围填前后景观形态指数比值 $C = \dfrac{S_{围填后}}{S_{围填前}} > 1$ 时，则该海岸为可围填区，如表 2-5 所示。假定，工程前后基岩海岸的景观面积不变，指数岸线形态发生变化，则 $C = \dfrac{S_{围填后}}{S_{围填前}}$ 即为工程前后的岸线长度比。

表2–5　基岩滨海景观因子评估

项目	海岸形态指数之比	围垦建议	指标得分
景观	具有独特观赏价值的基岩景观(如沙滩、奇石、海崖地貌)	不宜围填	0
	围填前后景观形态指数比值 $0 < C = \dfrac{S_{围填后}}{S_{围填前}} < 1$	适度围填	0.0～0.8
	围填前后景观形态指数比值 $1 \leqslant C = \dfrac{S_{围填后}}{S_{围填前}} \leqslant 2$	可围填	0.8～1.0

（二）水动力量化方法

利用现场实测或数值模拟方法，提取围填海工程前后波浪、潮汐、潮流的特征因子后进行评价。

在基岩海岸实施围垦应考虑当地的水动力环境因素，而围垦本身也会对水动力环境造成影响。围垦与水动力环境是相互影响相互制约的关系。围垦对水沙环境的影响研究大多是基于水力学和泥沙运动力学方法。首先要建立潮流、泥沙、波浪、风暴潮等数学模型，根据水动力预测结果结合泥沙冲淤计算方法来计算冲淤强度，或辅以必要的物理模型进行。也有采用潮滩测量方法，从潮滩均衡态角度探讨围海工程对水沙动力环境的影响。

1. 波浪

围区受外海波浪的影响程度直接关系到围涂工程的造价和安全，而开敞式的滩涂不受庇护，滩涂前沿海域开阔，风区长，因此受风浪和外海涌浪的影响较大。而波浪的掀沙作用也会影响滩涂的淤涨速度。

由于波浪掀沙计算技术尚不成熟，且泥沙输运的计算精度也不高，因此在计算波浪引起的泥沙冲淤问题时，一般采用经验计算或统计方法。而波高和周期通常可使用风浪成长公式进行计算，或采用 swan 等经典模型进行模拟计算。

2. 潮流

潮流：围垦工程通过海堤建设，改变局地海岸地形，影响着垦区潮流流速及流态，改变工程区附近的过潮量，导致附近泥沙运移状况发生变化，形成新的冲淤变化趋势，从而可能对工程附近的海底地形、港口航道淤积等带来影响。涨落潮流的不对称性，涨落潮平均含沙量不对称性，都会造成有利于泥沙向岸运动或离岸运动的沉积水动力环境。尤其是潮流和波浪共同作用下会对冲淤起到较大作用，波浪掀沙，而潮流输运泥沙。

目前成熟的潮流、潮汐预测模式有 Pom、Delft3D、Sms、Mike21 等。潮流、潮汐数值模型较为成熟，预测结果也比较准确。目前这些预测潮汐、潮流的计算模式一般采用基于 N-S 方程的数值模型。N-S 方程表达式如下。

本工作采用 Delft3D 模型中的二维计算模块。其水动力方程组可表示为：

$$\frac{\partial \zeta}{\partial t}+\frac{\partial uH}{\partial x}+\frac{\partial vH}{\partial y}=0 \qquad (2\text{-}6)$$

$$\frac{\partial u}{\partial t}+u\frac{\partial u}{\partial x}+v\frac{\partial u}{\partial y}-fv+g\frac{\partial \zeta}{\partial x}+\frac{1}{\rho H}\tau_{bx}=A_x\left(\frac{\partial^2 u}{\partial x^2}+\frac{\partial^2 u}{\partial y^2}\right) \qquad (2\text{-}7)$$

$$\frac{\partial v}{\partial t}+u\frac{\partial v}{\partial x}+v\frac{\partial v}{\partial y}+fu+g\frac{\partial \zeta}{\partial y}+\frac{1}{\rho H}\tau_{by}=A_y\left(\frac{\partial^2 v}{\partial x^2}+\frac{\partial^2 v}{\partial y^2}\right) \qquad (2\text{-}8)$$

式中：

ζ —— 潮位（m）；

u, v —— x, y 方向上的垂线平均流速分量（m/s）；

H —— 水深（m）；

t —— 时间（s）；

c —— 谢才系数，$c=\frac{1}{n}H^{\frac{1}{6}}$；

n —— 糙率系数，$H=h+\zeta$；

f —— 柯氏系数，$f=2w\sin\varphi$，w 为地转角速度，φ 为纬度；

g —— 重力加速度（m/s^2）；

τ_{bx}、τ_{by} —— x, y 方向底床阻力，$(\tau_{bx},\tau_{by})=\frac{\rho g(U,V)\sqrt{U^2+V^2}}{c^2}$；

A_x、A_y —— 涡动黏滞系数（m^2/s）。

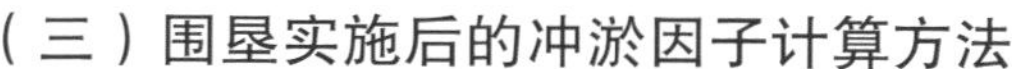

（三）围垦实施后的冲淤因子计算方法

1. 堤前淤涨速度

堤前淤涨速度一般采用潮流、泥沙数学模型进行预测计算，或者采用潮流数学模型结合泥沙冲淤计算方法来计算冲淤强度。

水流夹带泥沙输移引起床面冲淤变化，是一个复杂的物理过程，鉴于泥沙输移的复杂性和目前泥沙输移基本理论的不成熟，可以采用床面冲淤计算模型，计算方程如下。

潮汐水流悬移泥沙运动微分方程为：

$$\frac{\partial(HS)}{\partial t}+\frac{\partial(QS)}{\partial l}+\alpha\omega(S-S^{*})=0 \quad \cdots\cdots (2\text{-}9)$$

式中：

S—— 含沙量（kg/m^3）；

Q—— 单宽流量（m^2/s）；

H—— 水深（m）；

ω—— 泥沙沉降速度（m/s）；

S^*—— 水流挟泥沙能力（kg/m^3）。

对（2-9）式在一个全潮周期内进行积分，可近似得到一个全潮周期 T 时间内的泥沙淤积强度的表达方式：

$$\Delta H=\frac{\alpha\omega}{\gamma_c}(S^{*}-S^{'})T=\frac{\alpha\omega}{\gamma_c}S^{*}(1-\frac{V^{'2}}{V^{2}})T \quad \cdots\cdots (2\text{-}10)$$

式中：

α—— 泥沙沉降概率；

γ_c—— 淤积物干容重（kg/m^3）；

ω —— 沉降速度（m/s）；

V、$V^{'}$—— 工程前、后的平均流速；

T 取一个全潮周期。在预测时，α 取 0.45；

γ_c根据经验公式：$\gamma_c=1750\,d^{0.183}$ 确定。

$n\cdot\Delta H$ —— 年冲淤强度，其中，n 为一年潮数。

2. 围垦实施后，堤前冲淤恢复自然状态的平衡时间

堤坝前沿的冲淤恢复自然状态的平衡时间一般采用经验公式进行计算。工程后海床冲淤达到平衡时间采用下式估算：

$$P_K=\frac{K_2 S_K \omega_K t}{\gamma_{0K}}[1-\frac{V_2}{2V_1}(1+\frac{d_1}{d_2})] \quad \cdots\cdots (2\text{-}11)$$

式中：

P_K—— 工程后经过时间 t 的冲淤量；$K_2=0.13$；S_K 取 S^*；

$\omega_K = 0.0005\ \text{m/s}$；$\gamma_{0K} = 1750 d^{0.183}$；

V_1、V_2——工程前后的流速；

d_1、d_2——工程前后的水深。

当冲淤达到平衡时，$P_K = 0$，故有：

$$\frac{d_1}{d_2} = \frac{(1+8Q_1/Q_2)^{1/2}-1}{2} \quad \cdots\cdots (2\text{-}12)$$

式中：

Q_1、Q_2——工程前后的单宽流量。

这样可以假定工程海域潮流基本不变的情况下，预测出工程后达到平衡时的水深。工程后海域达到平衡时的时间过程，可以用公式（2-13）预测：

$$t = \frac{P}{\frac{K_2 S_K \omega_K t_0}{\gamma_{0K}}[1-\frac{v_1'}{2v_1}(1+\frac{d_1}{d_1-P})]} \quad \cdots\cdots (2\text{-}13)$$

式中：

t 的单位为年 (a)；$v_1' = v_2 d_2/(d_2-p)$，代表工程后海域冲淤达到 P 后的流速；

v_2——工程后初期的流速；$t_0 = 315.36\times10^5 s$。

这里通过公式（2-10）预测下一全潮周期内泥沙冲淤厚度，乘以一年中的潮数后，得到年淤积强度；根据公式（2-11）求出工程后达到冲淤平衡时的最终冲淤量，然后由公式（2-13）估算出工程海域达到冲淤平衡的时间。

（四）海洋生态因子计算方法

评价参数的确定是进行经济分析的关键，一定要保证所选取的参数具有代表性、可靠性、可比性，这样生态破坏损失分析的计算结果才有价值，才能作为决策的科学依据。海洋生态因子评估法的基本流程为：① 选择不同生态类型的控制点，以确定不同生态类型参数；② 如果参数不全，可以选用邻近地区相同生态类型区的参数；③ 查阅各类文献，确定专业性较强的参数；④ 通过实地调研，以第一手资料对所选参数加以修正；⑤ 对计算结果进行验证，修改不合理参数。

1. 围垦占用海域的海洋生物资源量损失评估

本方法适用于因工程建设需要，占用海域或潮间带，使海洋生物资源栖息地丧失，分永久性占用海域补偿和一次性损失。各种类生物资源损失量评估按公式（2-14）计算：

$$W_i = D_i S_i \quad \cdots\cdots (2\text{-}14)$$

式中：

W_i——第 i 种类生物资源损失量（尾、个、kg）；

D_i——评估区域内第 i 种类生物资源密度［尾（个）/ km^2、尾（个）/ km^3、kg/km^2］；

S_i——第 i 种类生物占用的海域面积或体积（km^2 或 km^3）。

1）永久性占用海域

围垦区永久性占用海域主要针对底栖生物和潮间带生物，按影响持续时间20年以上计算，补偿计算时间不应低于 20 年。

$$M_i = W_i\,T \quad\cdots\cdots\quad (2\text{-}15)$$

式中：

M_i——第 i 种类生物资源累计损失量（尾、个、kg）；

W_i——第 i 种类生物资源损失量（尾、个、kg）；

T 类生围垦占用持续时间数（以不低于 20 年计算）。

2）一次性损失

围垦区占用海域一次性生物资源损失主要针对浮游生物和鱼类，一次性生物资源的损失补偿为一次性损失额的 3 倍。

$$M_i = W_i\,T \quad\cdots\cdots\quad (2\text{-}16)$$

式中：

M_i——第 i 种类生物资源累计损失量（尾、个、kg）；

W_i——第 i 种类生物资源损失量（尾、个、kg）；

T——损失补偿倍数（以 3 倍计算）。

2. 污染物扩散范围内的海洋生物资源损失评估

本方法适用于围垦区悬浮物扩散对海洋生物资源的损失评估，分一次性损失和持续性损失。

一次性损失：悬浮物浓度增量区域存在时间少于 15 天（不含 15 天）。

持续性损失：悬浮物浓度增量区域存在时间超过 15 天（含 15 天）。

1） 一次性平均损失量评估

悬浮物浓度增量超过 125 mg/L 对海洋生物资源损失量，按公式（2-17）计算：

$$W_i = D_j\,S_j \quad\cdots\cdots\quad (2\text{-}17)$$

式中：

W_i——第 i 种类生物资源一次性平均损失量（尾、个、kg）；

D_j——资源一次性浓度增量区第 i 种类生物资源密度（尾 / km^2、个 / km^2、kg / km^2）；

S_j——悬浮物 125 mg/L 增量区面积（km^2）；

2）持续性损失量评估

当污染物浓度增量区域存在时间超过 15 天时，应计算生物资源的累计损失量。计算以年为单位的生物资源累计损失量按公式（2-18）计算：

$$M_i = W_i\,T \quad\cdots\cdots\quad (2\text{-}18)$$

式中：

M_i——第 i 种类生物资源累计损失量（尾、个、kg）；

W_i——第 i 种类生物资源一次平均损失量（尾、个、kg）；

T——污染物浓度增量影响的持续周期数（以年实际影响天数除以 15），单位为个。

3. 围垦区内水产养殖资源损失评估

直接经济损失按公式（2-19）计算：

$$L_e = \sum_{i=1}^{n} \left(Y_{li} P_{di} - F_i \right) \quad (2\text{-}19)$$

式中：

L_e——围垦区养殖资源直接损失金额（元、万元）；

Y_{li}——第 i 种养殖生物损失量（kg）；

P_{di}——第 i 种水产品当地的平均价格（元 / kg）；

F_i——第 i 种养殖的成本投资（元、万元）。

生态影响关键指标中应考虑生态损失及相应的经济效益两方面内容。可持续发展模式包括经济、环境和社会目标的实现。它是经济系统、环境系统以及社会系统相互作用、和谐发展的象征。它所涵盖的范围从经济发展与经济效益的实现，自然资源的有效配置和永续利用，以及环境质量的改善到社会公平与合适的社会组织形式的实现。所以，对其评估几乎涉及人们社会生活以及环境的各个方面。根据《全国生态环境建设规划》、《全国生态环境保护纲要》、《国家环境保护“十五”计划》等相关内容及反映生态环境的常用指标，把以下 6 个方面的主要指标作为判别指标的主要依据：① 自然资源潜力；② 环境质量水平；③ 生态环境保护；④ 滩涂生态环境建设；⑤ 资金投入；⑥ 生态环境管理。

一般而言，投资额度越高，产生的效益越高，因此围填海适宜度的生态判别指标计算公式可按生态补偿金额占投资额度的比例来确定，按照以上 6 个方面的指标，围填海适宜度判别指标按公式（2-20）计算：

$$U = (A + B + C) / W \quad (2\text{-}20)$$

式中：

U——生态补偿金额占投资百分数；

A——围垦占用海域的海洋生物资源损失；

B——污染物扩散范围内的海洋生物资源损失；

C——围垦区内水产养殖资源损失；

W——总投资额。

围垦适宜度的生态判别指标赋分具体如表 2-6 所示。

综合浙江省近期报批的各个围填海海域使用论证报告，有良好经济效益和社会效益的围垦项目的生态补偿金额均在 0.5% 以下，同时，通过专家打分法确定，如生态赔偿金额占投资数在 5% 以上，则围填海区域所产生的效益不能弥补长远的生态损失。因此这里选择 $0.5\% < U \leqslant 5\%$ 作为判别依据。

表2-6 基岩海岸围填海适宜度的生态指标判别标准

项目	生态补偿金额占投资百分数	围垦建议	指标得分
生态	$U > 5\%$	不宜围垦	0 ～ 0.2
	$0.5\% < U \leqslant 5\%$	适度围垦	0.2 ～ 0.8
	$0 < U \leqslant 0.5\%$	可围垦	0.8 ～ 1

三、评估指标权重确定

以上 3 项指标的权重确定，首先要明确拟围填区域的主导功能及资源；然后根据主导功能及资源进行专家打分，得到各项指标的排序，构建层次分析的结构矩阵；最后采用层次分析法确定 3 个重要判定指标的权重。

根据主导功能和主导资源，本研究将基岩海岸分为以下 3 类。

第一类：主导资源为港口航道资源，主导功能为交通运输和临港产业。

第二类：主导资源为滨海景观资源，主导功能为风景旅游功能。

第三类：主导资源为渔业增殖资源，主导功能为渔业养殖功能。

1. 主导资源为港口航道资源

第一类的主导资源为港口航道资源，其主导功能为交通运输和临港产业。显然，该类岸线的最重要评价指标为港口航道指标。而在港口、航道海域也有开发风景旅游资源，从而达到港口和旅游兼顾的功能，如香港的维多利亚港。因此景观指标作为其次重要的指标。但是在港口航道海域进行大规模养殖的情况较为少见，因此 3 个评估指标中，生态指标的权重相对较轻。

首先构建层次结构矩阵，如表 2-7 所示。以主导资源为港口航道，主导功能为交通运输和临港产业为前提，根据专家打分获得指标两两比较的结构矩阵如下。

表2-7 主导资源为港口航道的层次结构矩阵

	港口航道	景观	生态
港口航道	1	3	4
景观	1/3	1	2
生态	1/4	1/2	1

求矩阵的特征向量和特征根。求解得特征向量：

$$\begin{bmatrix} 0.9154 & 0.9154 & 0.9154 \\ 0.3493 & -0.1747+0.3025i & -0.1747-0.3025i \\ 0.1999 & -0.1000-0.1731i & -0.1000+0.1731i \end{bmatrix}$$

特征根：

$$\begin{bmatrix} 3.0183 & 0 & 0 \\ 0 & -0.0091+0.2348i & 0 \\ 0 & 0 & -0.0091-0.2348i \end{bmatrix}$$

第一类基岩海岸（主导资源港口航道）归一化权重总排序如表 2-8 所示。

表2-8 主导资源为港口航道的指标权重排序

指标	港口航道	景观	生态
各指标权值	0.62	0.24	0.14

2. 主导资源为滨海景观资源

第二类的主导资源为滨海景观资源，其主导功能为风景旅游功能。显然，该类岸线的最重要评价指标为基岩滨海景观因子评价指标。

滨海景观价值较高、形态复杂的海岸，凸凹不平，海流入射时容易生成离岸流及环流，这些因素造成了景观指数大的海湾溶解氧丰富。同时，复杂的景观斑块为底栖生物提供了良好的栖息环境。底栖生物在景观形态指数高的地方更容易生长、繁殖。海岸的形态指数越高，生物多样性指数就越高。因此，生态指标作为次重要评估指标，港口航道指标作为第三重要的评价指标，如表 2-9 所示。

首先构建层次结构矩阵。根据专家打分获得指标两两比较的结构矩阵如下。

表2-9 主导资源为滨海景观的层次结构矩阵

	景观	生态	港口航道
景观	1	2	4
生态	1/2	1	3
港口航道	1/4	1/3	1

求解得矩阵的特征向量和特征根。特征向量：

$$\begin{bmatrix} 0.8527 & 0.8527 & 0.8527 \\ 0.4881 & -0.2440+0.4227i & -0.2440-0.4227i \\ 0.1862 & -0.0931-0.1613i & -0.0931+0.1613i \end{bmatrix}$$

特征根：

$$\begin{bmatrix} 3.0183 & 0 & 0 \\ 0 & -0.0091+0.2348i & 0 \\ 0 & 0 & -0.0091-0.2348i \end{bmatrix}$$

第二类基岩海岸（主导资源滨海景观）归一化权重总排序如表 2-10 所示。

表2-10　主导资源为滨海景观的指标权重排序

指标	景观	生态	港口航道
各指标权值	0.55	0.31	0.14

3. 主导资源为渔业增殖资源

第三类主导资源为渔业增殖资源，其主导功能为渔业养殖功能。该类岸线的最重要评价指标为生态因子评价指标。

具有渔业养殖功能的基岩岸线，是海洋生物的良好栖息场所，生物多样性指数较高，一般海岸的形态指数也较高。滨海景观因子作为次重要评估指标。港口航道指标作为第三重要的评价指标。如表 2-11 所示。

首先构建层次结构矩阵。根据专家打分获得指标两两比较的结构矩阵如下。

表2-11　主导资源为渔业增殖的层次结构矩阵

	生态	景观	港口航道
生态	1	2	3
景观	1/2	1	3/2
港口航道	1/3	2/3	1

求解得矩阵的特征向量和特征根。

特征向量：$V_1 = (0.8571 \quad 0.4286 \quad 0.2857)$

特征根：$D_1 = 3.0000$

第三类基岩海岸（主导资源渔业养殖）归一化权重总排序如表 2-12 所示。

表2-12　主导资源为渔业增殖的指标权重排序

指标	生态	景观	港口、航道
各指标权值	0.54	0.27	0.19

四、基岩海岸围填海适宜性评估模型

在基岩海岸围填海适宜性评估指标筛选、指标量化方法构建、指标等级划分和各评估指标权重确定的基础上，形成了基岩海岸围填海适宜性评估模型：

$$F = \sum_{i} E_i C_i \quad (2\text{-}21)$$

式中：

E_i—— 指标的单项得分；

C_i—— 各项指标的权重。

加权总得分 F，当 $F \geqslant 0.8$ 时，为可围填海域；$0.5 \leqslant F < 0.8$ 时，为可适度围填海域；$F < 0.5$ 时，为不宜围填海域。

第三节　舟山市东大塘围填海适宜性评估

一、舟山市东大塘围填海工程概况

舟山市定海区东大塘滩涂位于舟山本岛西北部，处在长白促淤围垦区范围内。舟山市定海区东大塘围填工程由主堤、排水闸、纳潮闸组成，围填面积 1 745.0 亩（1 亩 ≈ 0.067 公顷）。主堤自斧双头山嘴至紫窟涂海堤，堤线长度为 1 854 m，从斧双头山嘴向东堤轴线处小海湾内的涂面高程自 −2.0 m 变化至 −4.00 m。围区内布置干河和支河，其中干河长 1 571 m，河道底宽 30 m，两侧边坡 1∶3，支河长 5 201 m，河道底宽 15 m，两侧边坡 1∶3。

定海区是一个以群岛组成的县级区，人多地少，矛盾突出，土地资源的匮乏，严重制约着社会经济的发展。工程建设的必要性体现在以下 4 个方面：① 定海区人口的增加，耕地面积锐减，人均耕地面积仅为 0.42 亩，仅为全国人均耕地面积占有数的 1/4；② 随着城镇化建设进度加快，建设用地的需求也不断增长，随着“大岛建、小岛迁”的战略实施，土地需求大幅度增加；③ 随着渔农业产业结构调整，剩余劳动力增加，这些人员的就业，也急需土地资源；④ 随着定海区打造“海岛经济强区”的目标推进和大陆连岛工程的建设，定海的区位优势和港口优势会更加明显，必然会促进临港工业新的发展，建设新的港口和新工业园区势在必行，也急需土地资源。

二、海域自然条件

（一）水文、水动力

本次水文测验期间，获取了上游头山嘴、斧双头山嘴 2 个临时潮位站同步半个月的潮位观测资料，统计的潮汐特征值列于表 2-13。由表可知，两站的实测潮汐特征具有相当的一致性，表现为：短期海平面均为 0.31 m，特征潮位均基本相等，平均落潮历时皆长于平均涨潮历时等。

潮流运动，明显受地形和边界条件制约，往复流特征显著，各测站（潮流、潮位验证站点如图 2-3 所示）的涨、落潮流方向与等深线方向基本一致，且涨、落潮流矢较为密集，呈束状分布。从大面看，测量水域涨、落潮流的主轴表现为不对称，除某些近岸或位于主槽内的测站涨、落潮流较为顺直外，其余各站涨、落潮流主轴方向有 10°～20° 的不对称性。测区涨潮流占优，涨潮流较落潮流速大。通过对各测站潮位、垂线平均流速（流向）过程曲线的比较分析，还可以看出：在低潮位附近，当 1 号、3 号两站仍然保持落潮流态时，2 号测站则出现“涨潮流态”。从现场目击的情况来看，该测站附近有一个较大范围的回流区存在，其回流历时则随潮汛、潮汐的变化而有所不同。

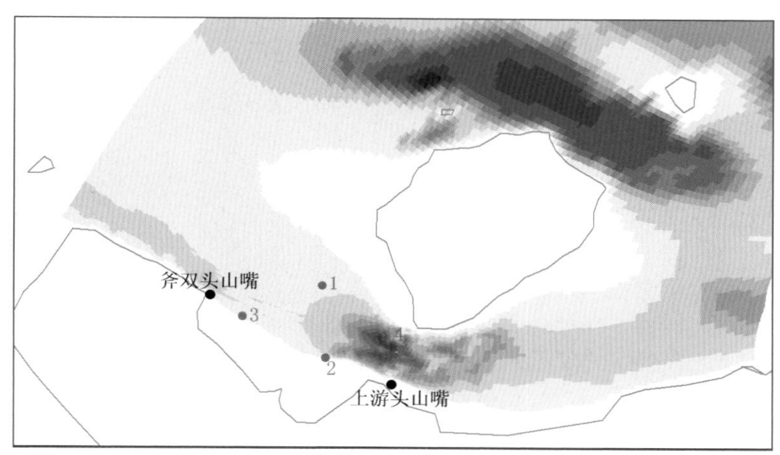

图2-3 潮流、潮位验证点位置示意

表2-13 各潮位站同步期15天潮汐特征值的统计

项目 / 站名	潮位（m）					潮差（m）			涨、落潮历时（小时）	
	最高潮位	最低潮位	平均高潮位	平均低潮位	平均海面	最大潮差	最小潮差	平均潮差	平均涨潮历时	平均落潮历时
上游头山嘴	2.02	−1.49	1.28	−0.80	0.31	3.27	0.77	2.08	5:50	6:33
斧双头山嘴	2.05	−1.50	1.31	−0.83	0.31	3.37	0.78	2.15	5:54	6:29

为了较好地反映本测区流况的基本特征，将实测最大流速（流向）的统计列于表 2-14。

表2-14 各测站分层实测最大流速（流向）统计

潮型	测站号	潮态	表层		0.6H层		底层		垂线	平均
			流速（m/s）	流向（°）	流速（m/s）	流向（°）	流速（m/s）	流向（°）	流速（m/s）	流向（°）
大潮	1号	涨潮	1.57	321	1.51	312	1.26	309	143	313
		落潮	1.67	141	1.30	136	0.99	139	126	132
	2号	涨潮	1.21	277	0.94	271	0.83	284	100	275
		落潮	1.07	110	0.79	93	0.63	86	81	101
	3号	涨潮	1.54	304	1.24	310	1.00	334	119	305
		落潮	1.27	140	1.09	134	0.79	136	94	131
	4号	涨潮	1.59	252	1.57	258	1.51	262	151	259
		落潮	1.56	110	1.23	110	1.16	125	133	113

续 表

潮型	测站号	潮态	表层		0.6H层		底层		垂线	平均
			流速(m/s)	流向(°)	流速(m/s)	流向(°)	流速(m/s)	流向(°)	流速(m/s)	流向(°)
中潮	1号	涨潮	1.50	311	1.53	314	0.99	316	131	313
		落潮	1.52	135	1.06	143	0.77	140	113	136
	2号	涨潮	1.15	277	0.92	278	0.84	285	95	276
		落潮	1.02	106	0.83	101	0.68	89	85	94
	3号	涨潮	1.41	299	1.27	312	1.08	301	123	309
		落潮	1.19	146	0.85	136	0.59	127	81	139
小潮	1号	涨潮	0.93	317	0.74	318	0.52	309	71	315
		落潮	1.19	133	0.96	147	0.64	159	95	140
	2号	涨潮	1.04	277	0.79	257	0.63	278	78	267
		落潮	1.24	108	0.99	103	0.88	89	100	103
	3号	涨潮	1.07	312	0.96	310	0.59	289	82	308
		落潮	1.03	145	0.78	141	0.47	166	71	147

由表2-14可知：垂线平均最大流速1号测站和4号测站较大，涨潮分别为1.43 m/s、1.51 m/s；落潮分别为1.26 m/s、1.33 m/s。2号测站和3号测站较小，一般小于50 m/s。从整个测量区域看，涨潮流大于落潮流，围涂工程区流速较小，外测深槽水域流速较大。

（二）生物

该海域共鉴定出18种大型底栖生物。各类群分别为：多毛类11种，软体动物4种，棘皮动物2种，其他类1种。种类组成以沿岸广温低盐种和近岸广温广盐种为主，多毛类占全区总种数的61%，是该区底栖生物种类的主要类群。

本区的主要种类分布有缩头节节虫、多鳃卷吻沙蚕、西方似蛰虫、不倒翁虫，它们的站位出现率可达30% ~ 40%，其他出现较多的种类有双鳃内卷齿蚕、长吻沙蚕、小头虫、红带织纹螺、光滑倍棘蛇尾等种类。

调查海域底栖生物平均生物量为1.48 g/m^2，平均栖息密度为44个/m^2。各类群的底栖生物数量组成如表2-15所示，表中可见，多毛类生物量略高于其他各类群，为0.96 g/m^2，占总生物量的65%；其次是棘皮动物（占19%）、软体动物（占16%）；其他类生物量为最低。栖息密度多毛类明显大于其他各类群生物，可占总栖息密度的80%；其他各类群生物的栖息密度相对较低。

表2-15 工程附近海域底栖生物数量组成

类 群	多毛类	软体动物	棘皮动物	其他类	合计
生物量(g/m^2)	0.96	0.23	0.28	0.01	1.48
栖息密度(个/m^2)	35	5	3	1	44

该海域各类群底栖生物的生物量普遍较低，相比之下调查区北部海域个别测站较高（9.50 g/m^2）；中西部海域少数测站生物量在 2.48～3.13 g/m^2 之间；其余大部分测站均在 0.25～1.50 g/m^2 之间。主要生物种类为多毛类的长吻沙蚕，其次是光滑倍棘蛇尾等。

底栖生物栖息密度呈不均匀分布，调查区西南部海域少数测站栖息密度 80～140 个 /m^2，主要物种为缩头节节虫、西方似蛰虫、双腮内卷齿蚕、光滑倍棘蛇尾、滩栖阳遂足和不倒翁虫等。多数测站生物栖息密度在 10～60 个 /m^2。

拟建围涂工程潮间带共有底栖生物 5 门 57 属 70 种。潮间带生物均以软体动物和甲壳动物的种数最多，各占 31.4%；其次为多毛类动物占 21.4%；此外，鱼类占 11.5%，腔肠动物占 4.3%。

潮间带平均生物量为 153.20 g/m^2。主要以软体动物和多毛类动物为主，其他类别的生物量较低。平均栖息密度为 1 994.67 个 /m^2，主要以多毛类动物和软体动物为主；其次是甲壳类动物；其他类的密度较低。

潮间带生物主要优势种为：彩虹明樱蛤、泥螺、长吻沙蚕、异足索沙蚕、索沙蚕、短滨螺、红带织纹螺等。潮间带生物多样性指数值为 1.92，说明工程所在区域潮间带生物多样性处于中等水平。

围涂工程附近潮间带主要经济种类为彩虹明樱蛤（海瓜子）、泥螺。围涂工程附近潮间带出现的生物均为常见的底栖生物，无特别的珍稀种类。

2005 年 7 月对拟围涂区进行潮间带生物调查的同时，也对该区滩涂湿地现状进行了调查。围涂区滩涂湿地为软底相泥沙滩，滩涂湿地上没有任何植物生长，属光滩湿地类型。

东大塘外涂的高滩湿地上主要分布着高潮带特有的生物，生物种类主要有短滨螺、藤壶、中国绿螂、蟹类及多毛类等。

通过观察并向鸟类专家咨询，本工程区及其附近湿地上有鸟类活动。鸟类的主要种类为：大白鹭、小白鹭、水鸭、海鸥、黄嘴白鹭、棕白鹭等。该区的鸟类一般是迁徙的候鸟，白天在滩涂上觅食，夜间则栖息于附近山林或其他小岛上。其中，黄嘴白鹭是国家二级重点保护鸟类。它们主要是在五峙山鸟类保护区栖息、繁殖，有时会飞到工程区湿地觅食。

三、围填海适宜性评估

（一）围填海对港口、航道的影响

国家海洋局第二海洋研究所 2005 年编制的《舟山市定海区东大塘围垦工程潮流、冲淤、水环境数学模型试验报告》采用荷兰 Delft3D（2003）模型进行区域水流模拟，大区域计算网格如图 2-4 所示。

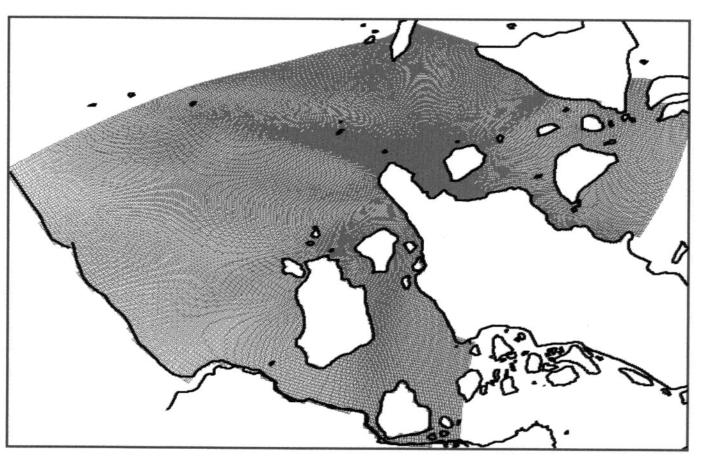

图2-4 大区域计算网格示意

为了对本区域的流场进行分析，根据本区域的潮位和潮流的大、中、小潮的现场观测资料，对模型进行验证，以此来评估模型的可靠性。

1. 潮位验证

选择本次水文测验期间，获取的上游头山嘴、斧双头山嘴2个临时潮位站同步的潮位观测资料，临时潮位站在围涂工程区两侧，大、小潮期间实测潮位与模拟计算的潮位之间拟合得较好，最高、最低潮位的模拟误差一般在5 cm以内，个别在10 cm以内。

2. 潮流验证

围涂工程区的流速流向验证采用浙江省水利河口研究院测绘分院（浙江省河口海岸研究所测验队）2005年资料。单站实测结果与模拟结果相比较涨急、落急流向大潮一般差值在3°～5°，最大在10°以内，涨急、落急和涨潮平均、落潮平均流速差值一般在10%以内；落急和落潮平均流速实测结果与模拟结果差值相对较大，模拟结果一般较实测结果略大，在10%以内，个别为20%左右。

（二）围填海项目产生的潮流、冲淤影响

1. 潮流

围涂工程按方案一实施后，涨潮时在中间开口段有一定潮量进入，并形成小尺度的回流；落潮时也有潮流进入开口段，也有弱的回流存在。从涨、落急流速变化等值线分布看，工程后堤坝内侧流速普遍减小，幅度为30～40 cm/s，东段堤坝外侧涨潮时流速有所减小，减幅为5～10 cm/s不等，西段堤外侧流速略有增大，增幅为5～10 cm/s。

2. 冲淤

一般而言，涉海工程项目（特别是围填海工程）改变了局部海域的水流条件和含沙量分布，从而影响到海床的冲淤变化。根据模型计算结果，预测项目完成后附近海区的冲淤变化。

本围堤工程实施后，在堤外侧有冲有淤，淤积区主要集中在两端附近，有1.0～1.2 m的淤积量；在主堤中部略有冲刷，强度一般在0.6 m以内。由图可见，本围涂工程完工后的影响范围有限，淤积区主要集中在围堤外侧150～300 m范围内，年冲刷量为厘米级。斧双头山嘴头100米丁坝两侧淤积量最终可达1.5～1.8 m，在其坝头有0.6～0.9 m的冲刷。此外，在西主堤坝外侧有一个冲刷区，冲刷幅度为0.3～0.6 m。在长白水道的部分水域有0.3～0.9 m的淤积。

3. 对港口、航道的影响

围涂工程实施后，航道潮流流态基本不变，航道涨落急流速略有增大，增大幅度在5%左右。由数模计算的结果可得，围堤所在位置的最大流速为0.6～0.7 m/s不等，而当地的泥沙起冲流速约0.7 m/s。因此从对潮流的影响来看，该围填海项目对港口航道的影响较小。且该项目是建设新的港口和临港工业园区的围填海项目，它可以缓解定海区人多地少，土地资源匮乏的矛盾，对港口、航道资源的开发具有促进作用。

从潮流的变化情况来看，该项目对航道的影响较小，项目是可围填的。

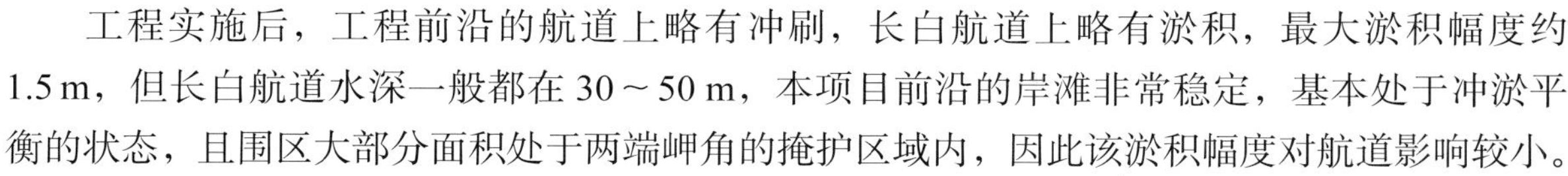

工程实施后，工程前沿的航道上略有冲刷，长白航道上略有淤积，最大淤积幅度约1.5 m，但长白航道水深一般都在30～50 m，本项目前沿的岸滩非常稳定，基本处于冲淤平衡的状态，且围区大部分面积处于两端岬角的掩护区域内，因此该淤积幅度对航道影响较小。

从冲淤的变化情况来看，该项目对航道的影响较小，项目是可行的，海域是可围填的。

（三）围填海对海洋生态的影响

围填海施工期对海洋生态的影响主要来源于各种污水：施工人员产生的生活污水、施工和运输船舶产生的含油污水、建筑施工时产生的废水。

施工期产生的生活污水如直接排放，将会影响近岸海域水质。建议施工和管理人员集中居住区的生活污水，经简单处理后用于绿化，采用沉淀、过滤等措施，使生活污水用于一些耐受能力强的乔灌木和草本花卉的灌溉。

施工期施工船舶和运输船舶产生的含油污水如直接排放，将会影响近岸海域水质，甚至可能影响海洋生物以及将来的养殖环境。根据《沿海海域船舶排污设备铅封管理规定》，应由海事管理机构对施工船舶实行铅封管理，含油污水将定期排放至岸上或水上移动接收设施，以保证船舶含油污水不直接排放入海。施工船舶产生的含油污水应经收集后，处理达标后排放。

建筑施工污水经二次沉淀后重新回用于建筑施工中。本项目施工时产生的各种污水经处理后对附近海域不会产生明显的影响。

根据目前围涂区的渔业生产情况调访，围区内无承包的滩涂养殖，也无正规的涨网作业，围区内有零星的张串网作业，另外有一些零散的拾海人员，主要渔获物是海瓜子和泥螺等。堤内主要的渔业生产是东海农场的围塘养殖。

围涂工程对渔业生产的影响主要表现在使现有沿岸和围区内的拾海人员和张串网人员失去了原有的生产场所，建设单位应对渔民渔业生产的损失给予适当的补偿。围涂工程建成后，开发大塘养殖和围塘精养，采用科学的养殖和管理办法，并有50年一遇的海塘防止风暴潮等灾害，预期工程建成后，将解决剩余劳动力的出路问题。

围涂工程内侧即为东海农场的养殖区，本围涂工程实施后，其养殖的纳排水通过本围区新修水闸进行水体交换，原有纳水闸变为节制闸，经排涝计算，本围涂工程的实施，会对后方原养殖区的引水系统形成一定的阻流作用，使后方养殖正常水位稍有降低。但营运期间基本上不会对其正常的生产活动造成影响。

本工程养殖废水海域水环境影响预测结果如表2-16所示。由预测结果可知，围涂区养殖废水排放对海域水质的影响仅限于排放口附近局部范围内。在排放口处养殖废水中COD_{Mn}含量低于四类海水水质标准。经过海水的稀释扩散，在距排放口1 000 m处恢复原状，活性磷酸盐的增量为0.0 002 mg/L，无机氮的增量为0.024 mg/L。因此养殖废水的排放对海域水质环境影响较小。

表2-16 养殖废水污染物扩散半径和相应的浓度预测值

距离（m）	Cr（COD_{Mn}）（mg/L）	Cr（N）（mg/L）	Cr（P）（mg/L）
0	1.370	0.5 980	0.0 280
50	1.366	0.5 978	0.0 280
100	1.340	0.5 963	0.0 279
200	1.286	0.5 922	0.0 276
300	1.253	0.5 914	0.0 275
500	1.217	0.5 893	0.0 273
1000	1.182	0.5 874	0.0 272

拟建围涂工程建成后，1 745.0 亩（1 亩 ≈ 0.067 公顷）的原滩涂及水域逐步被人工养殖生态系所取代。由于生态环境的改变，原滩涂的潮间带生物会受到一定损失。据调查，目前该区潮间带的平均生物量为 153.2 g/m^2。围涂后，大塘养殖和围塘精养为 610.75 亩，其余滩涂面积为隔堤和道路用地，共约 523.5 亩，由此而引起的潮间带生物直接损失量约 53.5 t。当然这些生物不一定都具有经济价值。

根据本工程的特点，工程的环境保护费用包括：施工期和营运期的环境保护措施、环境监测、水土保持工程、日常环境监管人员、环保设备、材料和环境监理等费用。据统计，本工程的环境保护费用约 497.65 万元，约占项目总投资的 2.55%。

潮间带生物直接损失量约 53.5 t，底栖生物按照 3 000 元 / t 计算，20 年总补偿金额为 321 万元。本项目建设期间的影响跟占用海域比起来影响微乎其微，因此浮游动物的损失量不做计算。因此生物损失量补偿仅算底栖生物的损失量。补偿总额占总投资额的 1.65%。

（四）用海项目对基岩滨海景观的影响

采用公式（2-2）对围填海工程实施前后岸线形态指数的变化进行评估。假定，工程前后基岩海岸的景观面积不变，岸线形态指数发生变化，则 $C=\dfrac{S_{围填后}}{S_{围填前}}$ 即为工程前后的岸线长度比。即：

$$C=\frac{\dfrac{0.25P_{围填后}}{\sqrt{A}}}{\dfrac{0.25P_{围填前}}{\sqrt{A}}}=\frac{P_{围填后}}{P_{围填前}}$$

$P_{围填前}$——围填海工程实施前的岸线长度，本项目围垦实施前的岸线长度为 6 280 m；

$P_{围填后}$——围填海工程实施后的岸线长度，本项目围垦实施后的岸线长度为 4 540 m；

$S_{围填后}$——围填海工程实施后岸线形态指数；

$S_{围填前}$——围填海工程实施前岸线形态指数。

C——判别指标，当 $C \geqslant 1$ 时，表示围填后岸线形态指数增大。当 $C < 1$ 时，表示围填后岸线形态指数减小，岸线景观受负面影响。

$$C=\frac{S_{\text{围填后}}}{S_{\text{围填前}}}=\frac{\dfrac{0.25P_{\text{围填后}}}{\sqrt{A}}}{\dfrac{0.25P_{\text{围填前}}}{\sqrt{A}}}=\frac{P_{\text{围填后}}}{P_{\text{围填前}}}=4540/6280=0.723$$

则景观指标得分为 $F_{\text{景观}}=0.732\times(0.8-0)=0.58$（分）。

四、围填海适宜性评估结论

工程实施后，航道潮流流态基本不变，航道涨落急流速略有增大，增大幅度在5%左右。由数模计算的结果可得，围堤所在位置的最大流速约为0.6～0.7 m/s，而当地的泥沙起冲流速约0.7 m/s。因此从对潮流的影响来看，该围填海项目对港口航道的影响较小。在泥沙冲淤方面，工程实施后，工程前沿的航道上略有冲刷，长白航道上略有淤积，最大淤积幅度约1.5 m，但长白航道水深一般都在30～50 m，本项目前沿的岸滩非常稳定，基本处于冲淤平衡的状态，且围区大部分面积处于两端岬角的掩护区域内。因此该淤积幅度对航道影响较小。

（1）从潮流、冲淤的情况来看，该项目对港口、航道的影响较小。从港口、航道资源来看，该项目有利于港口航道资源的开发，港口、航道指标得分为0.90分，项目是可围填的。

（2）项目总投资约2亿元，生态补偿金额占总投资额的1.65%左右。在打分区间上线性插值可得：$F_{\text{生态}}=(1.65-0.5)/4.5\times0.6+0.2=0.35$（分），因此生态指标得分为0.35分。

（3）围填海工程实施后的岸线长度为4 540 m，围垦工程实施前的岸线长度为6 280 m，$C=0.723$，景观指标 $F_{\text{景观}}=0.58$ 分。

本项目岸线的主导资源为港口航道资源，其主导功能为交通运输和临港产业。本项目的基岩海岸（主导资源港口航道）权重排序如表2-17所示。

表2–17 舟山市东大塘基岩海岸围填海指标权重排序

指标	港口航道	景观	生态
各指标权值	0.62	0.24	0.14

围填海适宜度分值 $F=$ 港口航道指标 $\times0.62+$ 景观指标 $\times0.24+$ 生态指标 $\times0.14=0.744$ 分，为可适度围填海域。

第四节 洋山港围填海适宜性评估

一、洋山港围填海工程概况

（一）工程概况

建设上海国际航运中心洋山深水港区对上海港建设成为国际集装箱枢纽港，使之成为全球集装箱运输干线网络的重要节点，具有重要战略意义，是关系到能否提高我国国际竞争力的重大问题，因此将此项目作为典型的示范案例进行分析。

根据洋山深水港区总体布局规划，上海国际航运中心洋山深水港区依托大、小洋山岛链，形成南、北两大港区，港内水域为单一通道。至2012年，整个北港区自西向东分为4部分：① 小洋山西港区（小乌龟岛—小洋山段），规划岸线长3 850 m，为洋山深水港区支线泊位和工作船码头作业区；② 小洋山港区（小洋山—镬盖塘段），规划岸线长3 000 m，包括已投产的1 600 m一期工程岸线和正在建设的1 400 m二期工程岸线；③ 小洋山中港区（镬盖塘—小岩礁段），规划岸线长2 600 m，即本次洋山深水港区三期工程；④ 小洋山东港区（小岩礁—沈家湾段），规划岸线长3 550 m，包括上海LNG接收站项目和油品码头。

本工程位于镬盖塘岛与大、小岩礁及大指头岛之间海域，总计$59\,135 \times 10^4\ m^2$，其中港区区域陆域面积$390 \times 10^4\ m^2$(其中作业区面积$27\,165 \times 10^4\ m^2$)，进港道路区域面积l4 935 × $10^4\ m^2$，工作船港池陆上基地面积约$52 \times 10^4\ m^2$。作业区陆域地面设计标高73 m，主要功能为集装箱堆场及生产、生活辅助区；其他陆域地面设计标高73 m，主要功能为进港道路及预留用地。现陆域设计范围内除有少量山体外，大部分为水域，这些区域需通过开山和吹填砂填海的方式形成陆域。

上海国际航运中心洋山深水港区三期工程（项目组组成如表2-18所示），位于浙江省嵊泗县崎岖列岛大小洋山岛附近的岛屿及海域和上海市南汇区。包括了港区工程（围填海工程及码头工程）、芦潮辅助区工程、航道工程。建设项目性质为大型港口工程的扩建工程。项目投资估算157.03亿元人民币，环保投资：8 913万元人民币，环保投资占工程投资比例为0.57%。

表2–18　上海国际航运中心洋山深水港区三期工程部分项目组成

编号	工程项目	项目组成部分	
1	港区工程	码头和港区港主体工程区（包括围填海工程及码头工程）	在小洋山岛东南的镬盖塘岛与大、小岩礁及大指头岛之间海陆域形成面积591.35万m^2，港区陆域形成的开山采石和吹填砂总方量约为7 057万m^2。陆域纵深1 400～1 800 m，港区定员1 600人
			建设7万～15万吨级泊位7个，码头及接岸结构岸线长度2 600 m，前方作业带宽度91 m；港区陆域面积390万m^2，堆场面积168.62万m^2
		工作船码头	4个设施泊位320 m固定式码头及6个工作船泊位(40 m长趸船6个)，2个工作船港池陆上基地面积约52万m^2
		配套工程	生产、生活辅助建筑物、给排水、供电、通信、控制等，其中生产、生活辅助建筑物总面积为6.57万m^2
2	芦潮辅助区工程	包括芦潮辅助作业区、危险品作业区、口岸查验和配套区及预留发展用地四部分，场地总面积109.69万m^2，堆场面积18.89万m^2，建筑物面积16.33万m^2，定员900人	
3	航道工程	将11 km长的主航道拓宽至550 m，以满足15万吨级及10万吨级集装箱船舶双向通行的需要。主航道人工疏浚量780.8万m^3，港内水域及其他航道工程疏浚量368.9万m^3。主航道工程需在小岩礁岛至外后门岛航段将外后门礁盘炸除，炸礁面积1.58万rn^2，炸礁工程量16.77万m^3，陆上爆破和水下爆破分别为0.52万m^3、16.25万m^3	

（二）总平面布置

码头前沿线：综合考虑码头前沿水流流速、流态、潮量、船舶航行安全、可利用深水岸线长度、炸礁工程量及炸礁实施的可能性等方面因素，码头前沿线方位角 N126°～306°，小岩礁按 N125.5°～305.5° 方位角实施炸礁，炸礁量约 $1\times10^3\,m^3$。

码头泊位长度及船型组台：码头岸线长度 2 600 m，分两阶段进行建设：第一阶段 1 350 m，2008 年建成，建设 4 个 7 万～15 万吨级集装箱泊位；第二阶段 1 250 m，2010 年建成，建设 3 个 10 万～15 万吨级集装箱泊位。三期工程靠泊船型组合如表 2-19 所示。

码头前方作业区宽度：码头采用满堂式布置形式。前方码头作业区总宽度为 91 m（结合集装箱装卸工艺布置要求确定）。码头前沿至岸桥海侧轨道中心 4 m，岸桥轨距 35 m，轨内设 6 条作业线。

表2-19　泊位船型组合

序号	船型吨位（万吨级）						计算值（m）	码头实际长度
	15	10	7	5	3	0.5		
1		4	3				2 578	
2	3		4				2 620	
3	3	3				1	2 597	
4	6						2 560	2 600
5			7		1		2 612	
6	2	2		1	1	2	2 576	

注：10万吨级及以上吨级集装箱船富裕长度取40 m，7万吨级集装箱船富裕长度取30 m，其余小船取轴。

二、海域自然条件

（一）水文气象

洋山深水港区工程海域监测期间（枯水期和丰水期）水文气象各监测指标结果均值范围列于表 2-20。

表2-20　洋山深水港区工程海域水文气象年际及季节差异比较

水期	年份	表层水温（℃）	底层水温（℃）	水深（m）	透明度（m）	风速（m/s）	风向度（°）	水色
枯水期	2003	8.03	8.13	14.2	0.0	4.8	15～355	19～20
	2004	9.45	9.52	13.7	0.02	5.1	10～240	20～20
	2005	6.12	6.03	14.3	0.6	6.2	5～355	16～20

续 表

水期	年份	表层水温（℃）	底层水温（℃）	水深（m）	透明度（m）	风速（m/s）	风向度（°）	水色
丰水期	2002	27.9	27.2	13	0.4	3.2	10～340	12～21
	2003	27.63	26.64	10.5	0.3	5.0	70～140	12～19
	2004	29.3	27.86	13.0	0.3	5.5	80～190	14～19
	2005	28.0	27.2	12.5	0.26	8.35	135～170	8～20

枯水期表、底层水温均值在 6～10℃之间，2004 年表底层水温均值最高，2005 年最低。丰水期表、底层水温均值在 26～30℃之间，2004 年表底层水温均值最高，2003 年最低。

枯水期该海域水深均值在 13～15 m 之间，丰水期则在 10～13 m 之间，枯水期高于丰水期。受到采样时涨落潮水的影响，水深均值有一定的年际差异，枯水期以 2003 年最深，丰水期则以 2004 年最深。

透明度指标除有季节差异以外，还有年际差异，丰水期，水体透明度较高，匀值在 0.26～0.4 m 之间，2005 年最高，2004 年最低；枯水期，水体透明度较低，均值在 0.02～0.16 m 之间，2002 年最高，2005 年最低。

海域风向受季风的影响，枯水期和丰水期风向有一定的季节差异，枯水期范围较宽，丰水期较窄。风速各个年份及季节均有差异，最大值在 2005 年 8 月，平均风速为 8.35 m/s；于 2002 年丰水期监测到最小值 3.2 m/s。枯水期水色范围为 16～20，丰水期则为 8～21。

（二）生态状况

1. 渔获物组成

洋山的张网渔获物中出现的游泳生物有 20 多种，其中优势种为梅童鱼、刀鲚、凤鲚、舌鳎，主要种为银鲳、黄鲫、带鱼等。

2. 产卵场

洋山附近海域也是一些沿岸河口性鱼类及少部分近海鱼类的产卵场所之一，主要经济鱼类品种有鲳鱼（灰鲳、银鲳）、刀鲚、黄鲫以及一些沿岸河口性小型鱼类。它们的产卵季节主要集中在每年的 6～10 月。

3. 浮游及底栖生物

附近海域悬浮泥沙含量明显较高，一般情况下海域叶绿素浓度、浮游植物数量、浮游动物数量都比杭州湾东部附近海域要低，由于潮流流速较大，海底生物不易附着生长，底栖生物的种类和数量也较少。洋山的潮间带生物种类随地质类型的不同而不同，砾石滩和泥沙滩的生物种类和数量分布各不相同，前者的生物量较高，种类也较多。

根据 1990 年的资料，该海域浮游植物以硅藻为绝对优势种，包括角毛藻、中肋骨条藻、布氏双尾藻、圆筛藻和佛氏海毛藻，平均生物量为 25 万个 /m^2；浮游动物优势种为太平洋纺

锤水蚤、球型侧腕水母和真刺唇角水蚤，生物量在 0.3 ~ 229 mg/m^2 之间：鱼卵仔稚鱼种类有风鲚、龙头鱼、大黄鱼、银鲳，最大鱼卵量为 55.51 个 /m^2、仔稚鱼 94.70 尾 /m^2；底栖生物以长臂虾群落为主，优势种为脊尾白虾、安氏白虾、葛氏长臂虾、棘头梅童鱼，平均生物量 0.35 g/m^3，栖息密度 10 g/mg；生物残毒分析结果显示，嵊泗列岛生物体富集的污染物浓度不高。

（三）景观状况

嵊泗列岛自古有“海外仙山”之称，是国务院批准的国家重点风景名胜区之一，大、小洋山系该景区的一部分，主要风景有：圣姑礁、海若波恬、大梅石景、石龙奇观、姐妹石、海阔天空等，以幻石灵岩为特色。

小洋山岛滨海景观以幻石灵礁为特色，孤岩独立、群石叠置，石柱丛生、危岩耸立、奇穴异洞、千丈崖壁，妙趣横生。小洋山上的“石龙奇观”、“姐妹石”、“石鸡望空”等灵幻之石，比比皆是，令人叹为观止。

洋山港区一期工程的建设，给小洋山岛的自然风光带来了一定程度的影响。工程在建设过程中，本着既促进工程建设又保护风景名胜的原则，尽最大可能进行风景名胜保护工作，具体措施如下。

（1）工程在设计阶段，已充分考虑港区范围尽量避开岛上风景、古迹等自然和人文景观。在施工过程中，施工单位主动对“姐妹石”等风景进行了专家论证，采取周围垒沙袋加固防护等措施，避免其在施工过程中因震动造成损坏。

（2）增加投资 7 000 万～ 8 000 万元将小洋山港桥连接段开山爆破工程改为隧道工程。

（3）于 2004 年 1 月致函嵊泗县政府在修编嵊泗列岛风景区规划中调整小洋山功能规划。

三、围填海适宜性评估

（一）港口、航道影响因子

潮流是沿海地区最重要的水动力因素，在很大程度上决定了水体化学、浮游生物以及海洋污染物的传输扩散。本工程所在海域潮流强劲，工程填海造地、构筑水工建筑物和疏浚航道将会明显地改变局部地形条件和水深，相应地引起一定的水动力条件的变化。为了正确分析、预测和评价因工程带来的水动力条件的变化，本研究搜集了潮流数学模型的资料。

1. 潮流模型原理方程

预测海洋水动力条件的基本模型是海洋运动方程，其遵从牛顿第二定律及万有引力定律等基本原理，根据对海水体的受力分析形成运动加速度计算公式（2-19）。

$$\frac{\mathrm{d}V}{\mathrm{d}t} = -\alpha\nabla p - 2\Omega V + g + F \quad \cdots\cdots (2\text{-}19)$$

式中：

α ——海水密度的倒数；

p ——海水所受压力；

F ——海水受到的除重力与压力以外的其他矢量力；

V——相对于地球坐标系的海水运动矢量速度；

Ω——地球自转矢量角速度；

g——相对于地球坐标系的重力加速度。

由于 Navier 和 Stokes 推导提出了海洋运动方程中的“摩擦力”项，所以相应形成的 X、Y、Z 方向的海洋运动方程通常被称为 Navier 运动方程公式，对该公式进行自由表面忽略垂直应力的垂直项积分，可以得到以潮汐为主的浅水体水平面运动方程 (如式 2-20 和式 2-21)。

$$\frac{\partial u}{\partial t}+u\Delta u+fu+g\nabla\eta+\tau_b=0 \quad\quad (2\text{-}20)$$

$$\frac{\partial \eta}{\partial t}+\Delta[(H+\eta)u]=0 \quad\quad (2\text{-}21)$$

式中：

u——水平二维流速（m/s）；

t——时间（s）；

f——柯氏力系数；

g——重力加速度（m/s）；

η——相对于平均海面的水面高度（m）；

τ_b——海底摩擦应力；

H——水深（m）。

上述经过垂向积分的平面运动方程代表了不同水深水平运动的积分平均状况，相应的计算结果不能区分各水深层的水流运动状况，因此通常被称为“二维潮流模型”。

2. 模型求解

本研究采用美国 Tide2D 软件，通过有限元数值模拟方法求解上述二维潮流模型，模拟预测计算海域内给定时间和空间的潮位和沿水深积分平均的水体平面运动流速。

根据工程海域以及杭州湾内相关海域的岸线和水深分布 (引用国家地理信息中心提供的地图和本工程勘探资料)，采用加拿大 TriGrid 工具软件制作相应海域有限元网格。

有限元网格的尺度由计算软件根据水深分布自动确定，为了反映工程海域在工程前后小尺度的岸线和水深变化，采用了手工添加法适当加密网格，分别制作一二期工程后、三期工程后两套计算网格，采用相同的边界条件模拟潮流状况。

有限元数值模拟的开边界条件引用国家海洋局第一海洋研究所方国洪研究员等根据观测资料总结的主要潮汐分潮的振幅和相位，通过多次迭代运算模拟出每个网格节点主要分潮潮流的调和常数，从而形成了特定海域潮流模型，定量预报随时空变化的水深平均潮流流速和流向。

3. 模型验证

计算海域潮流涨急和落急时刻的矢量分布图（图 2-5、图 2-6），工程海域涨潮流向一般在 250°～300° 范围内，落潮流向一般在 50°～150° 范围内，涨潮流速一般在 0.5～1.0 m/s 之间，落潮流速一般在 0.5～1.5 m/s 之间，这些特征与有关工程勘测结果基本一致。本评价通过与实测资料比较（选择由交通部天津水运工程科学研究所 2005 年 1 月完成的 2 个站位的测流资料），验证所建潮流模型的模拟精度。如表 2-21 所示。

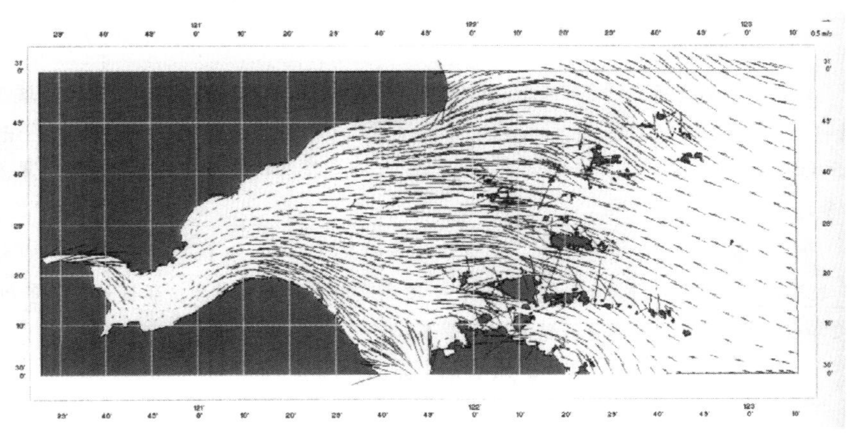

图2-5 潮流模型涨急流型模拟结果

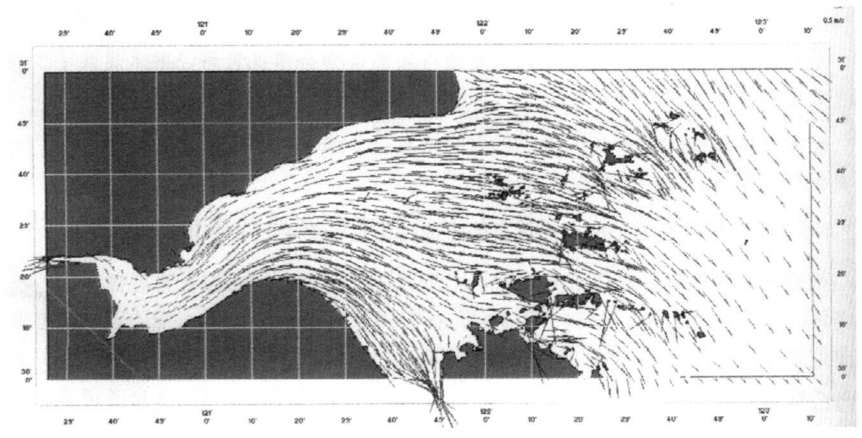

图2-6 潮流模型落急流型模拟结果

表2-21 潮流模型验证站位

站名	实测点		网格编号	三角网格	
	北纬（N）	东经（E）		北纬（N）	东经（E）
M7	30.629°	120.043°	3134	30.630°	122.044°
M9	30.621°	120.054°	2905	30.625°	122.052°

4. 潮流、冲淤计算模拟结果

从验证结果看，流向和流速的模型值与实测值吻合情况良好，基本反映了工程海域半日潮和半月潮的演变规律。

综合上述模型验证结果判断，所建模型基本反映了杭州湾海域的潮流特征，可以满足本项目环境影响模拟预测的需要。

围填海建成后工程附近海域潮流流向变幅一般为 ±0.5°～±5°，流速变幅一般为 ±0.01～±0.1 m/s；相应的影响半径基本小于 18 km，影响范围为 60～240 km²。超过上述变幅范围的影响范围小于 10 km²。估算工程区前沿的主航道上，最大淤积幅度在 1.5 m 以内。从潮流、冲淤的角度来看，本项目的围填海工程对航道通行的影响较小。

根据洋山深水港区总体布局规划，拟建港区能够满足第五、第六代大型集装箱运输船进出港需要的深水良港，为上海港建设成为国际集装箱枢纽港起到重要作用。因此本项目对港口、航道资源的开发具有重要意义。因此港口航道的指标得分为 0.90 分。

（二）基岩滨海景观因子

嵊泗列岛自古有“海外仙山”之称，大、小洋山系该景区的一部分，小洋山岛上现存的几个景点都在本工程的建设区域之外。目前岛上现存的一些风景名胜，例如“姐妹石”等，在一期工程的施工过程中，建设单位采用沙袋加固等方法，保证了施工过程中对景点的影响最小化。

洋山港区一期工程的建设，给小洋山岛的自然风光带来了一定程度的影响。工程在建设过程中，本着既促进工程建设又保护风景名胜的原则，尽最大可能进行风景名胜保护工作。因此，从滨海景观的角度来看，小洋山岛属具有观赏价值的基岩景观，因此景观指标得分应为 0 分。

（三）生态指标的评估

项目施工中，进行滩涂挖掘泥沙、充填石料、填海造陆等作业，改变了生物的原有栖息环境，对底栖生物的影响最为明显。根据农业部东海区渔业生态环境监测中心 2005 年 11 月编制的《水生生态监测专题报告》，2005 年在该水域的水生生态监测结果显示，施工水域底栖动物冬、春、夏三季平均总生物量为 2.18 g/m²，总生物量最高值为 2.86 g/m²。本研究在进行底栖生物损失计算中，进行保守计算，取施工水域底栖生物量高值 2.86 g/m²。计算底栖生物经济价值损失时，按照每吨底栖生物价值 3000 元进行估算。本项目围海造地工程建设区永久征地 390 万 m²，计算可得拟建项目将直接造成约 11.15 t 底栖生物的生物量减少。按照 20 年赔偿期计，则本部分底栖生物的生态损失补偿金为 66.9 万元。

本项目占海工程总面积为 513×10^4 m²，占海区域内由于海洋生态系统功能的丧失，引起相应的鱼卵和仔鱼全部死亡，由于一期工程已建设了围堰，阻挡了部分鱼卵、仔鱼漂流至占海工程海域，因此，受影响率取 50%，影响时间按 1 年计，则占海工程造成的鱼卵损失量为 5.0×10^5 个，仔鱼损失量为 3.1×10^6 尾。鱼卵存活率按 1% 计算，仔鱼存活率按 5% 计算，成鱼重量按 100 g 计算，则鱼卵仔鱼折合成成鱼损失约为 16 t，按成鱼 10000 元 / t 计算，本项目鱼卵仔鱼的经济损失约为 48 万元（按一次性赔偿 3 年计）。

悬浮物浓度的增高将造成鱼卵和仔鱼的损失，损失的程度取决于悬浮物污染的程度。根据悬浮物浓度预测，本项目施工作业造成海水悬浮物浓度受到显著影响、较显著影响（超一、二类标准）的最大影响范围为 $9\,032 \times 10^4$ m²。施工过程中，在轻度污染区的鱼卵和仔鱼的成活率分别按降低 10% 和 3% 计，则因悬浮物浓度增大造成鱼卵损失量为 6.4×10^5 个，仔鱼损失量为 1.2×10^6 尾。成活率按分别降低 1%、5% 计，影响时间按1年计，成鱼重量按 100 g 计算，则鱼卵仔鱼折合成成鱼损失约为 60.64 t，按成鱼 10 000 元 / t 计算，本项目鱼卵仔鱼的经济损失约为 60.64 万元。

工程总投资额为 139.9 亿元，则 $U=(A+B+C)/W=(66.9+60.64+48)/1399000=0.01\%$，属于可围垦项目，得分为 1。

四、围填海适宜性评估结论

（一）港口、航道因子

围填海工程建成后附近海域潮流流向变幅一般为 ±0.5° ～ ±5°，流速变幅一般为 ±0.01 ～ ±0.1 m/s；相应的影响半径基本小于 18 km，影响范围为 60～240 km^2。超过上述变幅范围的影响范围小于 10 km^2。估算工程区前沿的主航道上，最大淤积幅度在 1.5 m 以内。从潮流、冲淤的情况来看，本项目的围填海工程对航道通行的影响较小，港口航道指标得分为 0.90 分。

（二）滨海景观因子

从滨海景观的角度来看，小洋山岛属具有观赏价值的基岩景观，因此景观指标得分应为 0 分。

（三）生态评估

工程总投资额为 139.9 亿元，$U=(A+B+C)/W=(66.9+60.64+48)/1399000=0.01\%$，属于可围垦项目，得分为 1。

（四）评估结论

本项目海域的主导资源为港口航道资源，其主导功能为交通运输和临港产业，主导资源为港口航道，权重排序为航道 0.62、景观 0.24、生态 0.14。围填海适宜度分值 F= 港口航道指标 ×0.62 ＋景观指标 ×0.24 ＋生态指标 ×0.14＝0.698 分，为可适度围填海域。

第三章　砂质海岸围填海适宜性评估方法与实践

第一节　我国砂质海岸分布与围填海现状

一、我国砂质海岸分布

砂质海岸是对其完整的地貌体系而言的，它包括水下岸坡、海滩、沿岸沙坝、海岸沙丘及潟湖与沼泽等。它们直接毗连于阶地（台地）或平原前缘，或发育于基岩海湾的内缘。其形成时代可上溯至晚更新世，其规模取决于海岸轮廓、物质来源和海岸动力等因素（陈欣树、陈俊仁，1993；陈吉余等，1989；陈子燊，2008）。我国砂质海岸的发育地形多样：黄渤海沿岸地形比较平缓开阔，砂质海岸地貌多分布于沿海的中小平原海岸（如昌黎海岸）、开阔台地海岸（山东半岛西北岸）和岬湾（山东半岛北岸）之间；华南地区，砂质海岸受基岩岬角的影响分布零散，多发育于岬角海湾之间，规模较小。在主导风向方面，因为我国是典型的季风气候，风力受季节性影响显著，冬春季节吹东北风，夏秋季节吹东南风。因此在与主导风向垂直的岸线，砂质海岸发育较好。典型的砂质海岸多分布于河流入海口两侧，我国东部平原地区河流众多，给海岸风沙提供了丰富的沙源（李震、雷怀彦，2006）。

我国砂质海岸的分布范围较广，又相对集中，沿海的各省市均有砂质海岸分布，但主要分布在辽东半岛、山东半岛和华南海岸 3 个区域。黄渤海沿岸受风沙作用的岸线超过 1 000 km，分布总面积达 700 km^2（傅命佐等，1997）。粤东海岸的大部分地区，粤西广海湾和漠阳江口以西至鉴江口，雷州半岛东西两岸，海南岛东岸、南岸和西岸是华南地区砂质海岸的主要分布区，仅广东和海南两省，砂质岸线就长达 1 861 km，占岸线总长的 37.7%，是主要岸线类型（陈欣树，1989）。闽南、两广和海南省砂质海岸总面积达到 2 378 km^2（陈欣树，1989；陈欣树、陈俊仁，1993）。

辽宁省砂质海岸长 315.4 km，占岸线总长的 17%，主要分布在辽东湾东西两侧，即营口的盖州和葫芦岛的绥中，拥有 140 km 连绵宽厚肥大的初始沙砾海岸，众多的海积地貌，如水下沙坝、海滩、沿岸堤、海积平原、沙嘴潟湖等海滨系列地貌发育良好。

河北省的砂质海岸处于河北省东北部低山丘陵的东缘，主要集中于秦皇岛市和唐山市，从山海关的张庄直至乐亭县的大清河口，长约 141 km，如图 3-1 所示（邱若峰等，2009）。秦皇岛至唐山有多条河流入海，如戴河、洋河、滦河、大蒲河、大清河等，是沿岸重要的泥沙来源。此处沙岸较为平直，潟湖－沙坝系统发育良好，尤其在河口处，仅在山海关老龙头、秦皇岛南山、北戴河金山嘴等处有突出的基岩岬角，海蚀地貌发育。

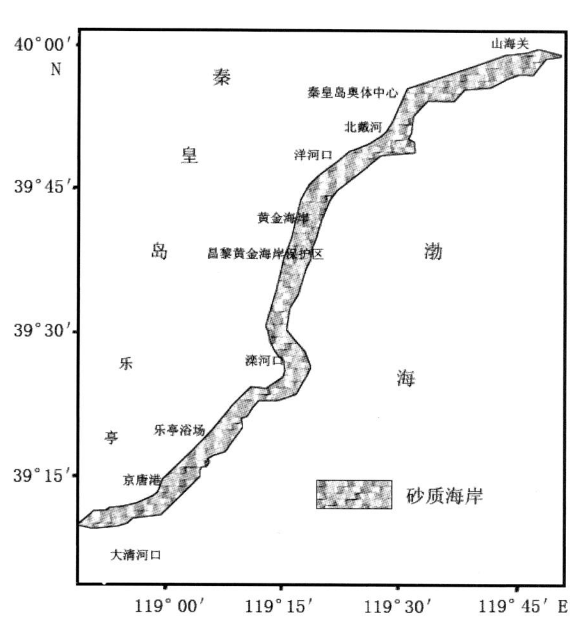

图3-1　河北省秦皇岛至唐山砂质海岸（邱若峰）

山东省海岸线长 3 121 km．砂质岸线约占 1/4，砂质海岸连续延距大于 30 km 的有 4 段：屺姆岛—石虎嘴、栾家口—屺姆岛、双岛港—金山港、奎山嘴—岚山头，最长延距达 40 km，延距超过 10 km（万米海滩）的岸段更多，至于两岬角间的小型砂质海岸则随处可见（王文海，1993）。

广东大理湾、海门湾、靖海湾、神泉港、碣石湾、海陵山港等岸段，砂质岸线长达 1 005.1 km，占岸线总长的 48.5%。广东具有古海岸砂质堆积地貌，主要见于粤东沿岸、粤西水东等处。现代砂质海岸则具有平直砂岸、岬湾砂岸或称弧形砂岸、河口沙嘴、连岛沙坝等多种地貌形态，尤以弧形砂岸较为普遍。弧形砂岸是在平面上呈弧形，以弧形的滨外坝为基干，一般同时具有潟湖、通道等地貌单元。

福建以基岩质海岸为主，砂质海岸主要分布在闽江口两侧，大港，深沪湾，厦门港，六鳌半岛以东等，岸线长 455.3 km，仅占大陆岸线总长的 18.3%。

广西砂质海岸主要分布在北仑河口以西，大风江两侧，大鹿塘到牛坪子岸段，岸线长 204.6 km，约占岸线总长的 21.6%。

海南岛的砂质海岸主要分布在东北部、东部和西部，东北部由海口市的新海至文昌县的木栏头，东部由木栏头至万宁县的乐南村，西部由儋县的白马井至乐东县莺歌海，以及莺歌海至九所一带。砂质岸线共长 546 km，占总长度的 32.5%（黄少敏、罗章仁，2003）。

二、砂质海岸的主要特征

海岸地质构造是岸滩发育的基础。砂质海岸物质来源包括河流来沙、海崖侵蚀供沙、陆架来沙、离岸输沙、风力输沙、生物沉积等，是砂质海岸发育的必要物质条件。海岸动力包括波浪作用、潮汐作用、风力等，是泥沙运动、沉积和输移的动力条件。砂质海岸一般宽几十米至几百米，长可顺岸延伸近百千米，呈断续分布，砂质海岸的组成物质以沙为主，结构松散，流动性大。它们的形成发育过程相当复杂，因地而异。各种地貌类型受动力、供沙，岸线轮廓，人为活动等因素的影响而变化。根据地貌特征可将现代砂岸分为滨岸沙堤、岬湾沙堤、河口沙嘴、湾口沙坝、离岸坝、连岛沙洲和堆积沙岬等类型。

砂质海岸对周围环境因子的变化极为敏感，这些变化既包括自然方面，也包括人为因素。最为显著的自然因素有：海平面上升、海岸宽度、气候变化、主导风向、植被覆盖度和沙源补给等。它们往往决定了砂质海岸系统的形态和发展规模，同时，地球第三大营力——人类活动，对砂质海岸也产生重要的影响（杨世伦，2003）。砂质海岸是人类经济和社会活动比较频繁的区域和生活生产的重要场所。人类活动，如沿海岸工业区、居民区的建设、地下水的过度抽取、掠夺性地开采砂矿，甚至一些微小的活动，如旅行者在海岸的足迹、车辆的痕迹等都能改变砂质海岸的结构，破坏沿岸植被和砂质海岸地貌的稳定性，从而进一步影响砂质海岸的演化（李震、雷怀彦，2006）。根据研究，海平面上升 50 cm 情况下，我国的青岛、汇泉、浮山 3 个海湾海滩损失面积超过 $17 \times 10^4\ m^2$，损失率在 30% 以上，滨海后退达 3 410 m 之多；秦皇岛的北戴河、西向河寨、山东堡 3 个砂质海滩损失面积达 $63 \times 10^4\ m^2$，损失率在 33% ~ 57%，滨海后退达 4 310 m。陆源供沙减少影响海岸变化以现代黄河三角洲最为明显。黄河自 1976 年钓口流路改道由清水沟流路入海后，原钓口流路的套儿河口至四号桩东海岸，由于缺少了黄河输沙补给而严重溃退，退速高达 50 300 m/a。海岸带采砂使海滩遭受侵蚀以蓬莱西庄海岸最具代表性。蓬莱市西庄至栾家口海岸原有较宽阔的优质海滩，自 1986 年有人从此段海岸以北 215 km 外海域的登州浅滩采砂后，海岸就开始遭受侵蚀后退，一次大浪过程中，海岸线后退达 20 m（许国辉 、郑建国，2001）。

三、砂质海岸的资源与功能

砂质海岸为人类提供了丰富的资源，例如，景观资源、水产资源、矿产资源、林业资源、潟湖与沼泽资源和港口资源等（王文海，1993）。基岩海岸以港口资源和海蚀地貌为优，淤泥质海岸以渔业资源和土地资源为优，而砂质海岸的景观资源得天独厚，矿产资源、林业资源、潟湖沼泽和港址资源也毫不逊色。砂质海岸是资源承载最丰富的海岸类型，因此所提供的功能也较其他类型的海岸丰富。

砂质海岸往往背依低山丘陵，碧海蓝天、青山绿树、金黄色沙滩形成了非常幽静而美丽的环境，有些砂质海岸上或其附近有著名的人文景观，如山东的蓬莱阁、秦皇庙等与之相互辉映；有些砂质海岸处可见海岛星罗海上，景色优美。砂质海岸生有各种贝类，如菲律宾蛤仔、四角蛤蜊、文蛤、大小竹蛏等，水产资源丰富。砂质海岸蕴含多种矿产。山东的砂质海岸矿种主要有建筑砂、玻璃砂、锆英石、磁铁矿、砂金等；广东沿海分布较广泛的变质岩、混合岩、中生代的岩浆岩和火山岩不同程度地含有锡、钛铁矿、金红石和独居石等有用矿。它们的风化产物常被地面径流带进大海，经波浪淘洗富集形成砂矿。砂质海岸外水深一般都较大，虽然泥沙问题比较突出，但经过工程处理，建港是没有问题的。我国的秦皇岛港油码头，唐山港即建在砂质海岸上。

砂质海岸具有多种功能，包括物质生产功能、文化娱乐服务功能、生物多样性保育功能、防灾减灾功能、科学研究价值等。物质生产功能主要指砂质海岸是一些渔业品种的繁育场，是人类重要的食品来源，同时后滨的砂质海岸通过种植防护林，改善土壤，可以利用为农田，种植各种粮食作物和经济作物。砂质海岸药用植物还为人类提供各种药材。文化娱乐服务功能主要通过砂质海岸的景观资源和旅游资源来实现。砂质海岸多被利用为滨海景观带、沙滩浴场以及水上娱乐场所，具有极高的休闲娱乐价值。砂质海岸还具有生物多样性保育功能，它是沙生植被的重要分布区，是底栖生物产卵、生长和栖息的场所，也是鸟类觅食、中转、休憩的重要生境。砂质海岸防灾减灾功能体现在对抗海水入侵、台风、风暴潮、海平面上升等，它降低了灾害对海岸带的破坏。原生砂质海岸是以海岸地质构造为基础、陆源和海源泥

沙为物质条件、水动力环境为动力条件之间形成的，可以反映一定时期地质、地貌演变过程，具有重要的科研价值；同时砂质海岸也是重要的湿地类型，是湿地生物、水文、物质循环等研究的天然实验室。

四、砂质海岸围填海现状

对于砂质海岸，其海岸线长度是海岸空间资源的一个基本要素，也是海岸带生态系统的重要支撑；良好的海岸自然景观具有很高的美学价值和经济价值；近岸海域是很多海洋生物栖息、繁衍的重要场所，海岸带系统尤其是滨海湿地系统在防潮消波、蓄洪排涝等方面起着至关重要的作用，是内陆地区良好的屏障。砂质海岸丰富的资源和支持功能为人类提供多种用途。目前砂质海岸主要的利用为旅游、港口、养殖、农业、矿产、盐业以及保护区。

目前砂质海岸围垦最主要的利用方式为围海养殖和港口建设，而围海造陆则不多见。其中，围海养殖主要在城乡结合部或沿海农村，缺乏其他开发方式的市场条件，而随着国家海上牧场政策导向的指引，开辟出大面积的养殖池，包括虾池、鱼池、蟹池及海珍品养殖池等。港口建设的填海主要为平直砂岸或岬湾型砂岸港口码头或配置区的需要而实施局部围填。

围海养殖的情况颇为普遍，是砂质海岸围填海的主要目的，然而目前的利用实践未把砂质海岸作为围填造陆的主要海岸类型。因此，笔者认为砂质海岸资源丰富，功能多样，围填海不是砂质海岸的最佳利用方式，不能够使资源有效利用。

砂质海岸围垦产生的最主要问题为自然岸线消失和海岸侵蚀加剧。

1. 自然岸线消失严重

砂质海岸是多种资源的载体，围垦活动使砂质海岸在短期内性质改变，自然岸线为人工硬质岸线取代，景观资源、水产资源、生物多样性保育作用随之消失。河北省砂质海岸分布于秦皇岛、唐山两市境内，自 20 世纪 80 年代始在海滩大规模修筑人工养殖池塘后，全省自然砂质岸线长度不断缩短。至 1987 年，唐山市砂质岸线已全部为人工岸线所取代，全省自然状态下砂质海岸仅存于秦皇岛市昌黎、抚宁两县境内，北始戴河、南至塔子沟一线（韩晓庆等，2008）。

2. 海岸侵蚀加剧

在围填海造成的所有影响中，加速了砂质海岸的侵蚀是不容忽视的。海岸侵蚀的原因有：① 海平面上升；② 陆源供沙减少；③ 人为海岸带采砂；④ 海岸工程负面效应；⑤ 其他。

不合理的海洋工程则拦截沿岸沉积物运动，引起海岸上游一侧淤积和下游海岸侵蚀。最常发生的是拦截沿岸输沙的突堤、码头和护岸工程等人工建筑物，使沿岸上游一侧的沉积物供应处产生浅滩，岸线外移；而在沉积物流的下游一侧会发生侵蚀，原先平衡的多年稳定的岸线发生破坏，产生不可逆的恶性循环。

例如，辽东湾东西两侧，即营口的盖州和葫芦岛的绥中，拥有 140 km 连绵宽厚肥大的初始沙砾海岸。众多的海积地貌，如水下沙坝、海滩、沿岸堤、海积平原、沙嘴潟湖等海滨系列地形十分发育。20 世纪 60 年代至 90 年代，辽东湾东西两侧的初始砂质海岸侵蚀范围逐年扩大，侵蚀不断加剧，给当人民的生产和生活带来严重危害。多年监测资料表明，侵蚀严

重的熊岳岸线以 2 ～ 4 m/a 的速率而大幅度后退，特别严重的地区最大后退达 10 km；辽西绥中某些岸段平均每年后退 1～2 m。其中，突堤式建筑物建设是侵蚀的重要原因之一。如盖州北部的光辉渔港的突堤阻碍了北侧来沙的正常运移，使其南侧来沙不足，田家崴子段遭受强烈侵蚀。辽西绥中（洪家屯）北京首钢疗养院建造旅游突堤，不到 2 年堤东侧海岸大面积受蚀，堤西侧淤积严重。

河北砂质海岸，入海河流有石河、沙河、汤河、戴河、洋河、大蒲河和滦河等，每年向海输入大量泥沙，全新世以来海侵的 6～7 km，波浪向海岸移沙和河流输沙，共同淤积成 2～10 km 宽的沿海平原和海滩。但是自 1954 年以来，人类活动越来越强烈，引起海滩沙连年亏损，海滩转淤为蚀。特别是近几十年，表现为海滩沙粗化，滩肩变窄，滩坡变陡，海蚀平台裸露。岬湾、沙丘岸线蚀退率达 1.5～3.5 m/a，沙坝潟湖海岸侵蚀速率达 20～25 m/a（邱若峰等，2009）。

山东省岚山头一带海岸也是一个典型的例子。岚山头佛手湾突堤建于 1971 年，1972 年又向海延伸 650 m，形成近 1 500 m 长的防波堤兼码头。在此之后，突堤北侧明显淤积，南侧则产生侵蚀。1974 年测图同 1970 年比较结果表明，突堤北侧淤积 $17.8\times10^4\ m^3$，南侧侵蚀 $13\times10^4\ m^3$ 的泥沙，其影响范围南侧可达老虎沙（崔承琦，1983）。

海岸侵蚀已从单纯的自然变异过程上升为一种灾害。丰爱平和夏东兴（2003）利用海岸侵蚀后退速率和海岸侵蚀宽度模数来表征海岸侵蚀的强度，用于海岸侵蚀灾情的判定。尤为严重的是，海岸侵蚀常与沿海台风、风暴潮和地面下沉等灾害叠加发生，使灾情加剧。围填海工程虽然不是砂质海岸侵蚀的最主要影响因素，但它加速了海岸侵蚀，不容忽视。

目前我国砂质海岸主要的利用为旅游、港口、养殖、农业、矿产、盐业以及保护区等。砂质海岸围垦最主要的利用方式为围海养殖和港口建设，由此产生的最主要问题为自然岸线消失和海岸侵蚀加剧。砂质海岸资源丰富，功能多样，且多处于侵蚀状态，围填海使砂质海岸在短期内性质改变，自然岸线为人工硬质岸线取代，景观资源、水产资源、生物多样性保育作用随之消失，因此砂质海岸多不适宜进行围填海。

第二节　区域砂质海岸围填海适宜性评估方法

砂质海岸围填海适宜性评估包括区域砂质海岸围填海适宜性评估和建设项目砂质海岸围填海适宜性评估两部分，如图 3-2 所示。首先应通过区域砂质海岸围填海适宜性评估方法计算出待评估区域砂质海岸的综合指标值，根据参考标准判别出 3 个适宜性等级的岸段。其次进行待评估建设项目砂质海岸围填海适宜性的评估，根据区域砂质海岸围填海适宜性评估结果，判断建议项目围填海所处岸段是否为不可围填岸段，是则直接判断项目不能围填，否则继续评估，按照建设项目砂质海岸围填海适宜性评估方法计算出综合指标值，按照所评估岸段的适宜性类型选择参考标准进行评判，确定建设项目围填海的适宜性。

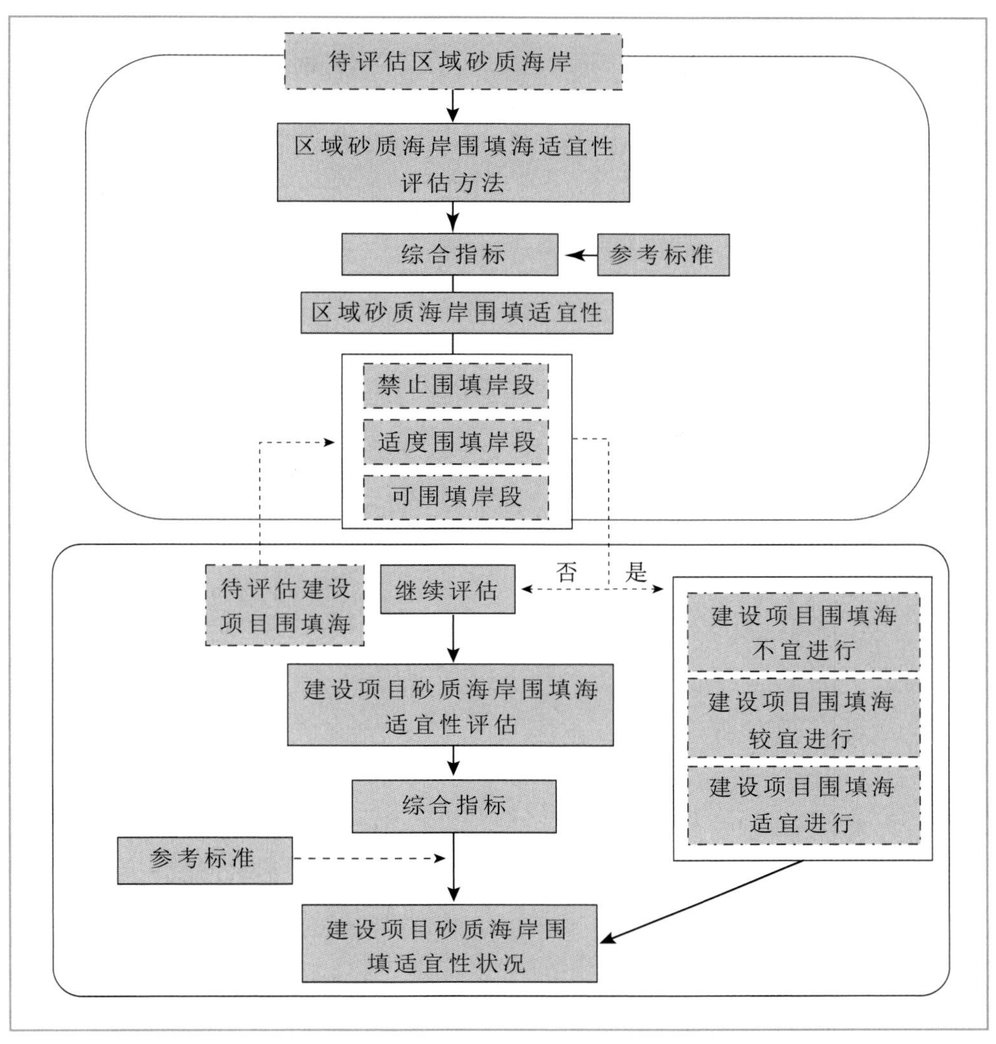

图3-2 砂质海岸围填海综合评估总流程示意

一、区域砂质海岸围填海适宜性评估指标划分

区域砂质海岸围填海适宜性评估指标包括不宜围填评估指标和围填海适宜性评估指标两类，前者用于确定砂质海岸不适宜围填的原因，后者用于判断海岸适宜围填海的适宜程度。区域砂质海岸围填海适宜性评估指标的选择主要根据砂质海岸的资源状况、主要功能和砂质海岸利用类型损益特点以及砂质海岸规划管理目标等，如表 3-1 所示。

表3–1 区域砂质海岸围填海适宜性评估指标选择

指标类型	不宜围填评价指标	适宜性评价指标
自然环境特征类	海洋保护区核心区和缓冲区	封闭型海湾的砂质岸段
资源类	重要渔业品种保护区	原生砂质海岸、潟湖、沙坝区
海岸功能类	科学研究试验砂质岸段	
利用类型类	军事区砂质岸段；海底管线登陆砂岸	旅游区砂质岸段和旅游开发潜力岸段；港口航道毗邻区
规划管理类		禁止围填岸段围填影响区域

（一）不宜围填岸段

不宜围填评价指标，用于判断区域砂质海岸是否可围填，即通过该类指标确定砂质海岸的不宜围填区。不宜围填评价指标如下。

1. 海洋保护区核心区和缓冲区

包括国家级、省级、市级和县级的海洋自然保护区、海洋特别保护区的核心区、缓冲区。海洋自然保护区是为了保护珍稀、濒危海洋生物物种、经济生物物种及其栖息地以及重大科学、文化和景观价值的海洋自然景观、自然生态系统和历史遗迹而划定的保护区域。这里既包括保护珍稀濒危动植物的区域，也包括历史遗迹、自然遗迹的保护区。海洋特别保护区是具有特殊地理条件、生态系统、生物与非生物资源及海洋开发利用特殊需要的区域。其选划条件为：① 海洋生态环境独特，生态系统敏感脆弱或生态功能复杂；② 海洋资源和生态环境需要养护、恢复、修复或整治；③ 海洋资源复杂多样，开发活动相对集中，且对生态环境产生重要影响；④ 具有潜在的开发优势，可实行可持续开发模式或对未来海洋产业的发展提供一定的基础；⑤ 涉及维护国家海洋权益或其他特定目标的海域。海洋自然保护区和海洋特别保护区的核心区和缓冲区是其保护对象最丰富、最有保护意义的或保护的关键性区域。

2. 重要渔业品种保护区

鱼类、贝类、蟹类、虾类等渔业品种是人类重要的蛋白质来源。渔业品种一些是海岸的永久性居住者，一些是海岸季节性的觅食者或产卵育幼者。重要渔业品种保护区用于保护这些具有重要经济价值和遗传育种价值以及重要科研价值的渔业品种及其产卵场、越冬场、索饵场和洄游路线等栖息繁衍生境的区域。重要渔业品种保护区的砂质岸段对于渔业资源的可持续利用具有举足轻重的意义。该区域内的围填海活动可能导致物种的衰退甚至局部灭绝。

3. 军事区砂质岸段

由于军事、国防等涉及国家利益和公共利益的需要而使用或预留的砂质岸段，具有利用的优先权，不宜作为围填海造陆的区域。

4. 科学研究试验砂质岸段

砂质海岸受水动力和风力作用，形成特殊的地貌形态，同时又是很多沙生植物和底栖动物的生活场所，是动力地貌学、地质学、生物学研究的天然实验室。因此，具有特定的自然条件和生态环境，适宜试验、观察和示范等科学研究的海岸区域，具有重要的社会意义和科学研究价值，不宜作为围填海区域。

5. 海底管线登陆砂岸

海底管线是人类能源供应、水资源供应、通信等基本需要的通道，海底管道登陆砂岸包括已经或近期架设或内埋油气管道、供输水管道、排污管道、通信光缆电缆、电力电缆等近海登陆砂质岸段。由于砂质岸段的水动力和泥沙运动强，围填海可能导致海底管线过度裸露或掩埋，给管线安全、维护和修理带来隐患和危害。

（二）适宜围填海岸段

适宜围填海评估指标，用于判断区域砂质海岸适宜围填的程度，即通过该类指标确定砂质海岸是适度围填的岸段还是可供围填的岸段。适宜围填海的岸段如下。

1. 原生砂质海岸、潟湖、沙坝区

由于人类活动的不断加剧，海岸工程尤其是突堤式建筑物的建设，使得很多原生沙岸受到破坏，次生沙岸发育；以特定利用为目的补砂、填砂也是次生沙岸产生的途径。相比于次生沙岸，原生砂质海岸地貌完整，一般包括滨岸带的沙堤、海滩、潟湖、水下沙坝和浅滩等地形，地貌类型多样，既保存有古滨岸砂质堆积地貌，又发育有现代岸堤沙堆积地貌，具有更高的科学研究和文化娱乐价值。虽然延绵广阔的沙岸，尤其是砂质海岸的风成沙丘可能在风力作用下侵袭内陆地区，但我国已经取得了成功治理风沙的经验，围填不是砂质海岸利用的主要选择。

2. 滨海旅游区及旅游开发潜力砂质岸段

砂质海岸旅游资源优越，具有丰富的景观资源和休闲娱乐价值，滨海旅游是其开发利用的主要方式。滨海旅游相对于港口、围填等利用方式最大限度地保留了砂质海岸的原貌和资源潜力，是较为友好的砂质海岸利用方式。旅游开发潜力砂质岸段指沙滩质量优良，旅游资源丰富，具有一定的区位优势，但由于经济发展等条件制约暂时未开发的砂质岸段。目前，除了已经开发为滨海旅游区的砂质岸段外，尚存在很多具有巨大开发潜力的岸段。

3. 港口航道毗邻区

港口航道毗邻区域砂质海岸的稳定性与港区的正常利用关系密切。而围填海活动，尤其是突堤式建筑物的构筑，会引起砂质海岸泥沙运动异常，岸滩重新稳定，从而在临近区域发生淤积或侵蚀，即会影响临近港区。岛屿围垦或填海连岛也会明显改变陆岛附近的水沙环境和底质类型，并给滩涂养殖和原有港口航道带来不同程度的负面影响（李加林，2007），如浙江温岭东海塘填海连岛工程，曾因工程导致礁山港的严重淤积而中途停工。

4. 封闭型海湾砂质岸段

按照海湾的开敞度，可将海湾分为开敞型海湾，开敞度大于 0.2；半开敞型海湾，开敞度为 0.1～0.2；半封闭型海湾，开敞度为 0.01～0.1；封闭型海湾，开敞度小于 0.01。根据开敞度，基本可以确定海湾的动力条件和海水交换能力。对于封闭型海湾，其主要受潮水作用，湾顶水动力弱，湾口处形成强潮水道，因此湾顶多形成细颗粒物质沉积区，岸边形成宽阔的潮滩。而封闭型海湾的面积与其纳潮量关系密切，在封闭型海湾进行围填工程，改变了海湾岸线，缩小了海湾面积，直接影响纳潮量，容易造成海湾淤堵，自净能力减弱，生物量锐减等。例如，深圳湾主要靠纳潮量维持水深，随着填海工程的增加，深圳湾的水域面积逐年减少，1999 年纳潮量比 1977 年减少了 15.6%，纳潮量的锐减使得潮流流速降低，流向发生变化（郭伟等，2005）。因此封闭型海湾不宜围填。

5. 禁止围填岸段围填影响区域

为了保护禁止围填砂质海岸，对其进行缓冲保护，即在禁止围填砂质岸段周围，围填海活动可能影响该岸段范围内的砂质岸段，围填适宜性受到限制。

二、区域砂质海岸围填海适宜性评估指标量化方法

（一）不宜围填评估指标计算方法

该类指标的计算包括两个部分：指标赋值和综合指标的计算。根据待评估岸段是否具有指标特征而赋值，若评估岸段具有该类某一指标特征，即赋 0，否则赋 1，如表 3-2 所示。

用区域砂质海岸围填适宜性指数（Feasibility Index of Reclamation on Sandy Shore）作为衡量适宜性的综合指标，缩写为 F。不宜围填评价指标的综合指数 F_1 的计算如下式：

$$F_1 = \prod f_{1i} \quad (i = 1,\ 2,\ 3,\ 4,\ 5) \cdots\cdots\cdots\cdots\cdots\cdots (3\text{-}1)$$

式中：

F_1——不宜围填综合指标；

f_{1i}——第 i 个单项指标，不宜围填指标等于各单项指标值的乘积。

由于各单项指标赋值为 0 或 1，F_1 的值也为 0 或 1。因此该计算公式的意义为，待评估岸段符合任何一个不宜围填评价指标特征，该岸段即不宜围填。

表3-2　不宜围填评价指标赋值方法

	不宜围填评价指标	岸段具有该指标特征	岸段不具有该指标特征
f_{11}	海洋保护区核心区和缓冲区	0	1
f_{12}	重要渔业品种保护区	0	1
f_{13}	科学研究试验砂质岸段	0	1
f_{14}	军事区砂质岸段	0	1
f_{15}	海底管线登陆砂岸	0	1

（二）适宜围垦评价指标计算方法

该类指标的计算也包括两个部分：指标赋值和综合指标的计算。根据待评估岸段是否具有指标特征而赋值，若评估岸段具有该类某一指标特征，即赋 1，否则赋 2，如表 3-3 所示。

由于该类指标对于某一岸段的围垦适宜性没有明显的重要性差异，因此进行综合指标的计算不引入权重。适宜围填评价指标的综合指数 F_2 的计算公式如下：

$$F_2 = \sum f_{2j} / 5 \quad (j = 1,\ 2,\ 3,\ 4,\ 5) \cdots\cdots\cdots\cdots\cdots\cdots (3\text{-}2)$$

式中：

F_2——适宜围填综合指标；

f_{2j}——第 j 个单项指标，适宜围填指标等于各单项指标值的均值。

由于各单项指标赋值为 1 或 2，F_2 的最小值为 1，最大值为 2。

表3–3　适宜围垦评价指标赋值方法

	适宜性评价指标	岸段具有该指标特征	岸段不具有该指标特征
f_{21}	原生砂质海岸、潟湖、沙坝区	1	2
f_{22}	旅游区及旅游开发潜力砂质岸段	1	2
f_{23}	港口航道毗邻区	1	2
f_{24}	封闭型海湾的砂质岸段	1	2
f_{25}	禁止围填岸段围填影响区域	1	2

区域砂质海岸围填适宜性综合指数 F 的计算如下：

$$F = F_1 F_2 = \prod f_{1i} \left(\sum f_{2j} / 5 \right) \cdots\cdots\cdots\cdots\cdots\cdots \quad (3\text{-}3)$$

根据指标赋值特点和计算公式设置，F 值的值域为 {0，1，1.2，1.4，1.6，1.8，2}。

根据围填海适宜性综合指数，将区域砂质海岸围填海适宜性划分为以下 3 个等级。

可围填岸段：指资源条件一般或较差，无敏感环境要素，无海岸利用冲突，可实施围填的岸段。

适度围填岸段：指资源条件一般，有敏感环境要素或海岸利用冲突，可适度实施围填的岸段。

禁止围填岸段：指资源条件较好或有敏感环境要素不宜进行围填或法律、法规明确禁止围填的岸段。

区域砂质海岸围填海适宜性等级对应的 F 值如表 3-4 所示。由于砂质海岸多处于侵蚀状态，不是淤涨型海岸，整体不宜用做造陆围填，但在砂质海岸岸线较长，有重大建设需求时，应当慎重围填，因此确定以下适宜性判别标准。当 $F=0$ 时，即砂质岸段满足不宜围填指标中任意一项时，该岸段为禁止围填岸段；当 $F=1$，$F=1.2$，$F=1.4$ 或 $F=1.6$ 时，即砂质岸段不满足不宜围填指标中任意一项，且满足适宜围填指标至少两项，该岸段为适度围填岸段；当 $F=1.8$ 或 $F=2$ 时，即该砂质岸段不满足不宜围填指标中任意一项，且仅满足适宜围填指标一项或均不满足时，该岸段为可围填岸段。

表3–4　区域砂质海岸围填海适宜性等级及判别标准

评价等级	禁止围填岸段	适度围填岸段	可围填岸段
F值	0	1，1.2，1.4，1.6	1.8，2

第三节　建设项目砂质海岸围填海适宜性评估方法

一、建设项目砂质海岸围填海适宜性评估指标

建设项目砂质海岸围填海适宜性评估，首先判断工程项目是否处于禁止围填岸段，是则判断项目不能围填，否则继续评估。参考已有围填海适宜性评估方法研究，结合砂质海岸的特点和围填海工程项目对砂质海岸的影响，筛选出建设项目砂质海岸围填海适宜性评估的参考指标，包括水动力指标、冲淤指标和砂质海岸资源量指标。在此基础上，结合海岸管理应用的需要，选取能够体现围填海工程区域影响、重要过程机制和累积效应的关键指标用于建设项目砂质海岸围填海适宜性评估指标体系的构建。

（一）水动力指标

围填海工程通过海堤建设，改变局部海岸地形，影响着围填区附近海域的潮汐、波浪等水动力条件，导致附近泥沙运移状况发生变化，并形成新的冲淤变化趋势，进而可能对工程附近的海岸淤蚀、海底地形、港口航道淤积、河口冲淤、海湾纳潮量、河道排洪、台风风暴潮增水等带来影响。单一的围填海工程对环境的影响程度有限，但多个围填海工程的累积作用可以给区域水动力环境带来重大影响。相关研究多通过对围填海工程区域潮量、流速场、波浪场、含沙量场进行模型模拟，得到其工程前后流场变化和淤蚀特征，来分析围填海对区域水动力的影响。

（二）冲淤指标

围填海工程后，由于水动力条件的改变和岸滩稳定性被破坏，将出现局部的淤积或是潮流输沙或波浪掀沙加强，导致岸滩冲刷，进行海岸和水下岸滩重塑。岸滩重新达到稳定后，将恢复原岸滩的淤蚀趋势。砂质海岸大多处于侵蚀状态，部分砂岸侵蚀严重，通过围填海工程不能够改变海岸侵蚀趋势，补砂仅能暂时减小侵蚀速率，而围填海工程可能造成局部侵蚀加剧至灾害程度。对于具有沿岸沙坝－沿岸槽地貌的砂质海岸，破波控制着沙坝的离岸位置，波浪大小控制着槽谷的水深，而近岸坡度则影响着沙坝的宽度和数量。围填海工程通过改变海岸坡度、岸线形状和波浪条件，引起近岸沙坝和水下暗滩的重塑。

（三）灾害指标

砂质海岸围填海涉及的灾害有海水入侵、赤潮、洪灾等。

1. 海水入侵

围填海工程对海岸局部的地下水有一定影响。由于围填后土壤脱盐或新的开发利用等，可能减轻局部盐水入侵，也有可能会导致土壤盐渍化加重。围填海在海水入侵地带具有一定的正效应。一般围垦后地下水位下降不大。但筑堤御潮及灌排水网建设，降低了地下水矿化度，海水淡化趋势明显，并能在一定程度上减轻海水入侵。然而，淡水资源的严重不足、地表水体污染和水质恶化也是围填区水资源与水环境的突出问题。新围垦区土壤脱盐、涂区种植和

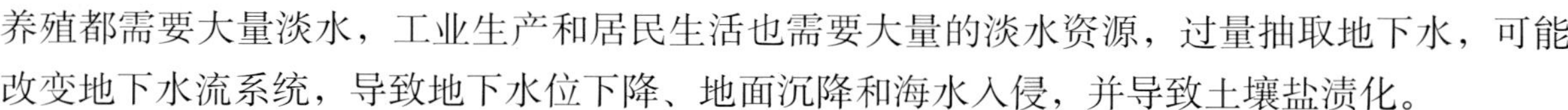

养殖都需要大量淡水，工业生产和居民生活也需要大量的淡水资源，过量抽取地下水，可能改变地下水流系统，导致地下水位下降、地面沉降和海水入侵，并导致土壤盐渍化。

2. 赤潮

目前沿海地区赤潮频发主要是以下两个因素共同作用的结果：一是因为近几年来沿海地区经济快速发展、人口日益集中，导致污染逐渐严重，超量向近海水域排入营养盐，使近岸海水富营养化；二是由于近年来海岸工程集中，尤其是围海填海造地速度居高不下。一方面，围填海工程使得海岸带垦区内外物质循环过程发生显著改变，围填区域脱盐陆化，土地利用则使得土壤成土过程及肥力特征发生改变。同时，入海物质排放通量也发生了变化，对近海水域生态环境产生影响。另一方面，围填海工程使得污染物输移速率减小，海水的自净能力降低，尤其是对于港湾型海区围填海造地使得海洋潮差变小，潮汐的冲刷能力降低，港内纳潮量减少，水流交换速度减慢，海水的自净能力随之减弱，导致海水中营养物质增多，水质恶化，从而增加了赤潮暴发的可能。

3. 洪灾

河口区域多形成复杂的沙坝、沙洲、水下暗滩等。河口区域的围填海，既要考虑排洪入海尾闾畅通，又要考虑河海港道的维护，保护河口的潮汐吞吐能力。很多在河口进行的围填海活动往往没有处理好河流排洪入海的问题，阻塞了水流通道，导致泄洪不畅，洪灾发生。同时洪灾使较多的地表水渗入地下，而围海造地导致的某些天然泄洪口受阻，也可能造成地下水水位的局部上升，形成近岸洪灾（许国辉、郑建国，2001）。

（四）生物指标

1. 海岸植被

滨海湿地在生物多样性保护方面具有不可替代的作用，是世界上生产力最高的生态系统之一。海岸植被则是滨海湿地的重要组成部分。海岸植被对海岸防御也具有非常重要的意义，是潮汐和波浪消能的天然屏障。海岸植被的存在提高了垦区的安全性并可减少海堤的维护费用。经常受潮水影响的盐沼因捕获潮流携带的泥沙而不断淤高，其淤积速率可能赶得上现在和将来的海平面上升速率，从而保护了海岸。砂质海岸植被包括人工防护林、沙生植被和红树林，不仅具有上述作用，还能防风固沙，抵御海岸风沙灾害侵袭。

不合理的围垦不顾植被演替的规律，忽视海岸植被的作用，最终致使海岸受到破坏，人类自身尝到恶果。例如，海南省东北部沿海的东寨港，其东堤前沿原先覆盖的红树林，因围海造地而大部分被砍掉，结果1980年8007号台风袭击时就被冲开决口达84处，堤内受灾十分惨重；而与之形成鲜明对照的是，由于西堤有大面积红树林的保护，仅决口13处，农田受灾面积也较少。广西近几年来因围海造地和开展沿海滩涂开发而大量砍伐红树林的事件时有发生。据权威部门的数据显示，150年前，广西沿海尚有红树林24 066 hm^2，但是由于围海造地等原因，如今2/3的红树林已经消失，然而随着沿海地带生态环境的恶化，目前广西沿海地带海岸侵蚀严重，港口淤积率提高，台风风暴潮、赤潮等现象频繁（许国辉、郑建国，2001）。

2. 湿地生物

围填海改变了围填区高程、水动力、沉积物特性和盐沼植被等多种环境因子，这些生物环境敏感因子的综合作用，将导致底栖动物群落结构及多样性的改变，鸟类栖息地的退化和丧失，重要的生物产卵场和繁育场消失。

底栖生物对围填海工程响应明显。一方面，围填海工程对围填区域的底栖生物的破坏是毁灭性的，围填海区域的底栖生物甚至在没有逃逸机会的情况下，直接死亡；另一方面，围填海工程导致底栖生物栖息地的改变，从而引起底栖生物群落的改变。例如，潮滩围垦后，堤内滩涂在农业水利建设和各种淋盐改碱设施的改造下逐渐陆生化，潮滩底栖动物种类、丰度、密度、生物量、生物多样性等都明显降低或最终绝迹，陆生动物则逐渐得以发展。苏北竹港围垦后沙蚕在一二个月内便全部死亡，适生能力较强的蟛蜞 7 年内也几乎全部消失。上海市围海造地使得潮滩及河口地区的中华绒螯蟹、日本鳗鲡、缢蛏、河蚬明显减少。

潮间带和浅水水域受到潮汐冲刷，拥有充足的光照、氧气和营养物质，是本地生物、洄游生物、深海生活动物的产卵场和育幼场。围填海工程使这些产卵场和育幼场消失，同时增加了人类的干扰程度，破坏了生物的生命史循环过程，导致生物的资源量下降甚至灭绝。

砂质海岸是重要的鸟类栖息地，是鸥类、鸻鹬类、鹭类等湿地鸟类迁徙的中转站、越冬地。河北秦皇岛延绵的砂质海岸是湿地水鸟迁徙的重要中转站，每年的 5 月和 10 月，大批的水鸟飞行至此，觅食、休憩。砂质海岸的围填海工程对湿地鸟类的影响显著。过度围垦使食物链顶端地位的鸟类丧失了赖以生存的栖息地和觅食的食源，尤其对候鸟的迁徙和越冬影响显著。

（五）环境指标

围填海工程对水环境的影响尤其体现在港湾围填。港湾围填海导致潮流、纳潮量等减小，从而使湾内物理自净能力削弱，污染加剧，水质恶化。围填海工程对水环境的影响还与工程改变海岸的形状有关，优化围填海工程能够降低对海湾自净能力的影响。可以在建立潮流场的基础上，建立海域二维变边界对流——扩散数值模型对围填海产生的污染物输移进行研究。

（六）资源指标

砂质海岸有多种资源，旅游资源、矿产资源、港口资源、生物资源等，围填海工程改变海岸属性，使自然岸线转变为人工岸线，或自然海岸变为人工海岸，为了利用其他资源而直接耗用了砂质海岸资源。因此，围填海对砂质海岸资源的影响表现在两个方面：一是作为资源载体的砂质海岸消失，导致旅游资源、生物资源及渔业资源等随之消失，矿产资源不能开采利用；二是在围填海工程影响下，砂质海岸环境质量下降，包括岸滩淤积或侵蚀，沉积物粗化，水质恶化，人类干扰加强等，使砂质海岸各种资源质量下降，资源利用潜力降低。

二、建设项目砂质海岸围填海适宜性评估量化方法

（一）水动力评估指标计算方法

选择潮流流速作为水动力评估指标的因子用于评估计算，需计算其受围填海工程影响变化量用于综合指标的计算，潮流流速变化量计算公式如下：

$$\varphi_1 = (\sum |S_i^{'} - S_i| / S_i) / n \quad \cdots\cdots (3\text{-}4)$$

式中：

φ_1——潮流流速变化量；

S_i——海域第 i 个站点现状实测潮流流速；

$S_i^{'}$——根据模型模拟预测围填海工程后第 i 个站点潮流流速；

$S_i^{'} - S_i$——围填海前后第 i 个站点潮流流速改变量；

n——所测站点数。

该公式计算围填海前后潮流流速改变程度，以此来表征围填海对水动力条件的影响程度。其中，S_i是海域现状实测潮流流速，$S_i^{'}$则需运用模型模拟进行预测，相关调查测定和模型模拟均根据《海洋工程环境影响评价技术导则》（GB/T 19485—2004）中海洋水文动力环境影响评价的有关内容进行。

（二）冲淤评估指标计算方法

表征冲淤评估指标的因子是最大海岸侵蚀程度，其计算公式如下：

$$\varphi_2 = W = [(W_j - W_j^{'}) / W_j]_{max} \quad \cdots\cdots (3\text{-}5)$$

式中：

φ_2和W——最大海岸侵蚀程度；

W_j——海岸第 j 个点现状宽度值；

j——理论上为无穷大；

$W_j^{'}$——根据模型模拟确定海岸第 j 个点围填海工程后岸滩再次稳定时的宽度；

$W_j - W_j^{'}$——海岸第 j 个点围填海工程后的侵蚀宽度。

该因子用以表征由于围填海工程导致海岸侵蚀的程度。其中，W_j是海岸现状宽度，$W_j^{'}$则需运用模型模拟进行预测，$W_j - W_j^{'}$可由有效的资料或相关调查获得，相关调查测定和模型模拟均根据《海洋工程环境影响评价技术导则》（GB/T 19485—2004）中海洋地形地貌与冲淤环境影响评价的有关内容进行。

（三）砂质海岸资源量评估指标计算方法

砂质岸线长度是砂质海岸资源量的计算因子，需计算围填海工程后砂质岸线长度变化量用于综合指标的计算，砂质岸线变化量计算公式如下：

$$\varphi_3 = 1 - L^{'} / L = (L - L^{'}) / L \quad \cdots\cdots (3\text{-}6)$$

式中：

φ_3——砂质岸线长度改变量；

$L^{'}$——围填工程后行政区内砂质海岸长度；

L——围填工程前行政区内砂质海岸长度；

$L-L^{'}$——围填海工程占用砂质海岸长度。$L^{'}$，L 均可通过现有资料或工程资料以及进行调查获得。

自然砂质岸线改变量即围填海工程后砂质海岸长度的减少程度。自然砂质岸线改变量越小，则围填海工程耗用的砂质岸线资源越少，海岸地貌受人为干扰越少，原生生态系统易于保存；反之，则说明在该区域范围内，人类活动的影响程度很大。

三、建设项目砂质海岸围填海适宜性评估指标权重确定

运用 AHP 决策分析法（Analytic Hierarchy Process）确定各指标的权重。AHP 决策分析法，也称层次分析法，是美国运筹学家 T. L. Saaty 于 20 世纪 70 年代提出的，是一种定性与定量相结合的决策分析方法。它将决策者对复杂问题的决策思维过程模式化，将复杂问题分解为若干层次和若干因素，在因素间进行比较和计算，得到不同方案重要性程度权重，为决策提供依据。

AHP 法已经应用于生态评估，AHP 法的多层次多指标在一定程度上符合生态系统结构功能的等级和多样，体现了生态系统的层次性和完整性，因此在生态健康评价和生态综合评价中有广泛的应用。如生态系统健康指标体系的建立，反映国家或地区生态建设的生态综合指数方法，评估围填海岸线的优化（秦华鹏、倪晋仁，2002）。

结合围填海工程特点和我国近岸海域生态系统的特征，将 AHP 决策分析法用于指标重要性权重的确定。指标的重要性权重是反映各指标在维持海岸和近海水域结构和功能的作用大小的，同时也反映了决策者对海岸带及近岸水域的保护侧重。

由于各建设项目的项目内容、围填面积、工程区位均存在差异，因此在评估过程中，不采用统一权重值。需在每次进行建设项目砂质海岸围填海适宜性评估时，进行专家问卷打分，确定各指标的两两权重比率，再计算各指标的权重。整体来说，若所围填区砂质岸段目前海岸侵蚀严重，则水动力指标和冲淤指标的权重相对较高；若该区域砂质海岸较为稳定，但沙滩宽度较窄，则冲淤指标权重相对较高；若该砂质岸段区域水质对于周围海岸利用较为重要，如渔业、旅游用海，则水动力指标权重相对较高；若该地区砂质海岸资源有限甚至稀缺，则砂质海岸资源量的权重相对要高。AHP 法的具体计算过程和步骤参见相关书籍，此处不再赘述。

四、建设项目砂质海岸围填海适宜性评估模型

通过环境影响指数（Environment Impact Index，EII）即围填海对工程及附近区域的影响程度和变化趋势来评估围填海工程的适宜程度。环境影响指数计算公式如下：

$$EII=\Delta R^{'}/R=\sum \alpha_i\varphi_i \qquad (3\text{-}7)$$

式中：

$\Delta R^{'}$——围填海工程后围填工程区及周围区域的环境变化量；

R——指示对象的现状值或理想状态值；

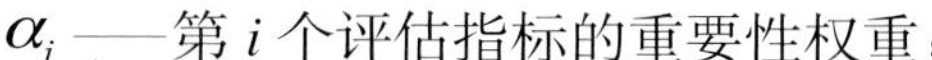

α_i ——第 i 个评估指标的重要性权重；

φ_i ——第 i 个评估指标的变化程度。

由于已经确定了建设项目砂质海岸围填海适宜性的评估因子，则 *EII* 的计算可以具体为：

$$EII = \sum \alpha_i \varphi_i = \alpha_1 \varphi_1 + \alpha_2 \varphi_2 + \alpha_3 \varphi_3 \quad \cdots\cdots (3\text{-}8)$$

式中：

φ_1 ——潮流流速变化量，可由式（3-4）计算获得；

φ_2 ——最大海岸侵蚀程度，可由式（3-5）计算获得；

φ_3 ——项目所在行政区内砂质岸线长度改变量，可由式（3-6）计算获得；

α_1、α_2、α_3分别是这 3 个因子的重要性权重。

EII 通过围填海工程后区域受影响程度评估围填海工程的适宜性，假设围填海工程引起的影响均为不利影响，只有影响程度大小的区别。一般的，EII 在 0 ～ 1 之间，也可能大于 1，值越大说明围填海工程的影响程度越高，建设项目围填适宜性越低；反之，值越小说明围填海工程的影响程度越低，建设项目围填适宜性越高。

将建设项目砂质海岸围填海适宜性划分为以下 3 个等级。

适宜围填：指围填海工程对区域资源环境影响较小，有利于砂质海岸资源的充分可持续利用，可实施围填。

较宜围填：指围填海工程对区域资源环境影响在可接受范围内，砂质海岸资源可较好利用，环境受到一定影响但基本良好，较宜实施围填的岸段。

不宜围填：指围填海工程对区域资源环境影响较大，砂质海岸资源耗用或对环境影响较大，砂质海岸资源不可持续，不宜实施围填。

由于区域砂质海岸的围填海适宜性先于建设项目，则建设项目可能处于适度围填岸段，在建设项目周围存在环境敏感因素或相冲突利用类型，需要适度围填；或者处于可围填岸段，建设项目周围无环境敏感因素和相冲突利用类型。因此建设项目围填海适宜性等级的判别标准依所处的岸段不同而有所区别，具体评判如表 3-5 所示。

表3–5　砂质海岸围填海工程经验评价标准

评估等级	适宜	较宜	不宜围填
适度围填岸段 *EII*	< 0.10	0.10～0.35	> 0.35
可围填岸段 *EII*	< 0.15	0.15～0.45	> 0.45
说明	指围填海工程对区域资源环境影响较小，有利于砂质海岸资源的充分可持续利用	指围填海工程对区域资源环境影响在可接受范围内，砂质海岸资源可较好利用，环境受到一定影响但基本良好，较宜实施围填的岸段	指围填海工程对区域资源环境影响较大，砂质海岸资源耗用或对环境影响巨大，砂质海岸资源不可持续，不宜实施围填

处于适度围填岸段的建设项目，当 $EII > 0.35$ 时，即围填海工程后，砂质岸段受影响的变化程度达到 35%，该工程项目不宜进行；当 $0.35 > EII > 0.10$ 时，即围填海工程后，砂质岸段受影响的变化程度在 10%～35% 之间，该工程项目较宜进行；当 $EII < 0.10$ 时，即围填海工程后，砂质岸段受影响的变化程度小于 10%，该工程项目适宜进行。

处于可围填岸段的建设项目，其评判要求略低于适度围填岸段。当 $EII > 0.45$ 时，即围填海工程后，砂质岸段受影响的变化程度达到 45%，该工程项目不宜进行；当 $0.45 > EII > 0.15$ 时，即围填海工程后，砂质岸段受影响的变化程度在 15%～45% 之间，该工程项目较宜进行；当 $EII < 0.15$ 时，即围填海工程后，砂质岸段受影响的变化程度小于 15%，该工程项目适宜进行。

第四节　山东省砂质海岸围填海适宜性评估

一、山东省砂质海岸现状

山东省海岸线长 3 121 km，砂质岸线约占 1/4。除黄河三角洲和莱州湾南岸为淤泥质海岸外，西起莱州湾东虎头崖，直至日照绣针河口，砂质海岸普遍分布。平直延续的砂质岸段最长延距达 40 km，延距超过 30 km 的平直砂质海岸主要有 4 段：刁龙咀—屺姆岛—栾家口岸段、养马岛东—双岛湾口、五垒岛—白沙口、鲁南平直砂岸，而延距超过 10 km(万米海滩) 的岸段更多。基岩港湾岬角间的小型砂岸则随处可见。

（一）平直砂质岸段

1. 刁龙咀—屺姆岛—栾家口岸段

半岛北岸登州海岬以西，海岸线由 NWW—SEE 方向转为 NE—SW 方向，NE 向的强风向和常风向的波浪作用下，泥沙纵向运移，沉积成约 300 km^2 的沙坝－潟湖平原和海积平原，发育了宽 1～3 km 的沙滩，构成 80 km 长的平直砂岸。这是山东半岛最长的一段平直砂岸。近数十年来，除沙咀头端的刁龙咀一带海岸仍有淤长之外，其他大部分岸段，均不同程度地遭受侵蚀，岸滩明显向陆后退。

该砂质岸段大多保持了砂岸原貌，局部有围填，如在龙口港，围填成陆且建有突堤式建筑物。围海养殖规模小，零散分布。

2. 养马岛东—双岛湾口

自牟平养马岛向东，直至威海西郊的双岛湾口是 26 km 长的非沙坝平直砂岸。近数百年来，风沙强烈堆积，岸线曾持续淤长，形成宽 1～2 km 的沙滩，其上，沙丘连绵，高达 10 m 以上。近 20 年来，海滩和其上的沙丘沙不断被海水带走，侵蚀切割成 2～3 m 高，延伸 10 km 多的前滨海蚀坎，坎麓，出露海滩沙的下伏晚更新统黄褐色坡、洪积土层。牟平上庄镇以北海滩上渔屋的向海一侧，1978 年尚保存 25 m 宽的平坦草地，1984 年已蚀退成 13 m 宽，岸线蚀退率约 2 m/a 以上。接近威海一端，海岸蚀退尤甚，许多滨岸沙丘已被切割成半。

该砂质岸段大多保持了砂岸原貌，以围海养殖为主要的围填行为，规模较大，尤其在双岛湾口和湾内，沙滩几乎全部挖成养殖池，围堰起来。

3. 五垒岛—白沙口

文登五垒岛湾—乳山白沙口段，全长约 23 km。中部的隐伏基岩岬角，将该段海岸分成东西两段。西段的白沙滩沙咀，无明显蚀退现象；东段的沙坝—潟湖海岸，近期强烈蚀退，尤以黄垒河口一带较为严重，前滨发育一条 7～8 km 长，1～2 m 高的海蚀坎。1950 年，在海滩上建筑了数个碉堡，当时碉堡至高潮线之间尚有 40～50 m 宽的平坦沙地。如今，不仅平地被波浪荡涤一空，而且冲毁了围墙，有的碉堡竟倒入海中。若以这些建筑物作标志，35 年来，岸滩蚀退率平均约 1.5 m/a。

4. 鲁南平直砂岸

自青岛日照交界向南，岸线为 SSW 向，受 NE 和 NEE 方向的强浪和常浪的影响，泥沙纵向运移的比率增大，自石臼所向南，海滩逐渐增宽，淤长成 30 km 长的沙坝 - 潟湖海岸，直抵苏鲁交界的汾水河口，是半岛南岸最长的平直砂岸。这段海岸由涛雒沙坝和老虎咀沙咀组成。涛雒沙坝宽 1 km 以上，其上发育高达 9 m 的风成沙丘。近年来，若干沙丘被波浪冲蚀成 3～4 m 高的陡崖。

该段砂质海岸有日照港、童海港和岚山港三个港口以及岚山电厂的工程性围填海；一些岸段围海养殖规模较大，如日照与青岛交界湾内以及向南的砂质岸段围海养殖，奎山咀以南的围海养殖等。

（二）岬湾型砂质岸段

1. 峦家口—芝罘湾

主要分布在蓬莱角、套子湾、芝罘湾和一些小海湾湾顶，利用方式主要有旅游、港区和养殖。港区主要有蓬莱港、烟台西港区、东港区和牟平港区。

2. 双岛湾东—靖海湾东

包括威海沿岸海湾岬角内的砂质岸段，如威海湾、石岛湾、桑沟湾、靖海湾等，还发育了很多沙坝潟湖，如朝阳港、月湖、养鱼池等。该岸段砂质海岸利用强度高，但规模围填造陆未见，工程性围填、养殖围海是主要围填利用方式。

3. 乳山湾—董家口

包括乳山湾、烟台南海岸和青岛的岬湾砂质海岸。主要分布在丁字河口、鳌山湾、仰口湾、流清河、石老人、汇泉湾、太平湾、薛家岛、灵山湾等，以旅游和养殖为主要利用方式。其中，仰口湾、流清河、石老人、汇泉湾、太平湾、灵山湾已开辟为沿海风景旅游区；鳌山湾砂质海岸、胶南董家口附近有大规模砂岸围海养殖。

二、山东省砂质海岸围填海适宜性评估

根据砂质海岸围填海适宜性评估方法，对山东省砂质海岸进行适宜性评估，在具体评估

过程中，基于地理信息系统利用空间分析工具按照评估方法和流程进行分析处理，得出围填海适宜性评估结果。具体评估操作流程如图 3-3 所示。

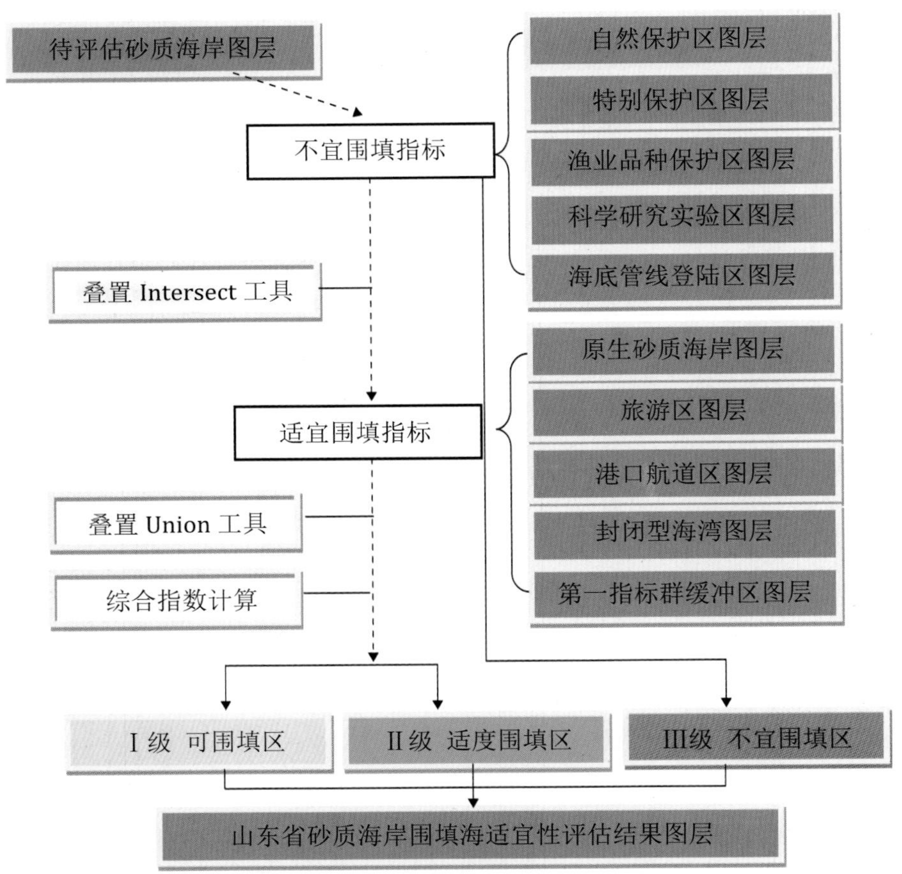

图3-3 基于空间分析的山东省砂质海岸围填海适宜性评估

（一）不宜围填评估指标情况

1. 自然保护区

根据保护对象不同，山东省的自然保护区可分为生物与生态系统自然保护区和自然遗迹与历史遗迹自然保护区两大类。其中，与本评估有关的近岸海洋生物与生态系统保护区有黑砣子自然保护区、黄河三角洲国家级自然保护区、寿光湿地沼泽地保护区、成山角海洋自然保护区、汇泉湾东部保护区、青岛市文昌鱼水生野生动物自然保护区、潍坊莱州湾近江牡蛎原种自然保护区等，如表 3-6 所示。

自然遗迹和历史遗迹保护区有蛤堆顶历史遗迹保护区、白石村历史遗迹保护区、成山头历史遗迹保护区、岚山海上碑保护区、石老人海蚀柱保护区、无棣贝壳堤国家级自然保护区等。其中，近岸的海洋特别保护区有东营黄河口文蛤海洋特别保护区、昌邑海洋生态特别保护区等。

表3–6 部分近岸海洋自然保护区信息

保护区名称	类别	地区	面积（hm^2）	主要保护对象
黄河三角洲自然保护区	国家级	东营市	153 000	原生性湿地生态系统及珍禽
贝壳堤岛与湿地系统自然保护区	国家级	滨州市	80 480	贝壳堤岛、湿地生态系
荣成成山头自然保护区	省级	威海市	6 366	海岸地貌、潟湖生态系
文昌鱼水生野生动物自然保护区	市级	青岛市	6 181	文昌鱼及其生存环境
莱州湾近江牡蛎原种自然保护区	市级	潍坊市	813	近江牡蛎及其生存环境
黑砣子自然保护区	县级	滨州市	–	湿地生态系统
寿光湿地沼泽地保护区	县级	潍坊市	1 500	湿地生态系统
汇泉湾东部保护区	县级	青岛市	–	国家一级保护动物黄岛长吻虫、多鳃孔舌形虫等
蛤堆顶历史遗迹保护区	县级	烟台市	–	历史遗迹
白石村历史遗迹保护区	县级	烟台市	–	历史遗迹
岚山海上碑保护区	县级	日照市	5	历史遗迹
石老人海蚀柱保护区	县级	青岛市	500	海蚀柱景观
山东昌邑海洋生态特别保护区		潍坊市	2 000	海岸天然柽柳林
黄河口文蛤海洋特别保护区	国家级	东营市	1 000	文蛤种质资源

2. 重要渔业品种保护区

山东省重要渔业品种保护区有潍坊莱州湾近江牡蛎原种自然保护区、东营黄河口文蛤海洋特别保护区。

3. 军事用海

略。

4. 科学研究试验区

根据山东省海洋功能区划，共设立 8 个科学研究试验区，以海洋科学、养殖技术为主要研究内容，包括小麦岛海洋科学试验区、石老人科学试验区、太平湾科学试验区、长岛县海岛资源综合开发试验区、蓬莱海珍品良种培育示范区、荣成市南大湾生态养殖区、红岛科学试验区、蓬莱优质鱼类高效养殖试验区。

5. 海底管线登陆区

海底管线包括供电电缆、通信电缆光缆、供水管道、输油管道、排污管道等。山东沿海主要管线情况如表 3-7 所示。

表3-7　山东近岸登陆管线情况（据山东海洋功能区划，2004年）

名称	类型	长度（m）
庙岛—小黑山海底电力电缆	电力电缆	3 350
南长山岛—庙岛电力电缆	电力电缆	1 800
蓬莱—南长山海底电力电缆	电力电缆	8 400
南长山岛—砣矶岛电力电缆	电力电缆	19 800
南隍城岛—北隍城岛海底电力电缆	电力电缆	2 100
小钦岛—南隍城岛海底电力电缆	电力电缆	5 850
砣矶岛—大钦岛海底电力电缆	电力电缆	12 000
港栾—桑岛海底电力电缆	电力电缆	2 820
大钦岛—小钦岛海底电力电缆	电力电缆	4 300
小黑山岛—大黑山岛海底电缆	电力电缆	1 500
市区—崆峒岛海底电力电缆	电力电缆	7 800
合庆至刘公岛海底电缆及光缆	供电和通信	2 700
威海市区至刘公岛自来水管道	供水管道	–
日照电厂进排水管线区	海底管道	300
日照污水处理厂排污管线区	海底管道	–
烟台市区污水排海管道保护区	海底管道	850
埕岛油田海底管线区	输油管道和电缆管道	–
苏山岛海底管线区	通信电缆	–
蓬莱—南长山岛通信光缆	通信电缆	–
蓬莱—旅顺通信电缆	通信电缆	–
蓬莱—烟台通信电缆	通信电缆	–
烟台—威海海底通信电缆	通信电缆	62 000
烟台—大连海底通信光缆	通信光缆	156 000

（二）适宜围填评估指标情况

1. 原生砂质海岸、潟湖、沙坝区

在本评价中，认为目前山东省所有砂质海岸为原生砂质海岸。

2. 滨海旅游区及旅游开发潜力砂质岸段

砂质海岸滨海旅游区主要分布在烟台北、威海、青岛和日照。旅游开发潜力岸段的判定主要通过沙滩质量、近岸水质和距离50万人以上人口城市距离来判定，当砂质质量优良，近岸水质为二级以上且距离 50 万人以上人口城市距离不大于 300 km，则判定为具有旅游开发潜力砂质岸段。

3. 港口航道毗邻区

山东有三大港口集团，烟台港集团，包括蓬莱港、龙口港、烟台港和威海港等，青岛港集团，日照港集团，包括青岛港、日照港、岚山港。另外还有石岛综合港、童海港等综合性小港。

4. 封闭型海湾

根据《海湾志》和《中国海湾引论》，山东的封闭型、半封闭型海湾主要有朝阳港、白沙口、双岛湾、月湖、养鱼池湾、乳山湾、丁字湾、胶州湾等。

5. 禁止围填岸段围填影响区域

将第一指标群的各项指标进行缓冲区处理，按照这些区域周围 1 km 范围围填可能对该区域产生影响进行计算。

（三）山东砂质海岸围填适宜性综合指数计算及评价结果

利用地理信息系统的叠置工具、拼合工具等，将山东砂质岸段按各评价指标进行赋值，并在属性表中，按照综合指标的计算方法进行计算。按照适宜性等级划分参考标准和综合指数值，判定砂质海岸围填适宜性等级，结果如图 3-4 所示。

禁止围填岸段，主要分布在烟台北部管线登陆区附近、成山头自然保护区附近以及青岛沿岸。

适度围填岸段，各处均有分布，主要为滨海旅游区、禁止围填区附近以及港口区附近。

山东省砂质海岸资源丰富，部分岸线可围填利用，但围填海不是砂质海岸利用的最佳方式，建设项目围填海可行性还需要进一步评估。

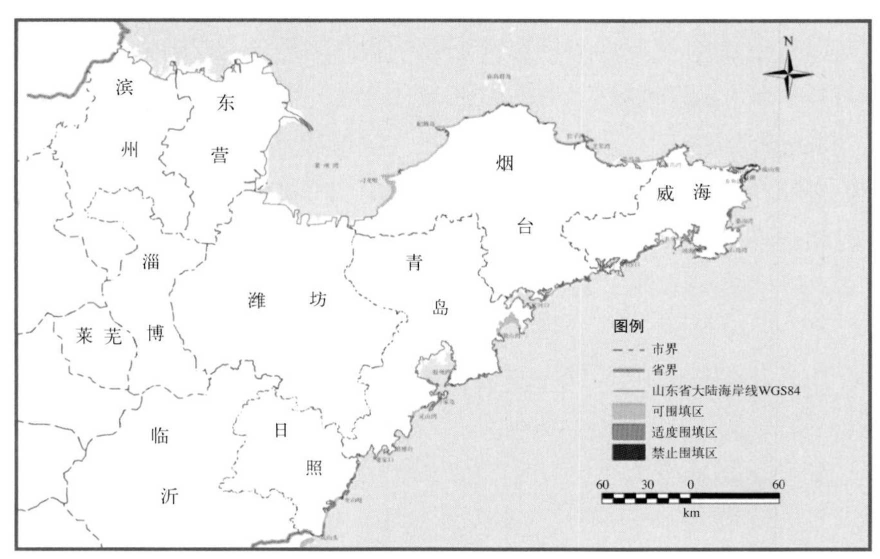

图3-4 山东省砂质海岸围填适宜性评价结果

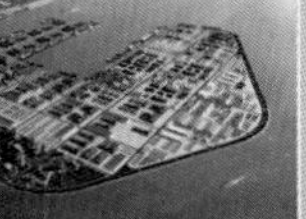

第五节　山东省日照市岚山电厂围填海适宜性评估

一、岚山电厂围填海工程简介

日照市岚山电厂 4×660 MW 超超临界机组示范工程位于山东省日照市岚山滨海工业区。山东省日照市濒临黄海，是新兴港口城市，北靠青岛市和潍坊市，南邻江苏省连云港市，西接临沂市，东与日本、韩国隔海相望。为满足山东省用电增长的需要，满足日照地区发展供电需要，龙基电力科技有限公司和山东鲁能发展集团有限公司合资建设日照岚山电厂 4×660 MW 超超临界机组示范工程。

项目位于日照市岚山办事处龙王河口北岸，厂址南距岚山约 10 km，东北距日照市约 27 km。项目共申请海域使用面积 216.90 hm^2，其中，填海面积为 159.61 hm^2。该项目计划建设期为 2008 年至 2013 年，目前项目正在进行中。

（一）项目用海平面布置

项目建设主要包括厂区和灰场两大部分，根据推荐方案，平面布置如下。

1. 厂区

厂区总平面规划布置呈“三列式”格局，主要生产设施由西向东依次布置为 500kV 及 220kV 配电装置（GIS）— 主厂房区— 燃料设施区，由南向北依次为厂内铁路 — 厂前附属、辅助区— 主生产区— 施工生产区。

厂内铁路设施布置在厂区南部，便于铁路专用线的引接，本期工程卸煤设施采用 3 台单翻车机，配 8 股铁路线。3 股重车线、3 股空车线和 2 股机车走行线，翻车机前设铁路静态轨道衡。

依据出线走廊规划，主厂房纵轴线垂直于厂内铁路线布置，汽机房面向西，固定端朝南，向北扩建；由西向东依次为：汽机房 — 锅炉房 — 静电除尘器 — 烟囱 — 脱硫设施。3 号、4 号机组主厂房脱开 1 号、2 号机组主厂房布置。

汽机房外侧布置了主变、高备变、高厂变及汽机事故油池、变压器事故油池；除渣设施分别布置于锅炉房的两侧，灰库布置于烟囱外侧 1 号、2 号机组脱硫设施与 3 号、4 号机组脱硫设施之间，启动锅炉房布置于 1 号、2 号机组脱硫设施的南侧。

500 kV 和 220 kV 配电装置（GIS）布置在主厂房西侧。继电器室毗邻 220 kV 配电装置（GIS）北侧布置。

煤场布置于主厂房区的东侧，其周围布置了雨水沉淀池及推煤机库。煤场与脱硫设施之间是循环水供水管的走廊通道。

厂区大部分辅助、附属设施布置在主厂房、煤场与厂内铁路之间，由西向东依次为：厂前综合办公楼及生活综合楼 — 锅炉补给水处理及工业废水处理设施 — 公用水泵房及净水室 — 输煤综合楼及材料库、检修间 — 燃油设施 — 废水、污水处理设施 — 循环水泵房及电解制氯间等。

制氢站布置于220kV配电装置（GIS）南侧，消防车库布置于主厂房的南侧。

2. 灰场

根据现场海岸线征地情况，灰场占用海域53.45 hm^2，不占用农舍、果园。根据计算，灰场最终堆灰高度均为6.0 ~ 11.9 m（灰面黄海高程均为5.20 m），库容约为541 × 10^4 m^3。灰场需四面围坝，均需采用不透水的防越浪防波堤结构。

（二）主要结构形式及其施工方式

1. 防波堤

东防波堤及泥面高程 −6 m和 −4 m以深的南北防波堤采用圆筒直立堤方案。厂区及施工生产区南北两侧护岸浅滩部分均由直立堤向斜坡堤过渡，南北两侧分别延伸至泥面高程 −6m和 −4 m处。其中，圆筒直立堤堤身为预制沉放的14 m钢筋砼圆筒进入粉质黏土层（不透水）1.5 m，圆筒内泥面至筒底浇注CDM拌和体，圆筒内CDM拌和体顶部抛填中、粗砂，上部为砼胸墙，胸墙嵌入圆筒300 mm，墙顶标高为8.0～8.5 m。圆筒之间对接空腔采用橡胶止水带止水。止水带周围空隙浇注C30F砼密实。圆筒前沿泥面处抛宽20 m的500～600 kg护底块石。

2. 厂区围堤

灰场西围堤采用堤心回填，外侧斜坡式护面结构。采用防渗处理，堤身后方设防水土工膜一层、两侧护土工布各一层，基础防水土工膜底至粉质黏土层（不透水）之间设一道宽5 m的灌浆帷幕止水，土工膜嵌入帷幕顶凹槽。

3. 陆域形成

填海造陆工程在护岸工程和围堤完成后进行，陆域形成采用回填方式，除部分施工过程中产生的废渣用于回填外，其余土方均来自外购。工程填海造陆需539 × 10^4 m^3 土方。

4. 取水沟道建设

每两台机组设置一个内径4 840 mm盾构隧道引水管，管道长度约3.6 km。取水头部位于 −6 m水深处（海底高程 −8.88 m，为1956黄海高程），在头部垂直顶升9根1.9 m × 1.9 m立管，立管顶部安装直径3.5 m取水口。取水头是垂直顶升结束后在水中进行安装，先是隧道通水，然后顶升段顶部揭盖，再进行安装取水头。

5. 排水沟建设

工程循环水排水采用暗沟近排方案。排水口拟布置在厂址南侧——龙王河口附近 −1.0m水深处，每台机组采用1条3 m × 3 m的钢筋混凝土暗沟，4 × 660 MW机组配4条3 m × 3 m钢筋混凝土暗沟，采用近岸潜排水方式，每条排水沟道长约1.32 km。海域部分总长约0.48 km，采用4条单孔钢筋混凝土沟道，断面尺寸为3 m × 3 m。

施工采用常规的大开挖、现浇钢筋混凝土结构施工。循环水排水喇叭口设在海域沟道的出口，周围用麻袋砼挡墙。水下挖坑（宽24 m、两侧长43 m、坑深3 m），坑内填150～200 kg块石保护。

二、海域自然环境概况

日照海岸线北起白马河口，南至鲁苏交界处的绣针河口，岸线基本平直，全长99.6 km（包括6.5 km海岛海岸线）。沿海以平缓剥蚀平原及小型河口冲积平原为主体，以沿岸沙堤发育及滨海潟湖带绵长的砂质海岸为特色（庄振业等，2000）。

项目所在的藏家荒至东潘家村岸段海岸为复式（多列）沙坝潟湖海岸，岸滩泥沙来自涛雒河和傅疃河，有比较明显的新老沙坝发育，系叠覆于海积平原上具有一定形态的风成堆积地貌。海岸沙丘一般高6～9 m，沙丘弧顶朝向NE，整个沙丘带宽达600 m。1963年至1984年，龙王河口附近海岸基本稳定在今岸线外120～150 m处。但自1984年以来，海岸便处于侵蚀后退的状态，平均蚀退速率为6～8 m/a。由于拍岸浪的作用，现今海岸沙丘多遭侵蚀而坍塌，沿海部分防风林带亦遭海潮侵袭而后退（庄振业、李从先，1989；庄振业等，1989；赵庆英等，2008）。

项目所在地属暖温带湿润季风大陆性气候，四季分明。春季干旱少雨，回暖迟；夏季湿重，无酷热，雨水集中，易成涝；秋季凉爽，晚秋旱；冬季干燥无严寒，雨雪少。主要灾害天气有风暴潮、冰雹和雾等。

项目附近海域是以风浪为主的混合浪区。波高（H1/10）超过3.0 m的大浪以台风过程引起的居多，气旋过程引起的较少，其波向几乎全部为偏东方向。涌浪主要出现在夏季，且以东向涌浪为最多。本海区为正规半日潮流，潮流方向与岸线平行，涨潮流为WSS向，落潮流为NNE向，实测最大涨潮流速为110 cm/s，最大落潮的流速为87 cm/s。潮波性质属正规半日潮类型，潮汐性质指标值约为0.32。

本区为典型砂质海岸，主要由北向南运移，即有一个稳定的由北往南输移的泥沙流，这是制约研究区域内岸滩演变特征的最重要因素。波浪是产生沿岸流，使泥沙纵向运移的主要动力。据统计，本区偏北海风的风向频率、平均风速和最大风速均大于偏南海风，特别是灾害性天气条件下的大浪，以E—NE—NNE最为集中。近岸带常年风浪合力方向和灾害性大浪方向均可形成泥沙沿岸向南的分量，从而导致自北往南的沿岸流（包四林等，2003）。泥沙来源以附近的河流夹沙和海岸侵蚀为主，另有自生沉积，包括韩家营子河、龙王河等较小的河流和冲沟为本区海岸带来的一定数量的陆源碎屑物质以及10 m等深线以外的较粗沙体为海侵前的残留沉积物。根据沿岸输沙率的计算结果，本区沿岸输沙方向为从北向南，输沙率为2.12×10^4 m^3/a。由于受河流来沙量减少、人工挖砂等因素的影响，泥沙的南向输出大于输入，每年泥沙略有亏失，岸段处于弱侵蚀状态。

海区内海水质量状况良好，符合相应的环境功能区划要求。pH值、化学需氧量（COD）、无机氮、活性磷、油类皆达到第一类海水水质标准要求，海水质量状况良好。

海区内浮游植物以硅藻门和甲藻门为主，多属于广盐广温种，优势种属有圆筛藻属、角毛藻属和夜光藻。浮游动物以哲水蚤目（*Calanoida*）、剑水蚤目（*Cyclopoidea*）及猛水蚤目（*Harpacticoida*）物种为主，优势种有中华哲水蚤(*Calanus sinicus*)、强壮箭虫（*Sagittacrassa*）和小拟哲水蚤(*Paracalanus Parvus*)。底栖生物以多毛类最多，其次是软体动物和甲壳动物，常见种有扁蛰虫（*Loimia medusa*）、独毛虫（*Tharyx* sp.）、不倒翁虫（*Sternaspis sculata*）、小头虫（*Capitella capitata*）、西方似蛰虫（*Amaeana occidentalis*）、长吻沙蚕（*Glycera chirori*）、四角蛤蜊（*Mactra veneriformis*）、扁平管帽螺（*Siphopatea walshi*）和函馆雪锉蛤（*Limaria hakodatensis*）、短角双眼钩虾（*Ampelisca acutifortata*）、利尔钩虾（*Liljeborgia* sp.）和兰氏三强蟹（*Tritodynamia rathbunae*）。

三、围填海工程对潮流场和岸线变化的影响

1. 对潮流场的影响

海洋动力环境是海洋环境影响评价的基础，悬浮泥沙扩散，污染物扩散以及温排水的影响等都是通过海洋动力实现的。为此，国家海洋局第一海洋研究所应用 POM 模式（普林斯顿海洋模式）对工程附近海域进行海洋动力环境数值模拟。

1）数值模式与计算方案

这项数模研究工作采取以下三级网格嵌套方案。

第一级粗网格水平分辨率为 5′×5′，区域和地形参见万振文等的研究论文（渤黄东海三维潮波运动数值模拟，1998）。

第二级网格水平分辨率为 0.3′×0.3′，开边界加 M2，S2，K1，O1 四个分潮强迫，潮汐调和常数来自粗网格的计算结果。通过参考模式预报的潮位和实际验潮观测水位的比较，对开边界的调和常数作恰当的差比订正。

第三级网格水平分辨率为 0.06′×0.06′，经向网格距离为 91 m，纬向网格距离为 111 m。重复和二级网格方案类似的边界约束和调整订正。

根据计算，填海前后流场最显著的变化就是填海工程附近约 5 km 范围内。流场方向变化：落急时，工程后流场方向方位角比工程前小，东南角小部分区域方位角反而大；涨急时，规律相同。流速大小的变化只在填海工程附近 1～2 km 范围内有体现，工程正东面填海后流速变小，东南角流速填海后反而略大。

2. 对岸线变化的影响

1）预测方法

岸线预测利用 GENESIS 模式。GENESIS 模式以波浪沿岸输沙作为岸线变化的主要原因，考虑了近岸波浪的折射、浅水变形以及海岸构造物的影响等，在工程计算中应用较为成熟。

GENESIS 模式的核心是利用一线模型理论对岸线变化进行预测。根据一线理论，不计算泥沙横向输运，岸线变化方程为：

$$\frac{\partial y}{\partial t}+\frac{1}{(D_B+D_C)}\frac{\partial Q}{\partial x}=0 \quad \text{(3-9)}$$

式中：

x、y——沿岸和垂直于岸线方向的坐标，构成右手坐标系。

Q —— 沿岸输沙率；

D_B —— 海滩滩脊高程；

D_C —— 闭合水深；

t —— 时间。

$$Q = (HC_g)_b(\alpha_1 \sin\alpha_b - \alpha_2 \cos\alpha_b \frac{\partial H_b}{\partial x}) \quad \text{(3-10)}$$

式 (3-10) 中：

α_1、α_2 —— 无量纲参数，其他符号意义同前。α_1、α_2 定义如下：

$$\alpha_1 = \frac{k_1}{16(R-1)(1-p)} \quad \text{(3-11)}$$

$$\alpha_2 = \frac{k_2}{8(R-1)(1-p)\tan\beta} \quad \text{(3-12)}$$

式（3-11）和式（3-12）中；k_1、k_2 是可调的模型参数；$R = 2.65/1.03$，是泥沙比重与海水比重的比值；天然状态下泥沙孔隙率 $p = 0.4$；

H —— 波高；

C_g —— 波群速；

β —— 波浪与岸线夹角；

下标 b —— 破波参数。

2）资料来源及计算条件

岸线从“山东电力工程咨询院厂区总体规划图”中量取，北自昌华冷藏厂以北的河口南端始，距龙王河灰厂北界 1.5 km（直线距离，下同）；南至虎山镇东，模拟岸线总长 5.5 km。波浪资料利用 2007 年石臼波浪观测站一年的资料。

实际计算时，将岸线按照 100 m 的网格划分，$D_B = 3$ m，$D_C = 7$ m，考虑到区域河流来水来沙量很少，计算时，林头河和龙王河向海输沙量设为零。

3）预测结果

厂址和灰场一体，均在龙王河以北。计算结果如表 3-8 和图 3-5 所示。厂址和灰场建成之后，其北部，林头河口以南 500 m 范围内岸线处于侵蚀状态，其余范围内岸线处于淤进状态；厂址南部，400m 范围内岸线会发生淤涨，其余岸线则以蚀退为主，需要指出的是，若按照此方案，龙王河口及其附近岸线会淤涨，4 年内淤积最大可达 10 m。第一年和第二年冲淤变化幅度最大，其后冲淤幅度减小，预计 4 年后岸线可重新达到平衡。

最大淤积区域出现在厂址北端，4 年内将推进约 114 m；最大蚀退区域出现在林头河口以南 100 m 处，4 年内将蚀退 28 m 左右。按照海滩平均坡度为 0.02 计算，灰厂以北海滩将淤高 2 m 左右，林头河口以南 100 m 处，海滩将蚀低 0.5 m 左右。

表3-8 工程建设后区域海岸线变化

单位：m

距离	备注	一年变化	二年变化	三年变化	四年变化
0	河口南	0.0	0.0	0.0	0.0
100	河口南	−18.6	−21.8	−25.1	−27.2
200	河口南	−16.6	−18.8	−23.4	−26.2
300	河口南	−14.6	−16.5	−18	−20
400	河口南	−12.5	−15.4	−16.5	−17.2
500	河口南	−11.8	−13.6	−14.8	−15.6
600	河口南	3.2	3.0	6.6	0.7
700	河口南	5.6	5.5	1.8	2.5
800	河口南	9.7	12.2	11.2	8.7
900	河口南	−7.9	−4.9	−4.1	−5
1000	河口南	9.5	12.5	14.2	14.5
1100	河口南	0.9	3.8	5.9	7
1200	河口南	5.9	8.7	10.7	12.3
1300	河口南	1.4	3.6	5.5	7.4
1400	河口南	2.8	4.3	6.2	8.7
1500	河口南	3.6	4.3	6.3	9.7
1600	河口南	−8.4	−8.1	−5.4	−0.7
1700	河口南	−0.6	0.5	4.8	11.4
1800	河口南	−4.6	−1.1	5.7	14.6
1900	河口南	6.8	14.2	24.2	35.7
2000	河口南	14.4	26.6	40.1	54.2
2100	河口南	12.0	29.1	46	62.2
2200	河口南	12.6	34.2	53.8	71.7
2300	河口南	27.3	52.4	73.6	92.3
2400	河口南	46.9	73.5	95.1	113.8
2500～3600	厂址				
3700	厂址	10.8	11	11	11
3800	厂址	9.5	9.6	9.7	9.7
3900	龙王河口	5.8	8.8	9.9	9.9
4000	龙王河口	−1.0	−1.6	−2.3	−3.3
4100	龙王河口	−3.3	−6.7	−9.8	−12.8
4200	龙王河口	−6.7	−12.1	−16.8	−21.2
4300	龙王河口	−4.7	−9.7	−14.8	−19.7
4400	龙王河口	−4.2	−9.4	−14.6	−19.8
4500	龙王河口	−8.2	−14.4	−19.4	−24.7

续 表

距离	备注	一年变化	二年变化	三年变化	四年变化
4600	龙王河口	−3.6	−8.6	−13.8	−19.2
4700	龙王河口	−3.2	−8	−13.2	−18.6
4800	龙王河口	−7.6	−12.7	−17.9	−23.3
4900	龙王河口	−3.0	−7.9	−13.1	−18.5
5000	龙王河口	−3.8	−8.8	−14.1	−19.5
5100	龙王河口	−5.8	−11	−16.3	−21.5
5200	龙王河口	−6.2	−11.1	−15.8	−20.3
5300	龙王河口	−2.8	−7.1	−11	−14.6
5400	龙王河口	−6.2	−9.4	−12.2	−14.7
5500	龙王河口	−0.9	−2.6	−4	−5.3

注：+为淤积，-为蚀退

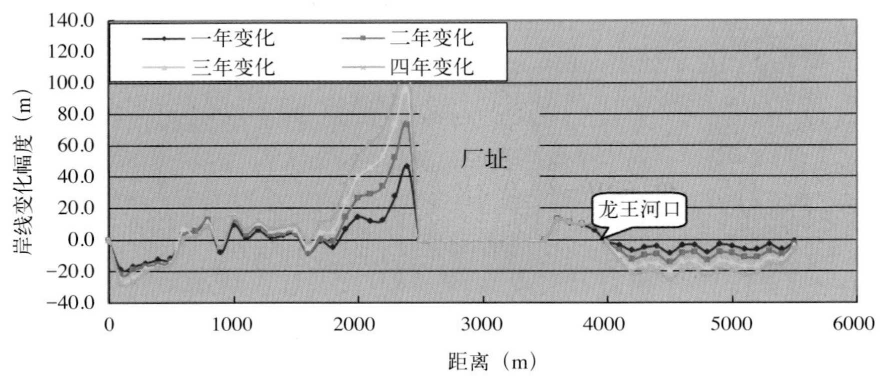

图3-5　厂址建设后区域岸线变化

四、岚山电厂围填海适宜性评估

1. 工程区所处岸段判定

岚山电厂围填海工程位于龙王河口北岸，厂址南距岚山约10 km，东北距日照市约27 km。根据山东砂质海岸围填适宜性评价结果，岚山电厂围填海工程项目位于适度性围填岸段。由于该工程不处于禁止围填岸段，因此继续进行建设项目围填海适宜性评估。

2. 评价指标的计算

1）潮流流速指标

根据流场模型模拟，围填海工程前实测近岸水域大潮落潮海流流速最小为14 cm/s，最大为34 cm/s，模型模拟工程后落潮海流预计流速最小为4 cm/s，最大为34 cm/s。根据所测13个站点大潮涨潮和落潮实测流速值和模型模拟对应站点流速预测值得出流速变化率$|\Delta S_i|/S_i$，其中，涨潮最大变化率为63%，落潮最大变化率为71%，均出现在站点2。

根据潮流流速变化量计算公式，计算如下：

$$\varphi_1 = \sum(|\triangle S_i|/S_i)\Big/n \quad \cdots\cdots \quad (3\text{-}13)$$

$$= \sum(|\triangle S_i|/S_i)\Big/26$$

$$\varphi_1 = 0.127$$

2）最大海岸侵蚀程度

通过 GENESIS 模型对工程后岸滩演变进行预测的结果，模拟出岸线的动态变化，从而得出侵蚀海岸宽度，并与工程前该岸段宽度进行比较，确定围填海工程造成海岸侵蚀的最大程度。

根据 GENESIS 模型模拟结果，最大蚀退区域出现在林头河口以南 100 m 处，4 年内将蚀退 28 m 左右，然而该处现已经筑坝围海养殖，不是最大海岸侵蚀程度点。第二大蚀退区域出现在龙王河口以南距离工程区 1 500 m 处，该处 4 年内蚀退 21.5 m，工程区南沙滩宽度较为均一，该处将为最大海岸侵蚀程度处。根据调查，工程前该处的岸段宽度为 218 m，4 年内将蚀退 20 m 左右，即岸线稳定后该处海岸宽度为 198 m。

$$\varphi_2 = \mathrm{W} = (\triangle W_j / W_j)_{\max} \quad \cdots\cdots \quad (3\text{-}14)$$

$$= (\triangle W_j / W_j)_{\max} = \triangle W_{5100} / W_{5100}$$

$$\varphi_2 = 21.5 / 218 = 0.099$$

3）砂质海岸资源

根据山东岸线勘查成果，结合工程区现场调查，获得该工程所在日照岚山区的自然砂质海岸岸线长度约为 9.5 km。该围填海项目新占自然岸线 1 100 m。L 是围填工程前行政区内砂质海岸长度，即 9.5 km，$\triangle L$ 是围填海工程占用砂质海岸长度为 1 100 m，砂质海岸资源变化量计算如下：

$$\varphi_3 = \triangle L / L \quad \cdots\cdots \quad (3\text{-}15)$$

$$= 1100 / 9500 = 0.116$$

3. 权重计算

确定指示对象描述因子的重要性权重，用 1、3、5、7、9 标度前者较后者同等重要、稍重要、明显重要、强烈重要、极端重要，2、4、6、8 则表示它们之间的过渡情况，与前者比较的重要性标度值用前者与后者比较的重要性标度值的倒数表示，形成判断矩阵，如表 3-9 所示。计算特征向量即重要性权重，并计算最大特征值和 CR 进行一致性检验。$CR = 0.018 < 0.10$，所以将所得重要性权重代入公式计算。

表3–9　描述因子的重要性权重

描述因子	φ_1	φ_2	φ_3	权重
φ_1	1	1/2	1/3	0.17
φ_2	2	1	2	0.48
φ_3	3	1/2	1	0.35

4. 围填海工程环境影响指标（*EII*）的计算

已知岚山电厂围填海工程水动力指标、冲淤指标和砂质海岸资源量指标值以及各指标权重，根据建设项目围填海工程环境影响指标计算公式计算得：

$$EII=\sum\alpha_i\varphi_i=\alpha_1\varphi_1+\alpha_2\varphi_2+\alpha_3\varphi_3 \cdots\cdots (3\text{-}16)$$

$$=(0.127\times0.17+0.099\times0.48+0.116\times0.35)\approx 0.11$$

即岚山电厂围填海工程的环境影响指标值为 0.11。

5. 岚山电厂围填海工程适宜性评价

岚山电厂围填海工程的环境影响指标值为 $EII=0.11$，而该围填海工程处于适度围填砂质岸段，根据表 3-5 提供的建设项目砂质海岸围填海适宜性判别标准，则 *EII* 在 0.1～0.3 之间，为较宜围填。即岚山电厂围填海工程处于砂质海岸资源丰富的岸段，而围填海工程虽会给海岸和近岸水环境带来一定影响，但生态状况基本正常，可以围填。

第六节　砂质海岸围填海适宜性评估建议

砂质海岸围填海综合评估包括区域砂质海岸围填海适宜性评估和建设项目砂质海岸围填海适宜性评估两部分。该评估过程充分考虑了砂质海岸资源特性，体现了砂质海岸以保护和合理利用为主，在不影响资源可持续性和现有利用的前提下，必要建设项目可适度围填的评估原则。

区域砂质海岸围填海适宜性评估，包括根据待评估区域砂质海岸的情况，将不宜围填指标和适宜围填指标分别赋值；根据指标计算方法分别计算出不宜围填综合指标值和围填适宜综合指标值，将区域砂质海岸围填海适宜性划分为 3 个等级：可围填岸段，适度围填岸段，禁止围填岸段。根据围填适宜性判定标准，只要满足不宜围填指标中任一指标即为不宜围填岸段，满足适宜围填指标两个及以上的岸段即为适度围填岸段，体现了保护砂质海岸资源和生态功能的原则。

建设项目砂质海岸围填海适宜性评估，根据区域砂质海岸围填海适宜性评估结果，判断项目围填海所处岸段是否为不可围填岸段，是则直接判断项目不宜围填，否则继续评估。通过计算水动力指标的流速、冲淤指标的侵蚀岸段宽度和砂质海岸资源量的自然砂岸长度在工程后的变化量计算各指标值，根据 AHP 层次分析法确定各指标权重，加权求和计算建设项目

围填海的环境影响指数（*EII*）。建设项目围填海适宜性分为3个等级：适宜围填，较宜围填，不宜围填。

区域砂质海岸围填海适宜性的判断可以用于海岸管理、规划编制等，尤其是可以根据判定结果制定相应的管理政策。在不宜围填区，以保护海岸原貌为主，但不排除在海岸损失或破坏的情况下，工程措施修复手段的使用。在适度围填区，一方面要求围填海工程是为了满足相应开发活动如旅游、港口的需要，可以更好地利用资源，与海岸功能、资源不相称的围填工程需要严格控制；另一方面，适度围填要求对围填工程的面积要予以克制，布局设置、新岸线形状要有利于海岸集约高效利用，将围填海对环境影响降至最低。在可围填区，可适度放宽围填条件，要求工程对环境的不良影响应降至最低，不影响其他开发利用活动；但从砂质海岸特征来看，仍不宜进行围填造陆或大规模的围填。

建设项目围填海适宜性是在区域围填海适宜性判定基础上，进一步评估建设项目适宜性状况。对建设项目的评估结果同样具有管理和指导意义。对不宜围填的项目，其选择的围填区域为生态敏感区或工程对周围环境影响巨大，应重新择址或取消项目。较宜围填的项目，虽然对环境影响不大或资源利用得当，但仍需改进工程设计或补充保护环境资源的措施，将工程对环境的不良影响降至最低。适宜围填工程项目，则可以进行围填。

由于砂质海岸资源丰富，多处于侵蚀状态，不是淤涨型海岸，而围填海使砂质海岸在短期内性质改变，自然岸线为人工硬质岸线取代，景观资源、水产资源、生物多样性保育作用随之消失，因此砂质海岸不适宜进行围填海。对于有重大建设需求的区域或海岸功能实现和资源利用的需要，应当慎重围填。制定积极有效的规划、评估政策和规范，引导砂质海岸的合理利用和围填海工程的实施。

第四章 淤泥质海岸围填海适宜性评估方法与实践

第一节 我国淤泥质海岸分布与围填海现状

一、我国淤泥质海岸的分布

我国滩涂资源丰富，面积约为 20 000 km^2。江苏省滩涂面积最多，约为 5 128 km^2，约占全国滩涂面积的 1/4，山东省次之，约 3 387 km^2，浙江省约 2 886 km^2，辽宁、福建、广东三省各约 2 000 km^2，河北、广西各有 700 km^2，上海、天津和海南各有数万公顷。其中，淤泥质滩涂是滩涂资源的主体，分布范围最广，面积最大，占滩涂总面积的 80% 以上。江苏、浙江是淤泥质滩涂的主要分布区域。

二、淤泥质海岸的特点

我国位于欧亚大陆东部，濒临太平洋，拥有辽阔的海陆疆域和漫长的海岸线。大陆岸线北起辽宁的鸭绿江口，南至广西的北仑河口，长达 16 134.9 km。我国辽阔的大陆，西高东低的地势及丰沛的降雨，发育了以外流水系为主的众多大小河流，形成以黄河、长江、珠江等大河水系。根据 60 条主要入海河流的不完全统计，每年以 $16\,215 \times 10^8\ m^3$ 以上的径流，挟带 17.5×10^8 t 以上的泥沙及大量营养盐类入海。大量泥沙入海，为海陆界面上的潮间带发育滩涂资源提供了物质基础。黄河每年约有 11×10^8 t 泥沙入海；三峡工程前长江每年有 4.68×10^8 t 泥沙入海；珠江入海泥沙较少，每年约 0.86×10^8 t。长江入海泥沙在冬季偏北风影响下向东南偏南方向输移，成为浙江沿海滩涂发育的重要泥沙来源。

江苏，浙江沿海是我国淤泥质滩涂资源分布最多的区域。淤泥质海岸沿海滩涂处于不断演变的动态过程中。例如，江苏和浙江的岸线不断向海推进，说明了该区域的滩涂始终处于不断的淤涨状态中。江苏省的滩涂平均向海淤涨速度为 80 ~ 100 m/a。以江苏滨海现存潮滩岸线为例，淤涨速率以中部处于南北潮流交汇附近岸段最大，年均可达 214 m/a，由此向南北两侧逐渐减少。浙江淤泥质海岸的淤涨速度要小于江苏省，从查阅资料估算可得平均淤涨速度为 30 ~ 50 m/a。浙江省滩涂资源的 87% 以上处于不断淤涨状态之中，年淤涨面积近 27 km^2。如温州市龙湾区沿岸属于典型的淤涨型海岸，从历史来看，龙湾、瑞安、平阳沿岸的滩涂淤涨速度较快，潮滩明显向海一侧发育。

三、淤泥质海岸围填海现状

几千年来，我国海岸线经历了一个漫长而复杂的变化过程。在隋唐以后，由于我国人口增加，河流上游开垦种植范围扩大，在当时生产力条件下，刀耕火种，水土流失情况加重，大江大河输移泥沙增加。除一部分堆积在河口形成三角洲以外，还向沿岸输送，岸线总体趋向推进加快，陆域面积随之扩大。但由于相当一部分成陆土地，地势低洼，土质咸涩，淡水资源短缺，长期以来开发耕种较少。尤其是我国北方的辽河三角洲、河北、天津、山东各省市更是如此。但随着我国人口的逐步增加，生产力条件的逐步改善，劳动人民为了谋生存，求发展，结合海岸自然演变，筑堤修塘，围海造地，御咸防潮，为我国增加了巨大的土地面积，修建了数以千千米计的各种形式、不同标准的海堤。劳动人民经历了漫长的历史过程，在重重困难和挫折中，获得了巨大的围海成就。据资料统计，浙江省有近 1/4 的耕地是近百年来经过滩涂围垦所形成的，这些地区现已成为经济发达地区和富庶、繁荣的美好家园。在浙东沿海，自鄞奉平原向南，直到温瑞平原，唐、宋以来就有围涂筑塘御潮的历史记录。北宋庆历年间，在鄞奉平原曾有鄞县令王安石率民修筑的定海塘；位于温黄平原的温岭市在元代曾建有萧万户塘、长沙塘、塘下塘、截屿塘；唐贞元元年至宋淳熙十四年（785—1187 年），位于温瑞平原的乐清塘河、永瑞塘河、万全塘河、坡南塘河等处，曾逐步被建成了第一条古海塘，该塘从北到南，逶迤连绵，长达 100 km。南宋淳熙十三年（1186 年），陆一瀛在《沈师桥志》中称"粤溯兹土，秦则海也，汉则涂也，唐则灶也，宋则民居也"，这正是对浙江省海涂围垦的历史过程所作的总体概括（徐承祥、俞勇强，2003）。

江苏的滩涂围垦的历史也源远流长，新中国成立的 50 年间，江苏省老海塘内共垦荒 3 540 km^2，建成了南通、盐城和淮北商品粮棉基地。在老海堤外，围垦滩涂 2 330 km^2，新筑海堤 220.6 km，形成 160 多个垦区。潮间带部分也得到了充分的利用，改革开放以来迅速形成了盐业、粮棉、对虾、鳗鱼、淡水鱼等商品生产和出口的基地，并形成了麋鹿和丹顶鹤两个自然保护区，取得显著的经济、社会、生态效益，成为江苏省经济发展的一个新的增长点和对外开放的前沿阵地。

江苏、浙江沿岸滩涂资源丰富，淤泥质高涂面积较大，江苏滩涂面积居全国各省之首，约占全国的 1/4，是海洋的优势资源。江苏沿海滩涂已围潮上带 23×10^4 hm^2，已开发 20 多万公顷，到 2015 年规划新围垦 18×10^4 hm^2。浙江省 1949 年到 2006 年年底，全省沿海共围填滩涂 20×10^4 hm^2，已开发利用 16.8×10^4 hm^2，到 2020 年全省规划滩涂可围垦建设总规模为 12.8×10^4 hm^2。针对淤泥质高涂资源丰富的江苏、浙江沿岸，2006 年 5 月，国家海洋局在江苏、浙江启动了淤泥质高涂围垦养殖用海管理试点工作，发布了文件《关于淤涨型高涂围垦养殖用海管理试点工作的意见》（国海管字〔2006〕245 号）。近 3 年来，各试点地区进行了积极有益的探索，并取得了一定的工作成效。

围填海工程在特定的历史时期、历史条件下，给我国的经济发展带来了巨大的收益，产生了良好的社会效益。但这种围填海由于缺乏规则，在带来经济和社会效益的同时，也产生了一系列不良影响，存在的主要影响如下。

（1）由于近年来开发规模过大、速度过快，低涂围垦、提前围垦现象较为突出，就浙江省而言，滩涂资源开发利用与自然淤涨之间已出现不平衡趋势，局部地区滩涂资源的动态平

衡一定程度上受到了破坏，一定时期内影响了滩涂资源的“再生”能力。

(2) 滩涂开发的技术落后，滩涂资源利用效率普遍较低。围垦后的滩涂由于改土技术跟不上，改良速度慢，致使不少已围滩涂长期处于养垦状态而得不到高效利用。用作海水养殖的，由于养殖技术、加工技术的限制，养殖品种单一，受市场和病害等的影响很大。

(3) 部分区域不合理开发带来严峻生态环境压力。如目前我国较普遍的围垦养殖项目使大部分沿岸滨海湿地被改造为生物种群较为单一、生态功能较为低下的人工湿地，湿地生态系统功能严重退化。江苏、浙江海岸线曲折，水动力环境和生物环境相对比较复杂，近岸海域营养盐丰富，便于生物资源繁殖生息，但由于围填海工程的实施，海岸滩涂湿地和海洋生物多样性等受到严重的影响，且较难逆转。

(4) 部分围垦滩涂，使海岸防灾减灾能力降低，抗自然灾害能力减弱，影响了开发利用的效率。围填海降低了原有滩涂的纳潮能力，同时围填区域又增加了集水面积，使得围填海区域遭遇天文大潮和风暴潮时的灾害防御能力降低。

第二节　淤泥质海岸围填海适宜性评估指标体系

一、淤泥质海岸围填海适宜性评估指标选取原则

围填海是人类改造滩涂自然海域和湿地的活动，因此必须遵循自然的发展规律。在开发自然、改造自然的活动中，注重自然、经济、环境、生态等的相互协调，动态保护重要湿地，依据自然资源和自然环境条件，坚持以自然属性为主，同时兼顾社会属性，考虑社会发展的需要，并与海洋功能区划、江河治理规划和土地利用总体规划等相衔接，发挥滩涂围填海的综合效益，促进滩涂资源的可持续发展，淤泥质海岸围填海适宜性评估指标选取需要遵循以下原则。

1. 有张有弛、有控有放的适度性原则

围填海要遵循“适度性原则”，即沿海淤泥质滩涂的开发利用强度不超过其自我更新和恢复速度，使得滩涂资源总量保持平衡。目前，部分地区沿海滩涂围垦的速度已大于滩涂的自然增长速度，结果导致滩涂资源总量日渐减少，造成部分滩涂湿地植被和生境类型的缺失，影响到滩涂的持续性利用。因此，围垦活动的强度应当同时综合考虑围垦后的经济效益和社会效益与围填海所在岸段的自然淤蚀状况，保持适宜的滩涂围垦速度，做到对滩涂的保护性开发和滩涂资源的可持续利用。

2. 统筹规划、合理利用的协调发展原则

我国对海洋国土的开发作了全面、统一规划，把沿海滩涂作为有机整体，以“统筹规划，合理利用”的原则、互助互利的观点，共同协商，因地制宜，合理利用滩涂资源，避免资源退化和生态环境恶化。

滩涂围垦涉及面广，技术性强，施工难度大，应不断适应目前滩涂围垦的新要求，不断提高滩涂围垦的科技含量，提高技术水平，力争做到“三化”，即一是前期论证科学化，采取数学模型研究或物理模型试验等科学手段，对工程附近海域水动力要素变化及周边环境影响进行科学的、综合的论证；二是建设施工现代化，积极推广应用新技术、新材料和新工艺，实现施工机械化，有效降低人力作业，提高工程效率；三是管理经营信息化，建立全省沿海滩涂围垦工程建设与管理信息网络，实现管理信息化，努力提高工作效率（彭勇，2006）。

3. 环境优美、生物多样性保护优先原则

滩涂湿地受陆地和海洋双重作用调节，动植物资源非常丰富，其优越的环境质量对生物多样性的保护具有重要意义。

在发展滩涂经济、开发利用滩涂时，要重视海涂资源和生态、环境保护，坚持“绿色化、无污染”开发利用，保护滩涂湿地的生物多样性，要认识到实现滩涂整体功能、持续利用滩涂资源具有的现实和长远意义。

二、淤泥质海岸围填海适宜性评估指标筛选

（一）不适宜围垦指标（表4–1）

（1）围填海不符合海洋功能区划与相关规划。

（2）对各类保护区和特殊利用区域产生不良影响。这些区域包括自然保护区、风景名胜区、自然人文遗迹保护区、军事利用区等。

（3）对敏感性指标产生不可恢复的影响。围填海是否影响到珍稀濒危生物的生存，是否将对洄游通道或产卵场造成不可恢复的破坏。

表4–1 不宜围垦的指标体系（一票否决的指标）

序号	所属类别	工程行为
1	海洋功能区划	不符合
2	自然保护区	影响核心区和缓冲区
3	风景名胜区	不可逆转的影响或占用
4	自然人文遗迹保护区	不可逆转的影响或占用
5	军事利用区	不可逆转的影响或占用
6	珍稀濒危生物	造成不可恢复的破坏
7	洄游通道和产卵场	造成不可恢复的破坏
8	港口和航道	产生严重影响且没有合理的补救措施

（二）适宜性围填海评估指标筛选

根据淤泥质海岸资源环境特征，淤泥质海岸围填海适宜性评估指标选取范围包括自然生态系统特征、环境影响特征、人类社会经济状况在建立沿海滩涂围垦生态系统健康发展过程中的作用与地位以及围填海的历史和可持续发展等方面。主要包括以下指标。

1. 淤泥质滩涂的自然淤涨速度

现代淤泥质潮滩形成与环境丰富的细颗粒泥沙补给、中等以上的潮差、比较隐蔽的沉积环境、宽浅平缓的水下岸坡等环境条件密切相关。如果当地多年平均特征潮位线（如平均高潮位、平均潮位和平均低潮位线等）与滩面交接线的平均位移，交接线向海位移，表示潮滩向海淤涨；反之，向岸蚀退。我国江苏、浙江沿岸符合淤泥质海岸自然淤涨的冲淤条件，形成了面积广阔的淤涨型海岸。例如，江苏射阳河口至长江口段坡度平缓的古长江水下三角洲的形成和历史时期黄河夺淮和北徙引起的海岸快速变迁，为现代潮滩发育提供了良好的沉积基底和丰富的物质来源。同时，岸外巨大的辐射沙洲群的存在又为潮滩的发育提供了隐蔽的沉积环境。

江苏滨海平原淤泥质潮滩 1980 年以来 19 个固定潮滩断面 112 个测次滩面高程测量的统计分析表明，现存潮滩平均高潮位线附近滩面除南部吕四附近岸段侵蚀后退外，其余岸段基本均表现为向海淤进，淤进速率以中部处于南北潮流交汇处附近岸段最大，年均可达 214 m/a，由此向南北两侧逐渐减少。从滩面测量数据反映的潮滩淤蚀变化趋势看，全区潮滩正经历淤涨减缓和侵蚀加剧过程，淤涨岸线长度已由 20 世纪 50 年代的 406 km 左右，缩短到 80 年代的 365 km，年淤积总量则由 1954—1980 年平均 3.6×10^6 m^3 减少到 1980—1988 年的约 3.3×10^6 m^3，侵蚀范围逐渐扩大。究其原因，除供沙条件的变化外，海平面上升及相关水动力条件变化也起着重要作用（杨桂山，2002）。

浙江省 20 世纪 50 年代统计的滩涂面积为 2013 km^2。70 年代统计围涂的面积为 2 667 km^2，80 年代统计的面积为 2 887 km^2，到 1997 年在理论深度基准面以上的仍有 2 587 km^2。据 1997 年调查，浙江省滩涂资源的 87% 以上处于不断淤涨状态之中，年淤涨面积近 27 km^2，如按每年围垦滩涂 33 km^2 计，就可基本保持围淤平衡。

2. 湿地价值

淤泥质海岸是典型的滩涂湿地，具有重要的生态价值。研究表明，湿地吸收 CO_2 以消减温室效应的效益可达 265 美元 / ($hm^2 \cdot a$)。宽阔的潮滩可以作为洪水的天然缓冲器，可以缓解海浪对海堤的冲击，减缓海风的速度，使海岸线附近的建筑物、农作物和其他植物免遭强风的破坏。滩涂植被和底泥对径流、潮流携带的有毒物质、有机物等有沉降、吸收、转化的作用。1 km^2 滩涂上的微生物可以吸收和降解废水中的 BOD 达 2 117 t；500 只滩涂生物每天可净化 2 kg 废水，且滩涂的所有生物都直接或间接地参与净化过程，滩涂生物的种类越丰富，滩涂被净化的程度就越高，整个生态系统就越稳定。滩涂还是许多生物的生息繁衍地，水鸟的觅食、栖息场所。

以温州沿岸的浅滩湿地为例，温州滩涂湿地是浙南地区生态安全的屏障，其强大的环境净化和污染物过滤作用对温州沿海水域的水质及渔业的安全起着不可替代的作用。温州瓯江口浅滩、乐清乐海、洞头状元南片围涂工程等造成海洋生态环境的剧烈改变，使原来的生态系统与自然平衡机制不复存在，直接影响了各类动植物的自然演替，致使许多宝贵的海涂湿地生物资源加速退化乃至枯竭。胡知渊等，通过对温州灵昆岛围垦滩涂潮沟秋季大型底栖动物群落和生态位的研究，与葛宝明等在同一区域自然滩涂所做的大型底栖动物群落结构研究对比分析证实，围垦对大型底栖动物群落结构具有重要影响，破坏了滨海湿地的原生价值。

3. 海洋生态系统

围填海区域一般均处于典型的滨海滩涂湿地，其所处的独特的水文、土壤、气候等环境条件所形成的独特生态环境为丰富多彩的动植物群落提供了复杂而完备的特殊生境，具有许多重要的生态系统服务功能。由于围填海工程的建设，许多滩涂湿地将不复存在，生态系统服务功能随之消失。这些影响主要表现在以下 4 个方面。

1）围填海工程对滩涂湿地景观的影响

围填海工程建设破坏了海岸带滩涂独特的自然景观。观潮涌、望日出、赏海鸟、淘虾贝，有多少文人墨客曾为这诗意般的景观而抒怀。围海造地后，取而代之的是人工景观，降低了自然景观美学价值。有些滨海景点、沙滩、浴场都有着开发旅游资源的前景，也因围海造地而被损失；更有些围海工程以天然岛屿为依托设置堤线，如福清湾的东壁岛围垦工程、莆田兴化湾的澄峰围垦工程、惠安外走马埭围垦工程、长乐外文武围垦工程等，都使岛屿的自然景观遭到破坏，损失了更高层次利用岛屿的功能价值。这种影响同样也是不可逆转的。

2）围填海工程对渔业资源的影响

围填海工程引起的悬浮泥沙浓度增加，海水中悬浮颗粒过多不利于鱼类天然饵料的繁殖生长；另外，悬浮微粒会随鱼类的呼吸而进入鳃部，沉积在鳃瓣、鳃丝及鳃小片上，不仅损伤鳃组织，而且会隔断鱼类气体交换的进行，使鱼类呼吸困难，甚至窒息而死。但不同种类的海洋生物对悬浮物浓度的忍受限度不同，一般说来，仔幼体对悬浮物浓度的忍受限度比成鱼低得多。贾晓平综合国内外有关文献报道，提出悬浮物对不同海洋生物种类的致死浓度和明显影响浓度如表 4-2 所示。

表4–2　悬浮物对不同海洋生物的致死浓度和明显影响浓度

种类	成体（mg/L）		幼体（mg/L）	
	致死浓度	明显影响浓度	致死浓度	明显影响浓度
鱼类	52000	500	250	125
虾类	8000	500	400	125
蟹类	9000	4300	700	125
贝类	700	500	250	125

此外，悬浮泥沙对渔业的影响主要还体现在对浮游动物与浮游植物食物供应的影响上。浮游植物和浮游动物是海洋生物的初级和次级生产力，海水中的悬浮液、悬沙会对浮游植物和浮游动物的生长产生不利影响，严重时甚至会导致死亡。从食物链的角度看不可避免地对鱼类和虾类的存活与生长产生抑制作用，对渔业资源带来一定程度的影响。

悬浮泥沙对渔业的影响不是永久性不可逆的，而是短期可逆的，会随着施工结束而逐渐恢复。施工结束运营一段时间后，浮游生物和游泳生物种群数量、群落结构会发生变化而趋于多样，生物量也会趋于增加，使生态系统恢复生机。有资料表明，浮游生物和游泳生物群落的重新建立所需时间较短，浮游生物的重新建立需要几天到几周时间，游泳生物由于活动力强，回避一段时间后，也会很快建立起新的群落。

3）围填海工程对特殊生态系统的影响

红树林、珊瑚礁、河口、海湾、鱼类产卵场、洄游场以及索饵场等都是重要的近岸海域生态系统，大规模围填海活动致使这些重要的生态系统严重退化，生物多样性降低。近40年来，我国红树林面积由483 km^2锐减到151 km^2，其主要原因之一是围填海占用。广西壮族自治区因围填海和滩涂开发而大量砍伐红树林，造成2/3的红树林已经消失。

近岸海域是海洋生物栖息、繁衍的重要场所，大规模的围填海工程改变了水文特征，影响了鱼类的洄游规律，破坏了鱼群的栖息环境、产卵场，很多鱼类生存的关键生态环境遭到破坏，渔业资源锐减。舟山渔场是我国的四大渔场之一，近年来渔业资源急剧衰退，大面积的围填海是其原因之一。辽宁省庄河市蛤蜊岛附近海域生物资源丰富，素有“中华蚬库”之称，但连岛大堤的修建彻底破坏了海岛生态系统，由此引发的淤积造成生物资源严重退化，“中华蚬库”不复存在。

4）填海造地对特殊物种的影响

填海活动减少了鸟类的生存空间，人类在滩涂的活动强度不断加大，造成鸟类的生存空间不断缩小，滩涂的发育受到多种因素的作用，其自然生长是有一定限度的。滩涂围垦造成底栖生物消亡也使得鸟类的食物大为减少，导致鸟的种类和数量都在不断下降，有许多珍稀鸟类有面临消失的危险。鸟类栖息地的减少也给候鸟的迁徙带来了巨大的影响，这已经引起了生态专家和一些候鸟保护组织的高度关注。

大规模的围填海工程造成了海湾地形和水流的变化，影响了鱼群的栖息环境和鱼类的洄游规律，使渔业资源受到影响。海洋中的珍稀濒危生物有很多在近岸海域，围填海工程可能占用其索饵场、洄游通道以及育幼场，从而导致珍稀濒危生物的种群消亡。湿地集聚了丰富的生物物种，是天然的基因库、种子库，是了解生物进化过程的宝贵材料。围垦使湿地的面积大大缩减，改变了原来湿地生物的生存环境，生物种类不断减少，稀有种类濒临灭绝，生物种类的大量减少对科学研究和生物多样性的保护都带来巨大影响。

4. 海洋环境质量的变化

大规模的围垦，海洋环境污染加剧，可能造成大量的工程垃圾，加剧海洋污染，而且大规模的围填海工程使海岸线发生变化，海岸水动力系统和环境容量发生急剧变化，大大减弱了海洋的环境承载力，减少了海洋环境容量。近年来，浙江一些海域赤潮频发，与滩涂围垦和围涂养殖有密切关系，造成了巨大的经济损失。

大规模的围填海工程不仅直接造成大量的工程垃圾加剧海洋污染，而且大规模的围填海工程使海岸线发生变化，海岸水动力系统和环境容量发生急剧变化，大大减弱了海洋的环境

承载力，减少了海洋环境容量。近海海域水质恶化，导致沿海海洋生物受污染损失日趋显著，甚至还会发生赤潮等环境污染事件，海洋生态破坏加剧，给当地水产资源和海水养殖业带来严重损失。填海活动造成污染物积累，加重了海洋环境污染，破坏了有价值的自然生态环境。

围填海造地易造成围填区域土壤盐碱化。陆域回填区域原来皆为海水，填海后回填土中仍保留有相当多的盐分。同时由于潮汐作用的影响，填海造陆区地下水水位高，矿化度高，下层回填土中的盐分很容易通过毛细作用上升到表层土壤，加重表层土壤盐度，易发生盐碱化。若不加以处理，不降低土壤中的盐分含量，极易使绿色植物受到土壤盐分的危害，因缺水、缺氧使其生长受到抑制，严重者逐渐枯萎死亡，特别是一些根系发达的高大乔木。长久下去，土壤肥力不能发挥应有的作用，生态平衡失调，整个生态系统随之遭受破坏，区域生态功能恶化。

5. 水动力条件的变化

围垦工程通过海堤建设，改变局地海岸地形，影响着垦区附近海域的潮汐、波浪等水动力条件，导致附近泥沙运移状况发生变化，并有形成新的冲淤变化趋势，从而可能对工程附近的海岸淤蚀、海底地形、港口航道淤积、河口冲淤、海湾纳潮量、河道排洪、台风暴潮增水等带来影响。

就潮流而言，不同的潮流形态在不同区域的作用也会有所差异。如涨落潮流的不对称性，涨落潮平均含沙量不对称性，都会造成有利于泥沙向岸运动或离岸运动的沉积水动力环境。

就波浪而言：围区受外海波浪的影响程度直接关系到围涂工程的造价和安全，而开敞式的滩涂不受庇护，滩涂前沿海域开阔，风区长，因此受风浪和外海涌浪的影响较大，而波浪的掀沙作用也会影响滩涂的淤涨速度。

6. 围垦后的利用方式（如农业、养殖、工业区建设等）

在围填海建设过程中和围填完成后人类对土地的使用过程中，对海洋大多都会产生一些“副作用”，而围垦后的利用方式对生态环境的影响尤其大。根据海洋工程污染的定义可以看到，沿海企业的污染种类很多，但污染要素只有几种，主要有化学污染、物理污染、生物损失、地质损失与污染等。围垦后所建企业种类不同、规模不同、施工方式不同、使用环境条件不同，对海洋的污染影响程度也不同。影响程度有 3 个方面：污染体积、污染质量和影响深度。

浙江省通过围垦来开发利用滩涂资源，自 20 世纪 50 年代至 2004 年底，共围垦滩涂 181 800 hm，在这些围垦的土地上，建成了镇海炼化、台州电厂、北仑电厂、嘉兴电厂、秦山核电厂、嘉兴电厂等沿海企业。建成的不同类型的企业对海洋环境的影响是大相径庭的。海水淡化后的浓海水、工业冷却温排水等对海洋污染的影响较小，恢复时间也短；重金属对海洋的影响较大，恢复时间很长。因此，根据围填后建设企业的污染影响程度因子，来描述其对海洋污染的影响深度，并据此进行管理是十分必要的。

7. 效益情况（社会效益、经济效益和环境损益）

随着建设项目环境影响评价制度的逐步健全，在认识到滩涂围垦对生态环境造成影响后，围垦工程环境影响评价工作也逐步被重视（刘瑶等，2006）。但由于围垦工程对环境的影响主要集中在近岸滩涂湿地区域及近海海域，这个区域介于陆地和海洋生态系统之间受到海陆双

重作用，是一个复杂的自然综合体，目前对其生态方面的认识还十分有限，对某个岸段滩涂湿地生态系统抵抗人类干扰的承受能力阈值缺乏了解。可持续发展模式包括经济、环境和社会目标的实现，它是经济系统、环境系统以及社会系统相互作用的象征。它所涵盖的范围从经济发展与经济效益的实现，自然资源的有效配置和永续利用，以及环境质量的改善到社会公平与合适的社会组织形式的实现。所以，对其评估几乎涉及人们社会生活以及人类生境的各个方面。

8．灾害

全球气候转暖导致的海平面上升会抬高风暴潮的基面，势必加强风暴潮作用强度（崔承琦，2001）。作为开敞型海岸，由于其特有的开敞型，往往容易受到风暴潮灾害的影响。风暴潮是发生在近岸的一种严重海洋灾害。它是由强风或气压骤变等强烈的天气系统对海面作用导致水位急剧升降的现象，又称风暴潮增水或气象海啸，常给沿海一带带来危险（中国海事，2007）。

开敞型的围填海区域的主要灾害是风暴潮灾害，而风暴潮灾害又经常伴随着巨浪灾害。如温州龙湾区在 1994 年 8 月 21 日（正值农历七月十五天文大潮期）遭受了浙江省沿海百年不遇的罕见特大风暴潮灾害。特大海潮伴随巨浪，以排山倒海之势突袭温州一带沿海，给浙江沿海带来了惨重灾难。据温州市调查，由于潮高浪大，冲毁海塘、海堤，海水倒灌，温州市区沿瓯江一带平地潮水深达 1.5～2.5 m；龙湾区的省扶贫开发区进水深达 2～3 m；温州机场候机厅潮水深达 1.5 m，因进水停航半月余；温州电厂机房进水停产。因此风暴潮灾害也是开敞式淤积型海岸围垦评价的重要指标之一。

本研究在以上评估指标的选取范围中，选取 10 项指标，采用专家打分法和层次分析法，得到各指标重要性对比的结构矩阵如表 4-3 所示。

表4–3　评估指标的层次分析矩阵

分析矩阵	岸线	冲淤变化	灾害	生态系统	湿地生态价值	港口航道	围垦利用方式	效益情况	水动力变化	环境质量变化
岸线	1.00	0.14	0.50	0.17	0.37	0.67	0.33	0.32	0.15	2.00
冲淤变化	7.00	1.00	4.00	1.20	5.00	9.00	4.50	5.00	1.50	8.00
灾害	2.00	0.25	1.00	0.33	2.50	3.00	2.30	2.70	0.25	5.00
生态系统	6.00	0.83	3.00	1.00	4.00	5.00	6.00	3.50	2.00	7.00
湿地价值	2.70	0.20	0.40	0.25	1.00	3.00	2.00	2.50	0.30	5.00
港口航道	1.50	0.11	0.33	0.20	0.33	1.00	0.36	0.30	0.14	0.50
围垦利用方式	3.00	0.22	0.43	0.17	0.50	2.78	1.00	1.20	0.20	4.00
效益情况	3.10	0.20	0.37	0.29	0.40	3.30	0.83	1.00	0.21	3.40
水动力变化	6.50	0.67	4.00	0.50	3.33	7.00	5.00	4.76	1.00	7.00
环境质量变化	0.50	0.13	0.20	0.14	0.20	2.00	0.25	0.29	0.14	1.00

上述矩阵求解可得特征根为 10.639，特征向量如表 4-4 所示，其归一化权重值如表 4-5 所示。

表4-4 特征向量

岸线	0.0 679
冲淤变化	0.0 543
灾害	0.6 012
生态系统	0.2 197
湿地生态价值	0.5 329
港口航道	0.1 763
围垦利用方式	0.0 606
效益情况	0.1 291
水动力变化	0.1 276
环境质量变化	0.4 807

表4-5 归一化权重值

岸线	0.03
冲淤变化	0.25
灾害	0.09
生态系统	0.22
湿地生态价值	0.07
港口航道	0.02
围垦利用方式	0.05
效益情况	0.05
水动力变化	0.2
环境质量变化	0.02

从各项权重来看，水动力环境、冲淤环境、生态系统和灾害（长江口以南考虑灾害指标）4 项指标所占的权重最大，因此，本研究将这 4 项指标作为围填海适宜性主要评估指标。

1）水动力环境评估指标

淤泥质海岸大部分为开敞型海岸，因此其水动力因子对潮滩的塑形有重要作用，其中，潮流动力是最经常性的、持续性的且规律性的水动力因素。潮流和水深的变化之间有着紧密

的联系，涨潮流造成水深的增加，落潮流引起水深的下降，这种潮流的涨落和水深的升降控制着潮水的平流和扩散过程，同时也造成了对潮滩底床的剪应力。底床剪应力与潮滩泥沙的侵蚀或淤积有着密切联系，而潮水的平流和扩散过程则伴随着泥沙的输移搬运，潮流过程直接影响潮滩泥沙的冲淤和输移，因而经常性地影响潮滩的物质交换和地貌演变（贺宝根，2004）。

水动力的变化将直接影响到冲淤环境、生态环境、海水的自净能力以及对污染物的稀释作用等方面，因此本研究把水动力变化作为围填海评价的重要指标之一。

2）冲淤环境评估指标

淤泥质海岸的围填海前景广阔，有着得天独厚的优势，如浙江省滩涂资源的87%以上处于不断淤涨状态之中，年淤涨面积近27 km^2，如按每年围填海滩涂33 km^{2}计，就可基本保持围淤平衡。但是如果围填海的堤线位置过深，将可能对堤坝附近造成冲刷，将不利于滩涂的继续淤涨和滩涂生态的恢复，也不利围垦工程本身的安全。所以，“冲淤、淤涨恢复”也是围填海评价的重要指标。

3）生态环境评估指标

研究表明，滩涂围垦后，打破了原有滩涂的生态平衡系统。而围区外新滩涂的淤涨和生态系统的恢复均需要较长的时间，尤其是滩涂生态系统的恢复，大概需要15～20年的时间。而对某些本身就处于比较脆弱状态的滩涂生态系统，围垦工程可能造成对滩涂生态系统的不可逆转的破坏。随着人工促淤的实施，围涂工程的周期越来越短，围区外的滩涂生态系统长期被扰动和破坏，从而造成了滩涂生态系统的退化及生态服务功能的损失。因此，本研究把生态影响作为开敞式淤积型海岸围垦评价的重要指标之一。

4）灾害评估指标（长江口以南）

滩涂围垦会导致滨海湿地缺失，防潮、蓄洪排涝的功能减弱。开敞型的围垦区域的主要灾害是风暴潮灾害，而风暴潮灾害又经常伴随着巨浪灾害。国家海洋局第二海洋研究所曾对瓯江口整体规划围垦对风暴潮的影响做了专题研究，计算表明，大面积围垦实施后，局部区域的风暴潮增水可能增大10%以上，对预防风暴潮灾害带来一定压力。风暴潮灾害每年都会侵袭我国沿海地区，造成巨大的经济损失。每年的风暴潮侵袭都会造成海塘堤防以及其他一些海洋工程的毁坏。因此，在围填海工程中，必须考虑风暴潮灾害。本研究也把风暴潮灾害作为长江口以南开敞式淤积型海岸围垦评价的重要指标之一。

第三节 淤泥质海岸围填海适宜性评估方法

一、淤泥质海岸围填海适宜性评估指标量化方法

（一）水动力因子

利用现场实测或数值模拟方法，提取围填海工程前后波浪、潮汐、潮流的特征因子后进行评价。

在淤涨型海岸实施围垦应考虑当地的水动力环境因素，而围垦本身也会对水动力环境造成影响。围垦与水动力环境是相互影响相互制约的关系。围垦对水沙环境的影响预测研究大多是基于水力学和泥沙运动力学方法。在实测资料观测分析的基础上，建立潮流、泥沙、波浪、风暴潮等数学模型，根据水动力预测结果结合泥沙冲淤计算方法来计算冲淤强度，或辅以必要的物理模型进行。也有采用潮滩测量方法，从潮滩均衡态角度探讨围海工程对水沙动力环境的影响。

1. 波浪

围区受外海波浪的影响程度直接关系到围涂工程的造价和安全，而开敞式的滩涂不受庇护，滩涂前沿海域开阔，风区长，因此受风浪和外海涌浪的影响较大。而波浪的掀沙作用也会影响滩涂的淤涨速度。

由于波浪掀沙计算技术尚不成熟，且泥沙输运的计算精度也不高，因此在计算波浪引起的泥沙冲淤问题时，一般采用经验计算或统计方法。而波高和周期通常采用实测资料分析和风浪成长公式进行计算，或采用数模如 swan 等经典模型进行模拟计算。

2. 潮汐、潮流

潮汐：淤涨型海岸所处海域若潮差较大，将有利于潮滩的发育。如江苏沿海的淤涨型潮滩的潮差最大可达 8.9 m；浙江南部的淤涨型海岸，如温州龙湾的潮差可达 7.5 m 以上。而开敞式海岸的围垦对潮汐的影响一般较小。

潮流：围垦工程通过海堤建设，改变局地海岸地形，影响着垦区潮流流速及流态，改变工程区附近的过潮量，导致附近泥沙运移状况发生变化，形成新的冲淤变化趋势，从而可能对工程附近的海底地形、港口航道淤积等带来影响。涨落潮流的不对称性，涨落潮平均含沙量的不对称性，都会造成有利于泥沙向岸运动或离岸运动的沉积水动力环境。尤其是潮流和波浪共同作用下会对冲淤起到较大作用，波浪掀沙，而潮流输运泥沙。

目前成熟的潮流、潮汐预测模式有 Pom、Delft3D、Sms、Mike21 等。潮流、潮汐数值模型较为成熟，预测结果也比较准确。目前这些预测潮汐、潮流的计算模式一般采用基于 N-S 方程的数值模型。N-S 方程表达式如下。

本研究采用 Delft3D 模型中的二维计算模块。其水动力方程组可表示为：

$$\frac{\partial \zeta}{\partial t}+\frac{\partial uH}{\partial x}+\frac{\partial vH}{\partial y}=0 \quad \cdots\cdots \quad (4\text{-}1)$$

$$\frac{\partial u}{\partial t}+u\frac{\partial u}{\partial x}+v\frac{\partial u}{\partial y}-fv+g\frac{\partial \zeta}{\partial x}+\frac{1}{\rho H}\tau_{bx}=A_x\left(\frac{\partial^2 u}{\partial x^2}+\frac{\partial^2 u}{\partial y^2}\right) \cdots\cdots\cdots\cdots\cdots\cdots \quad (4\text{-}2)$$

$$\frac{\partial v}{\partial t}+u\frac{\partial v}{\partial x}+v\frac{\partial v}{\partial y}+fu+g\frac{\partial \zeta}{\partial y}+\frac{1}{\rho H}\tau_{by}=A_y\left(\frac{\partial^2 v}{\partial x^2}+\frac{\partial^2 v}{\partial y^2}\right) \cdots\cdots\cdots\cdots\cdots\cdots \quad (4\text{-}3)$$

式中：

ζ—— 潮位（m）；

u，v—— x，y 方向上的垂线平均流速分量（m/s）；

H—— 水深（m）；

t——时间（s）；

c——谢才系数，$c=\frac{1}{n}H^{\frac{1}{6}}$，$n$ 为糙率系数，$H=h+\zeta$；

f——柯氏系数，$f=2w\sin\varphi$，w 为地转角速度，φ 为纬度；

g——重力加速度（m/s^2）；

τ_{bx}、τ_{by}—— x，y 方向底床阻力，$(\tau_{bx},\tau_{by})=\frac{\rho g(U,V)\sqrt{U^2+V^2}}{c^2}$；

A_x、A_y—— 涡动黏滞系数，m/s^2。

水动力影响的判别指标主要依据水动力的损失：

围垦以后，围堤堤脚的流速几乎减小为 0，因此围垦前围堤处的流速越大，则围垦造成的水动力影响越大。

基于这个原理，我们以围垦前潮滩附近的流速作为判别水动力损失依据，流速越大则围垦造成的水动力损失越大。

围垦前潮滩附近（规划围堤处）的流速可以通过现场测量，或者数值模拟的方法得到。

3. 围填适宜度的水动力判别标准

这里将“滩涂上（规划围堤处）的最大流速”作为判别依据，围垦后流速变为 0，所以原流速越大，水动力损失越大。

由于围填海的规划围堤处一般水深较浅，潮流测量的难度较大，因此一般围堤处的流速可以用数值模拟的方法得到。由数学模型计算得到，龙湾围垦区的围堤处最大流速约 0.6m/s，而洋口围垦区的堤处最大流速约 0.4 m/s。为了便于判别，以研究海域的底层泥沙的起冲流速进行分级判别。一般浙江、江苏沿岸底泥的起冲流速为 0.4～0.8 m/s，因此我们得到判别标准如表 4-6 所示。

表4–6　淤涨型滩涂围填海适宜度的流速判别标准

项目	规划围堤处的最大流速	围垦建议	指标得分
水动力	大于1 m/s	不宜围垦	0～0.2
	泥沙起冲流速<流速<1 m/s	适度围垦	0.2～0.8
	小于泥沙起冲流速	可围垦	0.8～1.0

（二）围垦实施后的冲淤因子预测计算方法

1. 堤前淤涨速度

堤前淤涨速度一般采用潮流、泥沙数学模型进行预测计算，或者采用潮流数学模型结合泥沙冲淤计算方法来计算冲淤强度。

水流夹带泥沙输移引起床面冲淤变化，是一个复杂的物理过程，鉴于泥沙输移的复杂性和目前泥沙输移基本理论的不成熟，可以采用床面冲淤计算模型，计算方程如下。

潮汐水流悬移泥沙运动微分方程为：

$$\frac{\partial(HS)}{\partial t}+\frac{\partial(qS)}{\partial l}+\alpha\omega(S-S^{*})=0 \quad \text{(4-4)}$$

式中：

S —— 含沙量（kg/m^3）；

q —— 单宽流量（m^2/s）；

H —— 水深（m）；

ω —— 泥沙沉降速度（m/s）；

S^* —— 水流挟泥沙能力（kg/m^3）。

对方程（4-4）在一个全潮周期内进行积分，可近似得到一个全潮周期 T 时间内的泥沙淤积强度的表达方式：

$$\Delta H=\frac{\alpha\omega}{\gamma_c}(S^{*}-S^{'})T=\frac{\alpha\omega}{\gamma_c}S^{*}(1-\frac{V^{'2}}{V^{2}})T \quad \text{(4-5)}$$

式中：

α —— 泥沙沉降概率；

γ_c —— 淤积物干容重（kg/m^3）；

ω —— 沉降速度（m/s）；

V、$V^{'}$ —— 工程前、后的平均流速；

T —— 一个全潮周期（s）。

在预测时，α 取 0.45；γ_c 根据经验公式：$\gamma_c=1\,750\,d^{0.183}$ 确定。

$n\cdot\Delta H$ 为年冲淤强度，其中，n 为一年潮数。

2. 围垦实施后的堤前冲淤恢复自然状态的平衡时间

堤坝前沿的冲淤恢复自然状态的平衡时间一般采用经验公式进行计算。

工程后海床冲淤达到平衡时间采用下式估算：

$$P_K=\frac{K_2 S_K \omega_K t}{\gamma_{0K}}[1-\frac{V_2}{2V_1}(1+\frac{d_1}{d_2})] \quad \text{(4-6)}$$

式中：

P_K —— 工程后经过时间 t 的冲淤量；$K_2=0.13$；S_K 取 S^*；$\omega_K=0.0005$ m/s；

$\gamma_{0K} = 1750 d^{0.183}$；

V_1、V_2 —— 工程前后的流速；

d_1、d_2 —— 工程前后水深。

当冲淤达到平衡时，$P_K = 0$，故有：

$$\frac{d_1}{d_2} = \frac{(1 + 8q_1 / q_2)^{1/2} - 1}{2} \quad \cdots\cdots (4\text{-}7)$$

式中：

q_1、q_2 —— 工程前后的单宽流量。

这样可以假定工程海域潮流基本不变的情况下，预测出工程后达到平衡时的水深。工程后海域达到平衡时的时间过程，可以用以下公式预测：

$$t = \frac{P}{\dfrac{K_2 S_K \omega_K t_0}{\gamma_{0k}} [1 - \dfrac{v_1^{'}}{2v_1}(1 + \dfrac{d_1}{d_1 - P})]} \quad \cdots\cdots (4\text{-}8)$$

式中：

t —— 年（a）；

$v_1^{'}$ —— 工程后海域冲淤达到 P 后的流速 $v_1^{'} = v_2 d_2 / (d_2 - p)$；

v_2 —— 工程后初期的流速；

$t_0 = 3.15 \times 10^7 s$。

这里通过公式（4-5）预测下一全潮周期内泥沙冲淤厚度，乘以一年中的潮数后，得到年淤积强度式(4-6)；根据公式(4-7)求出工程后达到冲淤平衡时的最终冲淤量，然后由公式(4-8)估算出工程海域达到冲淤平衡的时间。

决定冲淤及恢复指标主要有以下 3 个方面。

（1）冲淤是否对附近航道、港口造成不利影响（这是判别是否适宜围垦先决条件）。

（2）围垦实施前的自然淤涨速度、围垦促成的堤前淤涨速度、总淤涨速度。

（3）围垦实施后的堤前冲淤恢复自然状态的平衡时间。

自然淤涨速度是自然属性，堤前淤涨速度是“人为干预”的结果，两者共同作用促成了堤前淤积。堤前冲淤恢复自然状态的平衡时间是从“人为干预”恢复到“自然状态”的周期。

淤涨速率的研究方法主要有以下 3 种：① 通过调查历史上的老海塘及其年代，估算海岸向海推进的速度；② 通过对比历史海图和当前测量的海图，计算淤涨速度；③ 通过查阅相关资料，了解研究海域的滩涂淤涨速度。

以江苏滨海现存潮滩岸线为例，淤涨速率以中部处于南北潮流交汇附近岸段最大，年均可达 214 m/a，由此向南北两侧逐渐减少。江苏省的滩涂平均向海淤涨速度为 80～100 m/a。

浙江省淤涨型海岸的淤涨速度明显要小于江苏省，从查阅资料估算可得平均每年淤涨速度为 30～50 m/a，当然不同岸段的淤积速度差异是较大的。

围垦堤坝前沿的总淤积速度 = 自然淤涨 + 工程促成的淤积。根据围垦后的总淤积速度，以及水动力和地形条件，根据公式（4-6）、公式（4-7）、公式（4-8）可得到围垦实施后恢复自然冲淤状态的年限。

为了便于判别，本研究将“淤涨速度”和“恢复自然冲淤状态的年限”作为判别依据。以浙江、江苏的淤涨型滩涂围垦的现状作为参考依据，浙江作为适度围垦区的标准，江苏作为可围垦区标准。而浙江的淤涨岸线的平均淤涨速度为 30～50m/a，因此本研究将 30 m/a 的向海淤涨速度作为判别依据。

从淤涨型围填海示范区龙湾围垦区（浙江）和洋口围垦区（江苏）来看，龙湾围垦区围垦后的恢复年限为 5～6 年，而洋口围垦区围垦后的恢复年限为 3～4 年。因此本研究将 4 年的冲淤恢复期作为又一判别依据。判别标准如表 4-7 所示。

表4–7　淤泥质滩涂围填海适宜度的冲淤判别标准

	滩涂向海淤涨速度	围垦建议	指标得分
围垦前状态	侵蚀	不宜围垦	0
	淤涨速度较慢：在30 m/a以内	适度围垦	0～0.5
	淤涨速度较快：在30 m/a以上	可围垦	0.5～1.0
围垦后恢复年限	侵蚀状态，或改变原冲淤状态	不宜围垦	0～0.2
	4～10年恢复	适度围垦	0.2～0.8
	4年以内恢复	可围垦	0.8～1.0

（三）海洋生态因子计算方法

1. 围垦占用海域的海洋生物资源量损失评估

本方法适用于因工程建设需要，占用海域或潮间带，使海洋生物资源栖息地丧失。各种类生物资源损失量评估按公式（4-9）计算：

$$W_i = D_i S_i \quad (4\text{-}9)$$

式中：

W_i—— 第 i 种类生物资源损失量（尾、个、kg）；

D_i —— 评估区域内第 i 种类生物资源密度［尾（个）/ km^2、尾（个）/ km^3、kg / km^2］；

S_i —— 第 i 种类生物占用的海域面积或体积（km^2、km^3）。

对围垦区海洋生物资源损失的补偿分为永久性占用海域补偿和一次性损失补偿。

1）永久性占用海域损失

围垦区永久性占用海域主要针对底栖生物和潮间带生物，按影响持续时间 20 年以上计算，补偿计算时间不应低于 20 年。

$$M_i = W_i T \quad (4\text{-}10)$$

式中：

M_i—— 第 i 种类生物资源累计损失量（尾、个、kg）；

W —— 第 i 种类生物资源损失量，（尾、个、kg）；

T 类生围垦占用持续时间数（以不低于 20 年计算）。

2）一次性损失

围垦区占用海域一次性损失补偿主要针对浮游生物和鱼类，一次性生物资源的损失补偿为一次性损失额的 3 倍。

$$M_i = W_i T \quad \cdots\cdots\cdots\cdots\cdots\cdots \quad (4\text{-}11)$$

式中：

M_i——第 i 种类生物资源累计损失量（尾、个、kg）；

W_i——第 i 种类生物资源损失量（尾、个、kg）；

T——生态损失补偿倍数（以 3 倍计算）。

2. 污染物扩散范围内的海洋生物资源损失评估

本方法适用于围垦区悬浮物扩散对海洋生物资源的损失评估，分一次性损失和持续性损失。

一次性损失：悬浮物浓度增量区域存在时间少于 15 天（不含 15 天）。

持续性损失：悬浮物浓度增量区域存在时间超过 15 天（含 15 天）。

1）一次性损失平均损失量评估

悬浮物浓度增量超过 125 mg/L，对海洋生物资源损失量按公式（4-12）计算：

$$W_i = D_j S_j \quad \cdots\cdots\cdots\cdots\cdots\cdots \quad (4\text{-}12)$$

式中：

W_i——第 i 种类生物资源一次性平均损失量（尾、个、kg）；

D_j——g 资源一次性浓度增量区第 i 种类生物资源密度（尾 / km^2、个 /km^2、kg/km^2）；

S_j——悬浮物 125 mg/L 增量区面积（km^2）。

2）持续性损失量评估

当污染物浓度增量区域存在时间超过 15 天时，应计算生物资源的累计损失量。计算以年为单位的生物资源的累计损失量按公式（4-13）计算：

$$M_i = W_i T \quad \cdots\cdots\cdots\cdots\cdots\cdots \quad (4\text{-}13)$$

式中：

M_i——第 i 种类生物资源累计损失量（尾、个、kg）；

W_i——第 i 种类生物资源一次平均损失量（尾、个、kg）；

T——生态污染物浓度增量影响的持续周期数（以年实际影响天数除以 15），（个）。

3. 围垦区内水产养殖资源损失评估

直接经济损失按公式（4-14）计算：

$$L_e = \sum_{i=1}^{n} \left(Y_{l_i} P_{d_i} - F_i \right) \quad \cdots\cdots\cdots\cdots\cdots\cdots \quad (4\text{-}14)$$

式中：

L_e —— 围垦区养殖资源直接损失金额，元、万元；

Y_{li} —— 第 i 种养殖生物损失量，kg；

P_{di} —— 第 i 种水产品当地的平均价格，元 / kg；

F_i —— 第 i 种养殖的成本投资，元、万元。

生态影响关键指标中应考虑生态损失及相应的经济效益两方面内容。

可持续发展模式包括经济、环境和社会目标的实现，它是经济系统、环境系统以及社会系统相互作用的象征。它所涵盖的范围从经济发展与经济效益的实现、自然资源的有效配置和永续利用，以及环境质量的改善到社会公平与合适的社会组织形式的实现。所以，对其评估几乎涉及人们社会生活以及人类生境的各个方面。

按照以上原则，围填海适宜度判别指标按公式（4-15）计算：

$$U = A / W \quad \cdots\cdots (4\text{-}15)$$

式中：

U —— 生态补偿金额占投资额的百分比；

A —— 围垦占用海域的海洋生物资源损失量；

W —— 总投资额。围垦适宜度的生态判别指标赋分值具体如表 4-8 所示。

表4-8　淤泥质滩涂围填海适宜度的生态指标判别标准

生态补偿金额占投资百分数	围垦建议	指标得分
$U > 5\%$	不宜围垦	0～0.2
$0.5\% < U \leqslant 5\%$	适度围垦	0.2～0.8
$0 < U \leqslant 0.5$	可围垦	0.8～1.0

（四）灾害因子计算方法

风暴潮灾害是开敞式滩涂和围垦区的主要灾害。风暴潮伴随巨浪具有强大的破坏力，可能损坏海堤，对人民群众的生命财产造成威胁。相反，大面积的围垦也会改变风暴潮的破坏力，如国家海洋局第二海洋研究所曾对温州浅滩大面积围垦后风暴潮的改变量做了预测，局部风暴潮增水的改变幅度可达 10%～20%。

因此对风暴潮灾害的预测计算对围垦也有重要意义。

目前对风暴潮的模拟计算一般利用完整的二维浅水方程来计算，基本方程包括连续方程和运动方程。在运动方程中，除了考虑平流项、科氏力项、底摩擦力项外，还考虑侧向黏性项。这样在笛卡儿直角坐标系中，连续方程和运动方程可表示为：

$$\frac{\partial \zeta}{\partial t} + \frac{\partial}{\partial x}(Hu) + \frac{\partial}{\partial y}(Hv) = 0 \quad \cdots\cdots (4\text{-}16)$$

$$\frac{\partial u}{\partial t} + u\frac{\partial u}{\partial x} + v\frac{\partial u}{\partial y} - fv = -g\frac{\partial \zeta}{\partial x} - \frac{1}{\rho_w}\frac{\partial p_a}{\partial x} + \frac{1}{\rho_w H}(\tau_{sx} - \tau_{bx}) + A(\frac{\partial^2 u}{\partial x^2} + \frac{\partial^2 u}{\partial y^2}) \quad \cdots (4\text{-}17)$$

$$\frac{\partial v}{\partial t}+u\frac{\partial v}{\partial x}+v\frac{\partial v}{\partial y}+fu=-g\frac{\partial \zeta}{\partial y}-\frac{1}{\rho_w}\frac{\partial p_a}{\partial y}+\frac{1}{\rho_w H}(\tau_{sy}-\tau_{by})+A(\frac{\partial^2 v}{\partial x^2}+\frac{\partial^2 v}{\partial y^2}) \quad \cdots \quad (4\text{-}17)$$

式中：

t——时间；

x，y——向东为正和向北为正的坐标系；

u，v——相应于x，y方向的从海底到海面的垂直平均流速分量；

ζ——水位；

H——总水深$H=\zeta+h$；h则为未扰动海洋之水深，即平均海平面至海底的距离；

f——Coriolis 参量$f=2\omega\sin\varphi$；

ρ_w——海水密度；

p_a——大气压力；

τ_{bx}，τ_{by}——x，y方向底应力；

τ_{sx}，τ_{sy}——x，y方向海面风应力；

A——侧向涡动黏性系数。

风暴潮灾害多发生在长江以南区域，因此风暴潮灾害指标只针对长江口以南的围填海项目。长江口以北的区域，不考虑风暴潮灾害因子。

在我国，几乎一年四季均有风暴潮灾发生，并遍及整个中国沿海，其影响时间之长，地域之广，危害之重均为西北太平洋沿岸国家之首。因此，在我国沿海地区的海洋工程开发建设中，考虑海洋工程对风暴潮灾害的响应，以及海洋工程的建设对风暴潮的影响显得尤为重要。

对于江苏、浙江沿海等处于风暴潮灾频发的海岸，是否适宜围填海需要进行评估。应对围填海工程前后风暴潮变化情况以及围填海项目对风暴潮的承受能力进行研究。例如，温州沿海的围海造地和瓯江南口工程，对温州沿海附近的海洋动力环境状况影响较大，也直接影响到了风暴潮过程，因此有必要对温州沿海工程前后风暴潮变化情况进行研究。

这里将“风暴潮增减水的变化率”作为判别依据，围填海后风暴潮增、减水变化率越大，则围填海影响越大。对于围堤处的风暴潮增、减水变化率可以用数值模拟的方法得到。由数学模型计算得到，温州沿海的围海造地和瓯江南口工程在工程前后风暴潮增、减水变化率除个别点位大于10%，其余大部分点位风暴潮增、减水变化率基本都在10%以下。为了便于判别，以10%进行分级判别。围堤前沿增、减水变化率大于10%时，围填海工程将严重影响该海域原有风暴潮等级。为了便于判别，以1%和10%进行分级判别。判别标准如表4-9所示。

表4–9 淤泥质滩涂围填海适宜度的灾害指标判别标准

判别标准	规划围堤处的最大增、减水变化率	围垦建议	指标得分
风暴潮	大于10%	不宜围垦	0～0.1
	1% < 流速 < 10%	适度围垦	0.1～0.8
	小于1%	可围垦	0.8～1

二、淤泥质海岸围填海适宜性评估指标权重确定

根据淤泥质海岸主导功能和主导资源，本研究将淤泥质海岸分为以下 2 类。

第一类：主导资源为滩涂湿地资源，主导功能为滩涂湿地功能。

第二类：主导资源为滩涂生物资源，主导功能为滩涂生物养殖功能。

另外，风暴潮灾害多发生在长江以南区域，因此风暴潮灾害指标只针对长江口以南的围填海项目，不考虑长江以北的围填海项目。因此，在计算关键性评估指标的时候，应区分长江以南和长江以北的围填海项目。

第一类主导资源为滩涂湿地资源。该类岸线的最重要评估指标为冲淤指标。淤泥质海岸，滩涂湿地丰富，具有较高的生物多样性指数，因此将生态指标作为次重要指标进行考虑。同时，水动力的变化也将间接性地影响到冲淤环境，生态环境，海水的自净能力，以及对污染物的稀释作用等系列方面。因此将水动力指标列为第三重要指标。风暴潮灾害是开敞式滩涂和围垦区的主要灾害，风暴潮灾害的发生对处在长江以南的淤涨型海岸产生重大影响，但由于其发生频率不高，因此在 4 个评估指标中，灾害指标的权重相对较轻，且只针对长江口以南的围填海项目。

采用层次分析法确定 4 个关键性评估指标的权重。根据专家打分，得到各指标重要性对比结构矩阵如下。

	冲淤	生态	水动力	灾害
冲淤	1	2	4	2
生态	1/2	1	4	3
水动力	1/4	1/4	1	3
灾害	1/2	1/3	1/3	1

由矩阵可得：

$$
\text{特征向量} = \begin{bmatrix} 0.7494 & 0.7340 & 0.7340 & 0.5811 \\ 0.5788 & 0.2458+0.4892i & 0.2458-0.4892i & -0.7718 \\ 0.2617 & -0.3062+0.1239i & -0.3062-0.1239i & 0.2427 \\ 0.1899 & -0.0291-0.2271i & -0.0291+0.2271i & -0.0885 \end{bmatrix}
$$

$$
\text{特征根} = \begin{bmatrix} 4.4458 & 0 & 0 & 0 \\ 0 & -0.0778+1.3896i & 0 & 0 \\ 0 & 0 & -0.0778-1.3896i & 0 \\ 0 & 0 & 0 & -0.2903 \end{bmatrix}
$$

归一化权重总排序如表 4-10 所示。

表4-10 长江口以南的围填海指标权重排序（滩涂湿地资源）

指标	冲淤	生态	水动力	灾害
各指标权值	0.42	0.32	0.15	0.11

风暴潮灾害多发生在长江以南区域，因此长江口以北的区域，不考虑风暴潮灾害因子。利用 3×3 的结构矩阵，分析可得长江口以北的指标权重如下。

	冲淤	生态	水动力
冲淤	1	2	3
生态	1/2	1	3/2
水动力	1/3	2/3	1

求矩阵的特征向量和特征根

可得：

特征向量 V_1 = 0.8571 0.4286 0.2857

特征根 D_1 = 3.0000

归一化权重总排序如表 4-11 所示。

表4-11 长江口以北的围填海指标权重排序（滩涂湿地资源）

指标	冲淤	生态	水动力
各指标权值	0.54	0.27	0.19

第二类，主导资源为滩涂生物资源，主导功能为滩涂生物养殖功能。该类岸线的最重要评价指标为生态指标。淤涨型海岸，围填海后的冲淤状况将对原海岸的淤涨恢复造成直接的影响，从而也间接性地影响到原海岸的生态资源。因此将冲淤指标作为其次重要指标。同时，水动力的变化也将间接性地影响到冲淤环境，生态环境，海水的自净能力，以及对污染物的稀释作用等系列方面。因此将水动力指标列为第三重要指标。风暴潮灾害是开敞式滩涂和围垦区的主要灾害，风暴潮灾害的发生对处在长江以南的淤涨型海岸产生重大影响，但由于其发生频率不高，因此在 4 个评估指标中，灾害指标的权重相对较轻，且只考虑长江口以南的围填海项目。

采用层次分析法确定 4 个关键性评价指标的权重。

根据专家打分，得到各指标重要性对比结构矩阵如下。

	生态	冲淤	水动力	灾害
生态	1	2	4	2
冲淤	1/2	1	4	3
水动力	1/4	1/4	1	3
灾害	1/2	1/3	1/3	1

由矩阵可得：

$$
特征向量=\begin{bmatrix} 0.7494 & 0.7340 & 0.7340 & 0.5811 \\ 0.5788 & 0.2458+0.4892i & 0.2458-0.4892i & -0.7718 \\ 0.2617 & -0.3062+0.1239i & -0.3062-0.1239i & 0.2427 \\ 0.1899 & -0.0291-0.2271i & -0.0291+0.2271i & -0.0885 \end{bmatrix}
$$

$$
特征根=\begin{bmatrix} 4.4458 & 0 & 0 & 0 \\ 0 & -0.0778+1.3896i & 0 & 0 \\ 0 & 0 & -0.0778-1.3896i & 0 \\ 0 & 0 & 0 & -0.2903 \end{bmatrix}
$$

归一化权重总排序如表 4-12 所示。

表4-12 长江口以南的围填海指标权重排序（滩涂生物资源）

指标	生态	冲淤	水动力	灾害
各指标权值	0.42	0.32	0.15	0.11

风暴潮灾害多发生在长江以南区域，因此长江口以北的区域，不考虑风暴潮灾害因子。利用 3×3 的结构矩阵，分析可得长江北的指标权重如下。

	生态	冲淤	水动力
生态	1	2	3
冲淤	1/2	1	3/2
水动力	1/3	2/3	1

求矩阵的特征向量和特征根

可得特征向量 $V_1=$ 0.8571 0.4286 0.2857

特征根 $D_1=3.0000$

归一化权重总排序如表 4-13 所示。

表4-13 长江口以北的围填海指标权重排序（滩涂生物资源）

指标	生态	冲淤	水动力
各指标权值	0.54	0.27	0.19

三、淤泥质海岸围填海适宜性评估模型

淤泥质海岸围填海适宜性评估模型为各适宜性评估指标的加权之和，可表示如下：

$$F = a_e E + a_s S + a_h H + a_d D \quad (4\text{-}19)$$

式中：

F——淤泥质海岸围填海适宜性指数；

E——生态系统指标得分；

S——冲淤环境得分；

H——水动力环境得分；

D——灾害得分；

a_e——生态系统指标权重；

a_s——冲淤环境指标权重；

a_h——水动力环境指标权重；

a_d——灾害指标权重。

对于淤泥质海岸围填海适宜性指数 F，当 $F \geqslant 0.8$ 时，为可围填海域；$0.5 \leqslant F < 0.8$ 时，为可适度围填海域；$F < 0.5$ 时，为不宜围填海域。

第四节　温州市龙湾高涂围垦养殖工程适宜性评估

一、温州市龙湾高涂围垦养殖工程概况

温州市龙湾高涂围垦养殖工程位于温州市龙湾区东部、瓯江口南侧的瓯飞滩，即温州湾和崎头洋西岸。工程区域东隔温州湾和崎头洋与洞头列岛相望，南至龙湾区与瑞安市分界线，西侧紧邻早期的围垦养殖塘，北与温州浅滩工程隔海相望。

温州市龙湾围垦养殖工程海堤由北堤、主堤、南堤 3 条海堤（总长 18 471 m）组成，其中，北堤在平面上与瓯江河口综合规划中的规划堤线相衔接，呈东西向布置，长度 1 165 m。主堤位于围区东侧，沿海涂涂面高程走势呈南北向布置，北侧与北堤连接过渡，南侧与南堤相接，长度 15 170 m。南堤位于围区南侧，呈东西向布置，长度 2 136 m。

二、围填海适宜性评估过程

通过分析，该项目所在海岸主导资源为滩涂生物资源，主导功能为滩涂养殖功能，因此该类岸线的最重要评估指标为生态指标。而在淤涨型海岸，围填海后的冲淤状况将对原海岸的淤涨恢复造成直接的影响，从而也间接性地影响到原海岸的生态资源，因此将冲淤指标作为其次重要指标。同时，水动力的变化也将间接性地影响到冲淤环境，生态环境，海水的自净能力，以及对污染物的稀释作用等方面，因此水动力指标列为第三重要指标。风暴潮灾害是开敞式滩涂和围垦区的主要灾害，风暴潮灾害的发生对处在长江以南的淤涨型海岸产生重大影响，但由于其发生频率不高，因此在 4 个评估指标中，灾害指标的权重相对较轻。

（一）围垦对水动力影响

涨潮流速：从涨潮平均流速来看，工程实施后浅滩纳潮量减少，因此该海域涨潮流速以减小为主；在距离主堤 1 500 m 的范围内，涨潮平均流速减小 30%～50%（纳潮闸附近除外）。在距离主堤西南 10 km 左右的区域，平均涨潮流速减小 5% 左右。越靠近主堤的区域，涨潮流速减小幅度越大。

从大范围的涨潮平均流速变化情况来看，工程影响的区域主要集中在距围堤 10 km 左右的范围内（崎头洋的局部区域），对远离围堤的潮流影响不大，对温州浅滩、洞头、灵昆等区域的涨潮流影响均不大。

主堤和北堤交角的外侧，涨潮流速略有增大，增大幅度为 5%～10%。北侧纳潮闸口外侧局部位置流速增大 5%～10%；中部纳潮闸口附近流速减小 5%～10%；南侧纳潮闸口附近流速减小 5%～10%。

落潮流速：从落潮平均流速来看，工程后浅滩纳潮量减少，因此该海域落潮流速以减小为主；在距离主堤 1 000～1 200 m 的范围内，落潮平均流速减小 30%～50%（纳潮闸附近除外）。在距离主堤西南 10 km 左右的区域，平均落潮流速减小 5% 左右。越靠近主堤的区域，落潮流速减小幅度越大。

从大范围的落潮平均流速变化情况来看，工程影响的区域主要集中在距围堤 10 km 左右的范围内（崎头洋的局部区域），对温州浅滩、洞头、灵昆等区域的落潮流影响均不大。

主堤和北堤交角的外侧，落潮流速略有增大，增大幅度为 5%～20%。北侧纳潮闸口外侧局部位置流速增大 5%～10%；中部纳潮闸口附近流速增大 5% 左右；南侧纳潮闸口附近流速增大 5% 左右。

（二）围垦对泥沙冲淤的影响

一般而言，涉海工程项目（特别是围填海工程）改变了局部海域的水流条件和含沙量分布，从而影响到海床的冲淤变化。根据模型计算结果，预测龙湾围垦养殖用海项目完成后附近海区的冲淤变化。

1. 围垦后第一年冲淤变化预测

从大范围的年冲淤变化情况来看，工程实施后，该区域以淤积为主，工程影响的冲淤变化区域主要集中在距离主堤 10 km 左右的范围内。主堤东南 10 km 的范围内第一年淤积量在 0.05 m/a 以上；离主堤 1 000 m 的范围内第一年淤积量为 0.3～0.4 m/a；靠近主堤第一年淤积量约 0.4 m/a。主堤上布置取、排水闸 8 座，4 座为取水闸，4 座排水闸。数模结果显示，闸口的水深保持较好，排水闸口年冲刷幅度为 0.1～0.30 m/a，进水口的第一年淤积幅度为 0.05～0.10 m/a。温州浅滩、洞头、灵昆等区域离工程区较远，工程实施对其冲淤影响幅度不大。

2. 围垦后最终冲淤变化预测

工程实施后，靠近堤坝附近的区域约 3～4 年基本达到初步冲淤平衡的状态；相对离堤坝较远的区域，5～8 年可达冲淤平衡状态。从累积冲淤变化情况来看，累积冲淤情况的分

布趋势与第一年的冲淤情况一致，越靠近主堤淤积越厚，主堤堤脚附近最终淤积量为 0.9～1.2 m，围垦工程对围堤东南方的崎头洋整体造成的淤积幅度为 0.2～0.3 m。

排水闸口以冲刷为主，最终冲刷幅度为 0.6 ～ 0.8 m；进水口附近略有淤积，最终淤积幅度为 0.2～0.5 m 不等。总体上说，排水和进水闸口附近的水深变化不大。

3. 围垦对海洋生物的影响

本规划项目施工期间，筑堤等施工活动将会对项目所在海域的海洋生态环境造成一定的负面影响。22.97 km^2 围区内筑堤将损失自然潮间带生物量为 8.86×10^5 kg 和 2.74×10^{10} 个。根据《建设项目对海洋生物资源影响评价技术规程》（SC/T9110 — 2007），底栖生物损失的估价为 2 500 元 / t，本规划实施后底栖生物经济损失约为 221.5 万元。

围垦区永久性占用海域按影响持续时间 20 年以上计算，补偿计算时间不应低于 20 年。因此本项目需要生态补偿金额为 4 430 万元，占工程投资总额的 2.5%。

4. 围垦对风暴潮增水的影响

温州市龙湾围垦工程，对温州沿海附近的海洋动力环境状况影响较大，也直接影响到了风暴潮过程，因此有必要对温州龙湾围垦工程前后风暴潮变化情况进行研究。利用所建立的经过充分检验的台风风暴潮模型，对 3 种类型的 6 个有代表性的典型台风过程，分别采用与模拟时同样的台风参数，逐一对温州龙湾围垦工程后的风暴潮进行计算，考察围堤附近各控制点在工程前后单站、点台风过程最大增、减水（减水只对典型的台风个例 1981 年 8114 号台风进行）的绝对差值（工程后的计算值减去工程前的模拟值）和相对差值（绝对差值与工程前模拟值之比），从中分析围垦工程对台风增、减水的影响。

考察温州以南登陆型 4 次台风（9417 号、9608 号、0216 号、0608 号台风）工程前、后增水，温州以北登陆的典型台风（9711 号台风）工程前、后增水，海上转向台风（8114 号台风）工程前、后增水，可以发现，不同台风类型所造成的围堤前沿风暴潮增减水变化率也不同，工程后风暴潮增、减水有增有减，但总的来说工程后的风暴潮增减水变化率在 0.4%～8.0% 之间。

三、温州龙湾高涂养殖围垦工程适宜性评估结果

通过以上论述可以得到：① 冲淤变化判别：淤涨速度较慢在 30 m/a 以内，指标得分在 0～0.5 分区间内，插值计算得分为 0.4 分；围垦后恢复年限为 5 年左右，指标得分在 0.2 ～ 0.8 分区间内，插值计算得分为 0.7 分；计算可得，冲淤变化指标得分为 0.55 分；② 水动力变化判别：规划围堤处泥沙启动流速约 0.5 m/s，而数模计算得到最大流速约 0.7 m/s，指标得分在 0.2～0.8 分区间内，插值计算得分为 0.44 分；③ 生态指标判别：生态补偿金额占投资百分数为 2.5%，指标得分在 0.2～0.8 分区间内，插值计算得分为 0.47 分；④ 灾害指标判别：规划围堤处的最大增、减水变化率为 1%< 流速 <10%，计算可得，灾害指标得分为 0.7 分。根据权重计算综合得分为 0.52 分，最终得到的结论是：本项目为可适度围垦。

第五章　红树林海岸围填海适宜性评估方法与实践

第一节　我国红树林分布与红树林海岸环境特征

红树林群落生长在陆地和海洋交界带的淤泥质滩涂上，是陆地向海洋过渡的一种独特的森林生态系统。红树林湿地是以红树林群落为核心的一种特殊的湿地类型，是一种海岸生态关键区（Ecologically Critical Area，ECA），由于生产力高、生物活动高度集中，对维持生物多样性和资源生产力有特别重要的作用。

红树林的传统利用包括在红树林区及附近水域捕获或养殖鱼、虾、贝等海产品，是当地居民蛋白质的重要来源。20 世纪 70 年代以来，随着红树林研究的深入，人们已逐步认识到红树林在维持热带、亚热带地区渔业和生物多样性的重要性。红树林海岸具有强大的固滩护堤和消耗风浪能量的作用，能防止污染、过滤陆源入海污染物、减少海域赤潮的发生。红树林对海岸的防浪护岸、维持海岸生物多样性和渔业资源、净化水质、美化环境等有显著的作用。红树林为世界上四大高生产力海洋生态系统之一，蕴藏着丰富的生物资源和生物多样性，具有巨大的生态效益，在全球生态平衡中起着不可替代的重要作用。

红树林湿地分布于沿海热带、亚热带海岸港湾、河口湾等受掩护水域，其纬度分布主要受温度控制，包括气温、海水表层温度、霜冻频率等。同时寒流或暖流的存在影响气温、水温及红树植物繁殖体的传播，从而影响其分布。我国红树林分布于海南、广西、广东、福建、浙江、台湾、香港、澳门等地。其分布的北界为浙江乐清湾（28° 25′ N），为 20 世纪 50 年代秋茄向北引种，是我国红树林最北的地标性物种标志。自然生长分布的北界为福建北部的福鼎市（27° 20′ N）。我国红树林分布南界在海南岛南岸，南海诸岛虽然气候条件环境适宜，但未能形成红树林群落。中国的红树林在历史上曾达到 25×10^4 hm^2，20 世纪 50 年代为 4×10^4 hm^2 余。一般认为中国现有的红树林面积在 1.5×10^4 hm^2 左右。2001 年的全国红树林林业调查数据表明中国现有红树林的总面积为 22 639 hm^2，其中，内地 22 025 hm^2，港、澳、台 614 hm^2。

我国现存红树林中，绝大部分为次生林，只有约 8% 的红树林基本处于原始状态，超过 90% 的红树林受到不同程度的人为干扰，其中 1/3 的红树林为受人为干扰极大的残次林，约有 80% 的红树林是被堤坝与陆岸隔开。总体上，我国红树林的面积较小，但我国红树林分布区位于世界红树林分布区的北缘，对研究世界红树林的起源、分布和演化等有特殊的价值。

我国现有红树林主要分布在广东，广西和海南 3 个南方沿海省区。三省区红树林面积合计达到 21 389 hm^2，占中国红树林总面积的 94.48%。其中主要的红树林集中区为广东省

雷州半岛海岸、广西北部湾海岸和海南岛东海岸的琼山市和文昌市，这三个区域的红树林面积占中国红树林总面积的81%。广西和广东海岸红树林资源量，分别为5.6 hm^2/km 和4.8 hm^2/km，平均为5.2 hm^2/km。我国红树林的详细分布如图5-1和表5-1所示。

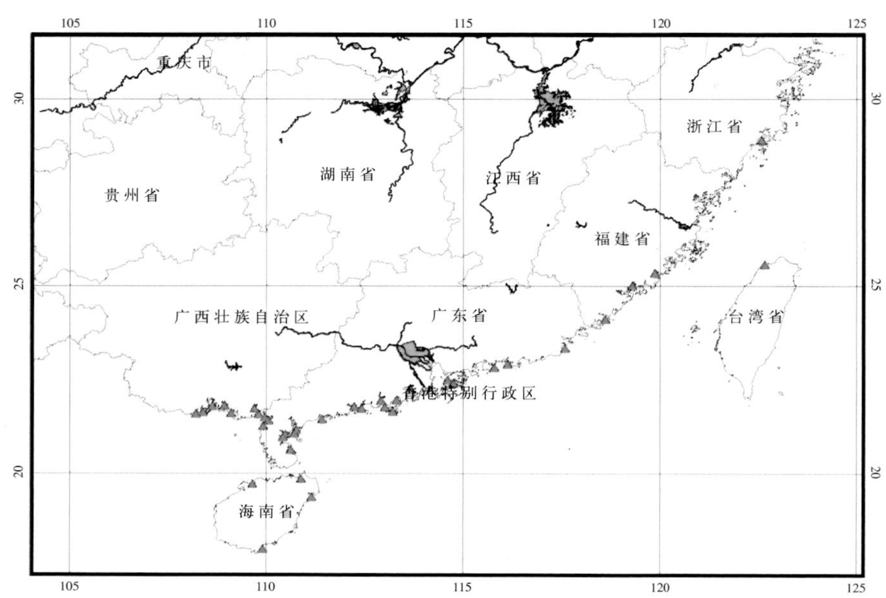

图5-1 我国主要红树林区分布

表5-1 中国红树林面积分布

省份	红树林面积（hm^2）
广东	9 084
广西	8 374.9
海南	3 930.3
福建	615.1
浙江	20.6
台湾	287
香港	263
澳门	64
全国总计	22 638.9

*注：2001年全国红树林资源调查

大量资料表明，围垦是造成全球红树林锐减的主要原因。联合国粮农组组织《1980—2005年世界红树林》报告指出，1980年全球红树林面积为 $1\ 880\times10^4 hm^2$，到2005年已减少至1 520 hm^2，25年全球红树林面积减少了 $360\times10^4 hm^2$，占全部面积的1/5；尽管红树林减少速度近年来有所放缓，但就整体数量而言，红树林的损失仍然十分巨大。亚洲红树林损失

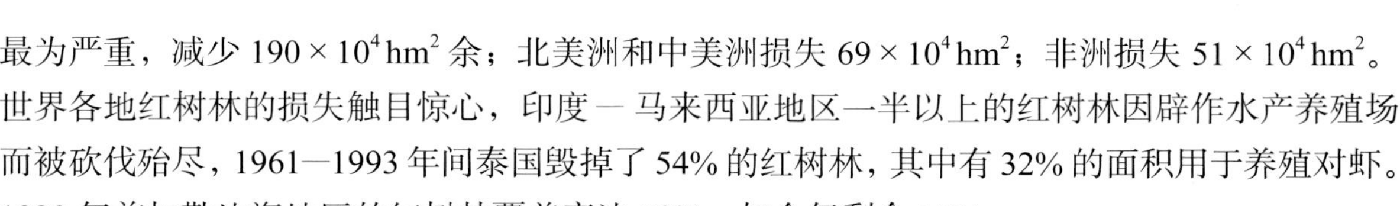

最为严重，减少 $190 \times 10^4 hm^2$ 余；北美洲和中美洲损失 $69 \times 10^4 hm^2$；非洲损失 $51 \times 10^4 hm^2$。世界各地红树林的损失触目惊心，印度—马来西亚地区一半以上的红树林因辟作水产养殖场而被砍伐殆尽，1961—1993 年间泰国毁掉了 54% 的红树林，其中有 32% 的面积用于养殖对虾。1920 年前加勒比海地区的红树林覆盖率达 50%，如今仅剩余 15%。

近 40 年来全国以围海造田、造地和发展滩涂养殖业为目的的大规模围垦，使沿海累计丧失海滨滩涂湿地约 $219 \times 10^4 hm^2$，相当于沿海湿地总面积的 50%。1980 年以来，全国红树林面积减少达 12 923.7 hm^2。围垦是我国红树林面积减少的主要原因之一，20 世纪 60 年代的围海造田运动，造成中国红树林的一次较大规模的破坏；80 年代以来在红树林滩涂上开塘养殖；90 年代以来的城市化、港口码头建设及开发区的建设使红树林再次受到大面积破坏。近 15 年来，我国的海洋水产养殖业蓬勃发展，围塘养殖热给红树林资源带来灾难性的破坏。例如，海南东寨港国家红树林自然保护区内 20 世纪 80 年代后期，就有近 200 hm^2 的红树林因围塘而消失。海南澄迈县的东水港为了发展养殖业，毁灭红树林 157 hm^2；90 年代初，广西沿海有养殖塘 2 557 hm^2，其中大部分来自于对红树林区的围垦。广西钦州港岛群红树林区的湾汊红树林被围垦用于养虾，原先著名的水路相通的“七十二泾”风景区如今水路连通不到四十泾。

港口、城市用地和工业用地是近年来海滨城镇附近红树林遭受破坏的一个重要方面。1989 年防城东兴修建竹山边贸码头填掉我国国界线上生长最茂盛的桐花树林，广西钦州港的建设已填掉红树林约 60 hm^2。我国最南端的城市海南三亚市因新市区的扩建，沿岸红树林滩涂被填平造河堤及高速公路，三亚河两岸原有茂密的红树林带已变稀疏，有的河段红树林已经消失。20 世纪 50 年代，厦门约有 320 hm^2 红树林湿地，由于围海造田、围滩养殖和码头、道路的建设，有 90% 以上的天然红树林丧失，只剩下不足 13.3 hm^2。深圳市城市发展曾占用深圳红树林自然保护区 48% 的土地，毁掉的红树林占原有红树林的 32%，由于改变了保护区周边的自然环境，损失了保护区的环境质量，从 1993 年到 1998 年的 5 年中，保护区陆鸟种类减少 45%，密度下降了 39%，深圳妈湾油码头建设填埋毁林 33 hm^2。1993 年北海市建设合浦金滩新城，因道路建设被填埋的红树林约 30 hm^2，工程范围内剩余的约 100 hm^2 的红树林和附近的红树林都发生明显退化的迹象。类似的毁林建设各地均有不同程度发生，严重破坏了红树林资源。

随着人们环保意识的提高，人们逐渐认识到红树林资源和保护的重要性。国际上公认，保护和维持红树林生态系统最有效的方法是建立自然保护区。自 1975 年香港米埔红树林湿地被指定为自然保护区，1980 年建立东寨港省级红树林自然保护区以来，我国对红树林的保护工作逐步完善。至今，我国大陆地区陆续建立了以红树林为主要保护对象的自然保护区 20 个（不包括台湾和香港），如表 5-2 所示，其中，国家级 6 个，海南 1 个、广西 2 个、广东 2 个、福建 1 个；省级 5 个，海南、广东、广西各 1 个、福建 2 个；县市级 9 个，海南 5 个、广东 4 个。保护区总面积约 $6.50 \times 10^4 hm^2$，其中，红树林面积约 $1.65 \times 10^4 hm^2$，占中国现有红树林面积的 74.8%，为我国红树林湿地的有效保护提供了重要基础。此外我国还有台湾的淡水河口、关渡和香港米埔的红树林保护区，有一批红树林湿地被列入国际重要湿地名录，如海南东寨港、广东湛江、香港米埔、广西山口等红树林湿地。目前，我国所有的真红树植物和半红树植物均在保护区得到了较好的保护。保护区为大量的珍稀鸟类提供了越冬和栖息地，是我国

红树林资源保护的主体。此外，保护区还是开展科学研究、进行宣传教育的良好场所。香港米埔红树林保护区受 WWF 的资助，已发展成为一个国际性的红树林保护和教育基地。我国红树林保护区工作的迅速发展，对红树林资源的管理、保护、利用和恢复起到一定的积极作用。

表5-2　中国红树林保护区

保护区名称	所在地	面积/（hm^2）	红树林面积/（hm^2）	级别	成立时间（年）	主管部门
海南东寨港国家级自然保护区	海南海口	3 337	1 733	省级	1980（省级）	林业
				国家级	1986（国家级）	林业
福田红树林鸟类自然保护区	广东深圳	304	82	国家级	1988	林业
广西山口国家级红树林生态自然保护区	广西合浦	8 000	806.20	国家级	1990	海洋
广东湛江红树林国家级自然保护区	广东湛江	20 278.80	7 256.50	国家级	1997	林业
广西北仑河口国家级自然保护区	广西防城港	2 680	1 131.30	国家级	2000	海洋
福建漳江口国家级红树林湿地自然保护区	福建云霄	2 360	83.30	省级	1997（省级）	林业
				国家级	2003（国家级）	林业
海南清澜省级自然保护区	海南文昌	2 948	1 223.30	省级	1988/1981	林业
福建九龙江口红树林省级自然保护区	福建龙海	600	297.30	省级	1988	林业
福建泉州湾河口湿地省级自然保护区	福建泉州	7 039	17	省级	2003	林业
广东珠海淇澳-担杆岛自然保护区	广东珠海	7 363	193.30	省级	2002	林业
广西钦州市茅尾海红树林自然保护区	广西钦州	2 784	1 892.70	省级	2005	林业
海南儋州东场红树林保护区	海南儋州	696	478.40	县市级	1986	林业
海南澄迈花场湾红树林自然保护区	海南澄迈	150	150	县市级	1995	海洋
海南儋州新英红树林自然保护区	海南儋州	115	79.10	县市级	1992	林业
海南临高彩桥红树林自然保护区	海南临高	350	85.80	县市级	1986	林业
海南三亚市红树林保护区	海南三亚	923.70	59.70	县市级	1989	林业
广东电白县红树林自然保护区	广东电白	1 905	150.90	县市级	1999	林业
广东茂名市水东湾红树林自然保护区	广东电白	1 999	607	县市级	1999	林业
广东惠州市惠东红树林自然保护区	广东惠州	533.30	136	县市级	2000	林业
广东恩平市镇海湾红树林自然保护区	广东恩平	66.70	134.30	县市级	2005	林业
合计		64 432.50	16 579.10			

第二节 红树林海岸围填海适宜性评估方法

一、红树林海岸围填海适宜性等级划分

红树林海岸是典型的生物海岸，红树林分布区为生态敏感区，是海洋生物物种高度丰富的区域，珍稀、濒危海洋生物物种的天然集中分布区域。根据《中华人民共和国海洋环境保护法》及相关的法规，严禁围填或其他人类活动的干扰和破坏。我国现有的红树林除了自然保护区外，还有大量连片成林的红树林，原则上红树林分布区是禁止围填的区域。

红树林海岸围填海的适宜性可分为如下 3 个等级。

（一）Ⅰ级 可围填区

围填区符合海洋功能区划、围填项目符合国家产业政策和产业规划，围填海不占用红树林生长林地，不影响红树林生态环境，不造成红树林退化，环境和资源条件允许实施围填。

红树林资源限制性指标：围填不占用红树林生长林地。

（二）Ⅱ级 限制围填区

围填区符合海洋功能区划、围填海项目符合国家产业政策和产业规划，但围填区有少量红树林分布，或对红树林生态环境有一定负面影响，环境资源条件允许可慎重围填，但需采取生态补偿、生态修复手段以及有效的环境保护措施，减少对生态环境的影响。

红树林资源限制性指标：围填区损失的红树林应小于当地红树林平均资源量，最高不得超过平均资源量的 2 倍。

（三）Ⅲ级 禁止围填区

国家级、省级红树林保护区、具有红树林和其他濒危珍稀物种以及具有地标意义的红树林物种，为禁止围填区。围填区不符合海洋功能区划，法规明确禁止围填的区域，或环境资源条件不允许进行围填。围填海占用红树林林地，破坏红树林生态系统，导致生态环境产生不可恢复的严重损失。

红树林资源限制性指标：围填区损失红树林超过当地红树林平均资源量的 2 倍以上。

围填海涉及红树林生态敏感区，尤其是连片成林形成生态系统和特有景观的，原则上是不能围填的，然而目前国家和地方建设项目的用海用地与环境保护的矛盾突出，围填海涉及红树林分布数量较少的，分布稀疏，或不成林的可限制围填，但必须采取生态补偿措施，异地保育红树林，以保护红树林这一宝贵资源。目前红树林育苗栽培技术已比较成熟，我国已有许多地方人工育林获得成功，具有可行性。红树林海岸围填海适宜性评估模式如图 5-2 所示，采用基于 GIS 的图形叠置法，将围填海规划范围与红树林分布区图层叠置，分析围填海规划对红树林资源的空间占用影响，由水动力、环境、生态等综合调查提供的资料，分析敏感区的影响，采用评估指标体系评估，按综合指数划分围填海的适宜性等级。围填方案的评估指数为Ⅰ级，可以实施围填，采取相应的环境保护措施，减少对生态环境的压力。评估指数Ⅱ级，为限制围填，对红树林有一定的破坏作用，需采取相应的生态补偿、生态修复措施，减

少对生态环境的影响。指数为Ⅲ级为严禁围填，应放弃，如有必要，需调整围填项目和规模，重新规划评估，使之符合Ⅰ级或Ⅱ级的要求，方可实施。

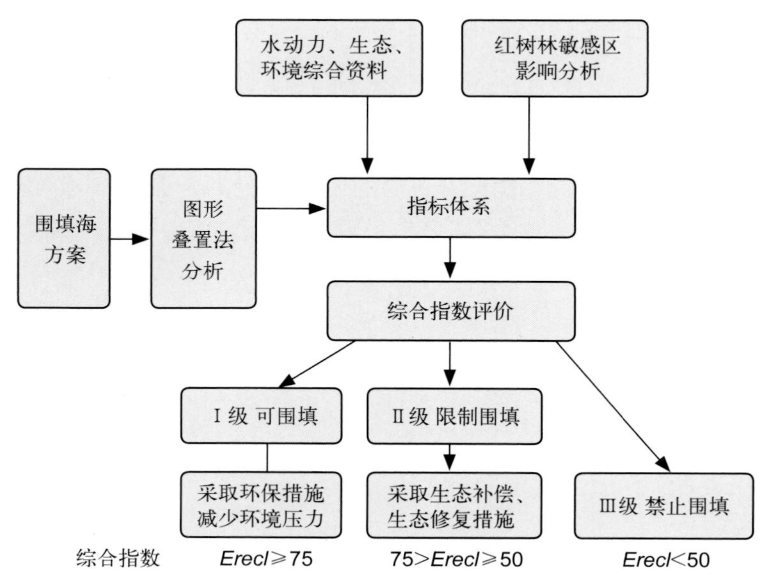

图5-2 红树林海岸围填海评价模式

二、红树林海岸围填海适宜性评估指标

根据红树林生物海岸的资源和生态特点，以及围填海对红树林生态的影响，评估指标选取红树林资源、环境、生态和经济4个方面，各方面依据其在指标体系中的重要性设置权重，分别为红树林资源45%、环境15%、生态25%和经济15%。红树林资源分层指标主要考虑围填区内涉及占用红树林林地的情况，由林地损失、护岸功能损失、景观损失指数表示。环境与生态主要考虑围填海对红树林生态环境的影响，水动力指标选用对红树林生态环境影响较为明显的冲淤指标，生态指标采用多样性指数和生态敏感指数。经济指标评估围填海造成生态服务功能的损失和成本与收益的损益比。红树林海岸围填海适宜性评估指标体系如图5-3所示。

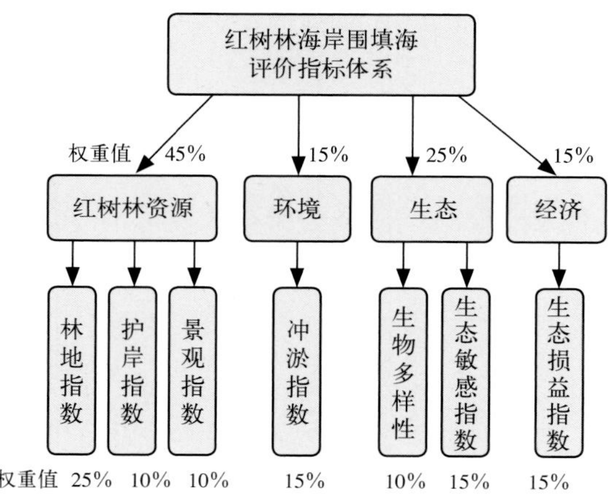

图 5-3 红树林海岸围填海评价指标体系

（一）红树林资源

红树林资源指标主要考虑围填区内涉及占用红树林林地的资源损失，由于围填占用红树林林地，造成红树林资源的损失，同时也造成沿岸红树林护岸功能的损失和红树林天然景观的损失，因此采用围填区林地指数、护岸和景观指数三项指标表示围填海对红树林资源的破坏程度。

1. 林地指数

由 3S（遥感 RS、地理信息系统 GIS、全球定位系统 GPS）技术获取的红树林分布图与围填海规划图的叠图分析计算出围填区原有岸线长度、围填区内的红树林分布面积。由公式（5-1）计算红树林林地损失指数：

$$ML = S/L \quad (5\text{-}1)$$

式中：

ML——林地指数（hm^2/km），表达为围填区内每千米岸线（*L* 岸线）围填区内红树林面积（*S* 红树林）的公顷数。

林地指数标准参照广西和广东的岸线红树林资源量的平均值，取 5.0 hm^2/km。由于广西和广东岸线红树林分布较为集中，可代表红树林海岸的特征。

2. 护岸指数

沿岸生长的红树林具有护岸功能，由叠图分析计算出围填区红树林占有岸线的长度和围填区岸线长度，以红树林占有岸线与岸线之比为护岸指数，如公式（5-2）所示：

$$MH\ (\%) = l/L \quad (5\text{-}2)$$

式中：

MH——护岸指数；

l——红树林海岸长度；

L——区域海岸长度。

围填区内红树林占有岸线的比例高，其护岸功能强，围填造成的红树林护岸功能的损失程度就越严重。

3. 景观指数

由围填区内的红树林林地指数和护岸指数，以及围填对红树林景观的影响程度，评价红树林景观的等级。

红树林资源评价的林地指数、护岸指数和景观指数的评价标准、权重和指数值如表 5-3 所示。

表5-3 红树林资源评价指标

指标	标准	评价指数
林地指数（hm^2/km）	0（围填区未有红树林分布）	25
	≤5	13
	≤10	6
护岸指数（%）	0（围填区岸线未有红树林分布）	10
	≤15	5
	≤30	3

续 表

指标	标准	评价指数
景观指数	围填对红树林景观没有影响	10
	有一定影响	5
	有破坏性影响	3

红树林资源的评价为：以上三项指数之和不小于 34，可围填；以上三项指标之和大于等于 23 而小于 34，为慎重围填；以上三项指数之和小于 23，为不宜围填，应放弃。

（二）冲淤环境指标

围填造成对红树林的影响，主要是水文动力条件改变，造成冲淤环境的影响，在海湾地区主要是纳潮量减小和泥沙淤积，长期的淤积会抬高影响滩面，改变红树林的宜林滩地的地质组成，影响红树林生态系统结构，造成红树林的退化。

冲淤由数模得出的数据按公式（5-3）计算：

$$S_e = \frac{\sum |S_n|}{n} \quad \cdots\cdots (5\text{-}3)$$

式中：

S_e——特征点冲速率平均改变量；

S_n——与现状相比第 n 个特征点冲淤速率的改变量（cm/a）。

n——特征点数量，如表 5-4 所示。

表5-4　环境冲淤评估指标

指标	标准	评价指数
冲淤（cm/a）（≤）	5	15
	10	8
	20	4

冲淤指标不小于 11，为可围填；冲淤指数大于等于 8 而小于 11，为慎重围填；冲淤指数小于 8 时，为不宜。

（三）生态指标

围填海造成对海洋生态的影响主要包括围填区内底栖生物、海岸植被、滨海湿地、鸟类等重要生境。为便于指标评价对比，选择栖息地较为稳定的底栖生物多样性指数为评价指标，同时设定生态敏感指数分析评价围填海对红树林生态敏感区的影响，包括国家级保护动物、珍稀物种，以及重要物种的产卵场、育幼区等，如表 5-5 所示。

表5-5 生态评价指标

指标	标准	评价指数
生态敏感指数（红树林等生态敏感区及珍稀濒危生物影响分析）	影响较小	15
	有一定影响	8
	负面影响较大	4
底栖生物多样性指数	≤ 1	10
	2～3	5
	＞ 3	3

生态指标的评价为：以上二项指数之和不小于 19，可围填，以上二项指数之和大于等于 12 而小于 19，为慎重围填，以上二项指数之和小于 12，为不宜围填，应放弃。可结合其他指标进一步综合评价。

多样性指数采用 Shannon-Wiener 多样性指数（H'），计算公式为：

$$H' = -\sum_{i=1}^{s} p_i \log_2 p_i \quad \cdots\cdots (5\text{-}4)$$

式中：

p_i——第 i 种的个体数与样品总个体数的比值。

（四）生态损益指标

经济指标采用单位围填海面积的成本与收益计算损益，由于生态系统服务功能价值损失计入围填海成本，其价值损失占单位成本比重的大小，直接反映出损益指数的变化，故称生态损益指标如表 5-6 所示。

表5-6 生态损益指标

指标	标准	评价指数
围填海益/损比	＞1	15
	0.75～1	8
	≤0.75	4

生态系统服务功能价值估算方法

围填海造成的生态系统服务功能损失包括对围填区生态系统供给功能、调节功能、文化功能和支持功能的影响。其中，供给功能主要为物质生产功能；调节功能主要包括气体调节、干扰调节、废物处理功能；文化功能主要为娱乐休闲和科研教育功能；支持功能主要为生物多样性的维持等。

1．供给功能

根据海域初级生产力与软体动物的转化关系、软体动物与贝类产品重量关系及贝类产品在市场上的销售价格、销售利率等建立初级生产力的价值评估模型。

计算模型为：

$$V_P = \sum \frac{P_0 E}{\delta} \sigma P_s S \quad (5\text{-}5)$$

式中：

V_P —— 物质生产功能价值；

P_0 —— 单位面积海域的初级生产力（以碳计）；

E —— 转化效率，即初级生产力转化为软体动物的效率；

δ —— 贝类产品混合含碳率；

σ —— 贝类重量与软体组织重量的比（通过这个系数，可以将软体组织的重量转化为贝类产品的重量）；

P_s —— 贝类产品平均市场价格；

S —— 可收获面积。

根据 Tait R V 对近岸海域生态系统能流的分析，10% 的初级生产力会转化为软体动物；卢振彬等的研究表明，软体动物混合含碳率为 8.33%，各类软体组织与其外壳的平均重量比为 1∶5.52。根据市场调查，贝类产品平均市场价格为 10 元 /kg，销售利润率为 25%。

2．调节功能

1）气体调节功能

生态系统对于气体的调节作用主要体现在植物光合作用固定大气中的 CO_2，向大气释放 O_2，光合作用化学方程式：

$$6\,CO_2(264g)+12\,H_2O(108g)\xrightarrow{\text{太阳能}}C_6H_{12}O_6(108g)+6\,O_2(193g)\longrightarrow \text{多糖}(162g) \quad (5\text{-}6)$$

植物生产干物质 162 g，可吸收 264 g CO_2，释放 193 g O_2；根据 CO_2 分子式和原子量，则固定 CO_2 量 = 固定 C 量 ÷0.2729，释放 O_2 的量 = 固定 CO_2 量 $\times \frac{193}{264}$，即释放 O_2 的量 = 固定 C 量 $\times \frac{193}{264} \div 0.2729 =$ 固定C量 $\times 2.6806$。气体调节价值包括固定 C 的价值与释放 O_2 的价值两部分，即

$$Va = (C_C + 2.6806\, C_{O_2})x_c \quad (5\text{-}7)$$

式中：

Va —— 气体调节功能价值；

C_C、C_{O_2} —— 固定 C、释放 O_2 的成本；

x_c —— 年固定 C 的量；

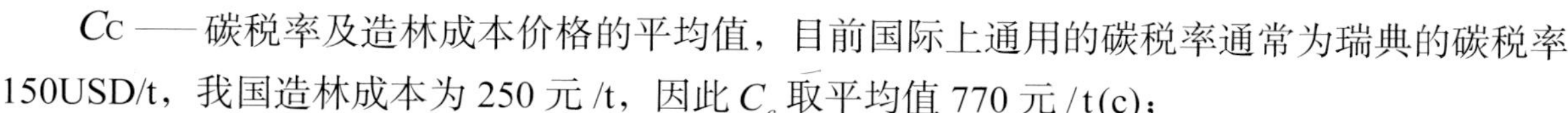

C_C —— 碳税率及造林成本价格的平均值，目前国际上通用的碳税率通常为瑞典的碳税率150USD/t，我国造林成本为 250 元 /t，因此 C_c 取平均值 770 元 / t(c)；

C_{O_2} —— 造林成本价格及工业制氧价格的平均值，我国造林成本为 359.93 元 /t，根据陈应发等人的研究，制造 O_2 的成本为 0.4 元 / kg (段晓男等，2005)，即 C_{O_2} 取平均值为 376.47 元 / t(O_2)。

2）干扰调节

海岸带的干扰调节功能主要表现在海岸线稳定，从而削弱风暴的破坏，因此本研究采取防护费用法估算干扰调节价值。计算公式：$V_{st} = CL$，V_{st} 为干扰调节功能价值；C 为建筑单位长度堤坝的成本；L 为围填海占用的天然岸线长度。

3）废物处理功能

围填海工程会直接改变区域的潮流运动特性，引起泥沙冲淤和污染物迁移规律的变化，减小水环境容量和污染物扩散能力，并加快污染物在海底积聚，因此围填海工程破坏或削弱了海水体自净功能。废物处理的价值估算采用替代工程法，将损失的环境容量转化为生活污水量，进而以人工去除数量污水的成本进行估算。

估算模型：

$$V_d = \frac{X(C_i - C)P}{C_w} \quad \cdots\cdots (5\text{-}8)$$

V_d —— 废物处理功能价值；

X —— 围填海引起的净水交换损失量；

C —— 海水 COD 背景浓度值，

C_i —— 海水污染物控制目标；

P —— 单位生活污水处理成本；

C_w —— 生活污水中平均 COD 浓度。

生活污水处理价格取 0.9 元 /m^3；COD 控制目标取海水二级标准，即为 3.00 mg/L，生活污水中 COD 的平均浓度约为 150 mg/L。

3．文化功能

1）娱乐休闲

本研究采取成果参照法，根据谢高地等 (2003) 对我国生态系统各项生态服务价值平均单位的估算结果，我国湿地、农田、森林生态系统单位面积的娱乐休闲功能分别为 4 910.9 元 /($hm^2 \cdot a$)、8.8 元 / ($hm^2 \cdot a$)、1 132.6 元 / ($hm^2 \cdot a$)。

2）科研教育功能

滩涂及浅海生态景观具有很高的旅游价值，旅游资源潜力很大。本研究取我国单位面积生态系统的平均科研价值和 Costanza 等对全球湿地生态系统科研文化功能价值评估的平均值作为其单位面积科研价值。根据陈仲新和张新时等 (2000) 对我国生态效益价值的估算，

我国单位面积生态系统的平均科研价值为 382 元 /hm^2，Costanza 等 (1997) 对全球湿地生态系统科研文化功能评估的平均值为 861USD / (hm^2 · a)，因此取两者的平均值得到平均价值为 3 897.8 元 / (hm^2 · a)。即科研教育功能价值计算公式为：$V_r = \sum 3\,897.8\, S_1$，式中 V_r 为科研教育功能价值；S_1 为湿地面积。

4. 支持功能

滩涂是许多生物的生息繁衍，许多水鸟的越冬场所。湄洲湾是一典型的滨海湿地生态系统，是许多鸟类和海洋生物的重要栖息地，生物多样性价值高。

生物多样性分为基因多样性、种群多样性和生态系统多样性。生物多样性维持价值包括生态系统在传粉、生物控制、庇护和遗传资源 4 方面的价值。湿地和海岸带在生物庇护方面表现出极高的生态经济价值。由于资料有限，本研究采取成果参照法估算生物多样性价值，根据谢高地对我国生态系统各项生态服务价值平均单价的估算结果，我国湿地、农田、森林生态系统单位面积的生物多样性维持价值分别为 2 122.2 元 / (hm^2 · a)、628.2 元 / (hm^2 · a)、2 884.6 元 / (hm^2 · a)。

单位面积围填海效益 P 为：

$$P = P_0 + \sum_{t=1}^{50} \frac{P_x}{(1+i)^t} \qquad (5\text{-}9)$$

式中：

P_0 —— 当地基准地价；

P_x —— 每年土地对经济的贡献，通常取 $P_0 \times 10\%$；

i —— 贴现率，统一按 4.5% 计算；

$t = 1,\ 2,\ \cdots,\ 50$ —— 土地使用年限，取 50 年。

单位面积围填海成本 C 为：

$$C = C_0 + \sum_{t=1}^{t=50} \frac{C_0 \times 2\%}{(1+i)^t} + \sum_{j=1}^{m} C_{roj} + \sum_{k=1}^{n} C_{eok} + \sum_{t=1}^{50} \left[\sum_{j=1}^{m} \frac{C_{roj}}{(1+i)^t} + \sum_{k=1}^{n} \frac{C_{eok}}{(1+i)^t} \right] \quad \cdots \quad (5\text{-}10)$$

式中：

C_0 —— 单位面积围填海成本；

$C_0 \times 2\%$ —— 每年维护成本，

i —— 贴现率，统一按 4.5% 计算；

$t = 1,\ 2,\ \cdots,\ 50$ —— 土地使用年限，取 50 年；

j，k —— 所估算的资源和生态系统服务的类型；

m，n —— 所估算的资源和生态系统服务的类型数；

C_{roj} —— 单位围填海面积产生的第 j 类资源的年损失额；

C_{eok} —— 单位围填海面积产生的第 k 类生态系统服务的年损失额。

采用生态损益指标评估生态适宜性，如果生态损益指标大于1，则说明围填海产生的效益大于围填海的成本和生态服务功能的损失，如果生态损益指标小于1，则说明围填海产生的效益小于围填海的成本和生态服务功能的损失，生态效益差。

三、 红树林海岸围填海适宜性评估模型

按下式计算红树林海岸围填海适宜性评估指数：

E_{recl}= 红树林资源指数 + 冲淤评价指数 + 生态评价指数 + 生态损益评价指数 …（5-11）

式中：

E_{recl}——围填海影响综合评价指数，E_{recl} 范围为 0～100。当 $E_{recl} \geqslant 75$ 时，表明围填海的影响轻微，为Ⅰ级，可以实施围填；当综合指数 $E_{recl} \geqslant 50$，但 $E_{recl} < 75$ 时，表明围填海存在影响，为Ⅱ级，限制围填；当综合指数 $E_{recl} < 50$，表明围填海负面影响严重，为Ⅲ级禁止围填。

第三节 防城港红树林海岸围填海适宜性评估

一、防城港海域的用海需求和围填海方案

由于北部湾经济区建设和构建海上国际大通道对港口开发的迫切需求，防城港作为广西的第一大港口，又是我国沿海的主要港口之一，独特的区位优势和岸线资源，使之成为广西发展港口、拓展海上通道的首选。同时根据北部湾经济区临港产业布局规划，防城港以打造千亿元产业为目标，已形成仓储、粮油、饲料加工工业区，并在构建钢铁、电力、石化产业链；一大批国家重大建设项目及配套的码头正在兴建和推进中，主要包括防城港发电厂、千万吨级钢铁项目、煤化工等大型工业项目；加上疏港通道和城市化建设，防城港近期和远期规划的用海用地需求已达到相当规模。大规模的围填海造成水动力条件的改变和大量滨海湿地的丧失，必然对海洋生态环境和海洋渔业产生不利的负面影响，尤其是防城港的东、西湾均分布有红树林的生态敏感区，红树林是国家重点保护的濒危物种，应加以足够的重视与关注，采取有效的保护措施，确保沿海经济与环境的协调发展。

防城港的围填海是广西北部湾海域发展深水港、港口城市和临海工业基地建设的重要项目，防城港分东、西湾，湾内海域总面积 115 km^2，规划围填海的工程项目包括港口区、工业区和城市建设，规划围填区的位置分布如图 5-4，规划围填的总面积 31.60 km^2，占海湾面积的 27.5%，围填区的填海面积及主要用途如表 5-7 所示。

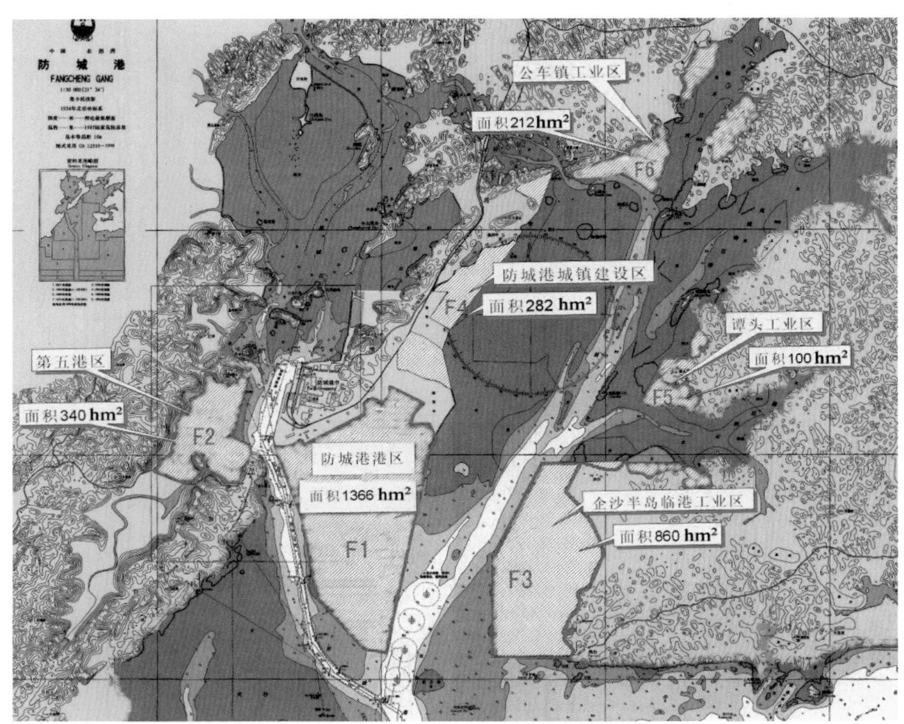

图5-4　防城港规划的工程填海区分布

表5-7　防城港规划填海区域面积与用途

编号	名称	围填面积（hm^2）	主要用途
F1	防城港港区	1 366	港区码头开发
F2	第五港区	340	港区开发
F3	企沙半岛临港工业区	860	钢铁基地及配套码头
F4	防城港城镇建设区	282	城市建设
F5	防城港电厂	100	电厂及配套码头
F6	公车镇工业区	212	工业开发区
合计围填海面积		3 160	

防城港海域的围填海工程包括了港区、临港工业区和城市建设，规模较大的为防城港港区和企沙半岛临港工业区，主要是为了适应北部湾经济区发展，港口国际大通道和临海工业产业布局的需求，防城港围填海规划布局，充分考虑到发挥深水港的优势同时兼顾环境保护，根据海湾水动力潮汐运动的特点，将大型的港区、临港工业区主要布局在海湾湾口朝外的部位，有利于水体的交换，湾内的布局也尽量沿岸线分布，减少对海湾自然形态的破坏，对湾内的红树林集中分布区也设定了专门的保护区。但由于总体围填海的规模较大，围填面积占海湾总面积的27.5%，难免对海湾的水动力、环境和生态产生较大的负面影响。

二、防城港围填海适宜性评估

（一）红树林资源适宜性评估

红树林资源指标主要考虑围填区内涉及占用红树林林地的资源损失。由于围填海占用红树林林地、造成红树林资源的损失，同时也造成沿岸红树林护岸功能的损失和红树林天然景观的损失。

由 3S 技术获取的防城港海域红树林分布图与围填海规划图的叠图分析如图 5-5 所示，计算出围填区原有岸线长度、围填区内的红树林分布面积和红树林占有岸线的长度数据。以此获得防城港各围填区的林地指数、护岸指数指如表 5-8 所示。

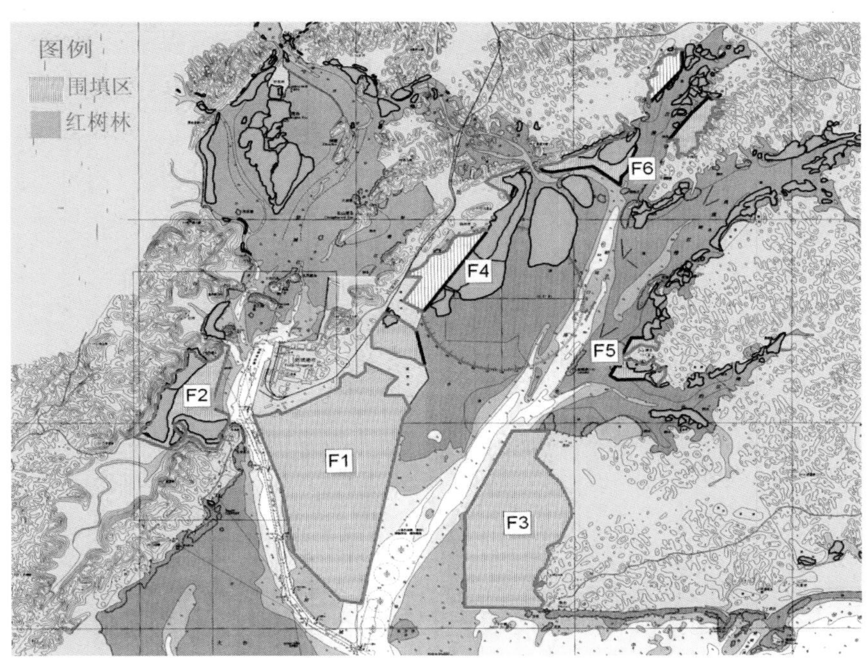

图5-5 防城港红树林分布与围填海规划区

表5–8 防城港围填区的红树林分布与指数

围填规划区	规划围填面积（hm^2）	围填区内红树林面积（hm^2）	围填区岸段长度（m）	围填区内红树林岸段长度（m）	林地指数（hm^2/km）	护岸指数（%）
F1	1 366		5 859			
F2	340	142	11 215	7 735	12.7	68.9
F3	860		6 073			
F4	282	115	9 208	5 803	12.5	63.0
F5	100	20	3 582	2 142	5.59	59.2
F6	212	87	5 155	3 539	16.9	68.6
合计	3 160	364	41 092	19 219	47.69	259.7

表 5-8 的数据表明，规划围填面积为 3 160 hm^2，围填区内的红树林面积为 364 hm^2，占总围填面积的 11.5%。各围填区除近湾口处的 F1 和 F3 未有红树林分布外，其他围填区均有一定数量的红树林分布，而且在沿岸比较密集，由此计算出的林地指数为 F2：12.7 hm^2/km、F4：12.5 hm^2/km、F6：16.9 hm^2/km，均超过标准值 10 hm^2/km，为不宜围填区，仅有 F5 的林地指数为 5.59 hm^2/km，可以慎重围填。所有有红树林分布围填区的护岸指数均超过 20% 的标准值，均为不宜围填。以防城港总围填的数据计算的林地指数为 8.86 hm^2/km、护岸指数 46.7%，其资源评价指标如表 5-9 所示。

表5–9　红树林资源评价指标

指标	标准	指数	评价值（说明）
林地指数	0（围填区未有红树林分布）	25	7.6 （指数8.86 hm^2/km）
	≤5	13	
	≤10	6	
护岸指数（%）	0（围填区岸线未有红树林分布）	10	3 （指数46.7%）
	≤15	5	
	≤30	3	
景观指数	围填对红树林景观没有影响	10	4 （破坏红树林景观）
	有一定影响	5	
	有破坏性影响	3	
评价指数			14.6

防城港红树林资源的评价指数小于 23 为不宜围填海，由于围填海涉及红树林分布量，而且面积数量较大，应调整围填海方案。

（二）环境冲淤适宜性评估

数模研究的结果表明，防城港实施围填后，湾口处泥沙回淤减小，湾中部泥沙回淤增大，湾顶的泥沙回淤基本不变。

东湾中部的泥沙回淤增大约 5 cm/a，其中，西侧红树林海域的泥沙回淤增加幅度最大，为 8 cm/a，东岸赤沙北侧海域也有较大的回淤，为 6 cm/a，榕水江的泥沙回淤增大 5 cm/a，风流岭江基本不变。西湾的中部回淤增大 5 cm/a，湾顶增大 2 cm/a。总体上，围填后防城港海域的泥沙回淤略有增大，平均增大 4.5 cm/a。

对红树林的影响：围填后导致红树林海域的泥沙回淤略有增大，但由于红树林都处于高滩上，泥沙回淤主要以细颗粒泥沙为主，对红树林底质的影响不大；风流岭江口和防城江口因为没有围填，其水动力没有变化。

防城港平均冲淤 4.5 cm/a，但对湾内有些红树林区的冲淤为 5～8 cm /a，评价指数为 13，属可围填范围如表 5-10 所示。

表5-10 冲淤环境评价指标

指标	标准	指数	评价值（说明）
冲淤（cm/a）	5	15	13 平均冲淤4.5cm/a，湾内有些红树林区的冲淤为5～8 cm /a
	10	8	
	20	4	

冲淤指标不小于 11，可围填；指数在 8～11 之间时，为慎重围填；冲淤指标小于 8 时，为不宜。

（三）生态影响适宜性评估

根据调查资料防城港规划围填区内无濒危或重要保护的底栖生物分布：由 2006 年海域底栖生物调查数据，估算底栖生物损失量，由于围填的范围主要是沿岸滩涂地带，围填面积，3 160 hm^2，采用潮间带底栖生物量数据，全年平均生物量 392.8 g/m^2，计算防城港围填的底栖生物损失量为 12 412 t。其余海域为 11 840 hm^2，取底栖生物全年平均生物量 258.5 g/m^2，计算出防城港全海域底栖生物量为 43 018 t，围填的底栖生物损失量占全海域总量的 28.9%。

由 2006 年潮间带底栖生物调查资料，丰水期调查海区中的底栖生物种类多样性指数变化范围为 0.54～2.13，平均值为 1.33；枯水期调查海区中拖网底栖生物种类多样性指数变化范围为 0.65～2.73，平均值为 1.56；由于二次调查均有测站出现数量较多的优势种，种类分布不均匀，平均多样性指数不高。

防城港海湾及可能影响相邻水域的重要生态敏感区如表 5-11 所示，防城港市国家级海洋自然保护区，北仑河口红树林保护区位于我国北仑河口浅滩和珍珠港湾内，面积 3 000 hm^2，与防城港海湾相邻，以江山半岛隔开为天然屏障，由于距离较远，防城港的围填海对自然保护区影响的可能性很小，除非发生意外突发性严重的污染事故。防城港市的海洋功能区划将珍珠港湾定位为护区和海水养殖区，而将防城港湾定位为港口、工业区、城市和旅游区，原有的海水养殖将逐步退出。因此围填海影响的生态敏感对象是红树林、度假旅游区、海岸防护林带以及海洋生物育幼保护区。

北部湾二长棘鲷幼鱼和幼虾保护区为南海国家级及省级渔业品种保护区，范围为北部湾涠洲岛北端即 21° 05′ N 以北海域，连接围洲岛南至海康县流沙港以西 20 m 水深以内的海域，是我国南海北部湾重要渔业资源二长棘鲷幼鱼和幼虾保护区之一。该保护区分布在防城港湾口一带，要求农历一月十五至六月三十，禁止拖网船、拖虾船以及捕捞幼鱼、幼虾为主的作业船只进入本区生产，防止或减少对渔业资源的损失。

由于围填海工程靠近湾口，施工产生的悬浮物会阻塞鱼类的鳃组织，造成死亡，导致栖息环境的改变或破坏，引起食物链和生态结构变化，造成水体中溶解氧、透光度和可视性下降，影响浮游植物的光合作用，幼体的生长和发育。

表5-11 重要生态环境敏感区及保护内容

生态敏感区		地点	保护内容
红树林	渔洲坪红树林研究实验区	东湾渔洲坪沿岸滩涂	水质、生态
	东湾风流岭江红树林区	东湾榕木江入海口	生态环境
	东湾榕木江红树林区	东湾榕木江入海口	生态环境
	西湾针鱼岭—长榄红树林区	西湾防城江入海口	生态环境
度假旅游区	西湾风景旅游区	防城区西湾海域沿岸	生态环境
	针鱼岭长榄岛旅游区（含红树林区）	西湾防城江入海口	生态环境
	天堂坡度假旅游区	企沙镇西南天堂坡沿岸	生态环境
	江山半岛风景旅游区	江山半岛	生态环境
产卵场、育幼区	北部湾二长棘鲷幼鱼和幼虾保护区	防城港湾口一带	水质、生态
防护林	防城港沿岸海岸防护林带	企沙半岛南部、企沙东面山新、江山半岛大坪坡、巫山、万尾、竹山等岸段	生态环境

项目营运行期间港口和工业区产生的粉尘、有害气体将污染大气；作业过程中产生的工业排污、含油污水、含煤污水、冷却水及城市生活污水等将对海湾和邻近海域的水质和环境产生影响，同时也影响到幼鱼幼虾的发育生长，因此对渔业资源有一定的影响。

广西沿海的红树林滨海湿地，是重要鸟类迁徙的栖息地。据调查，防城港北仑河口红树林区记录有鸟类187种，分别隶属于14目42科108属。有25种国家重点保护鸟类，其中一级1种：白肩鹏；二级24种：斑嘴鹈鹕、海鸬鹚、黄嘴白鹭、岩鹭、白鹮、白琵鹭、黑脸琵鹭、黑鸢、凤头鹰、雀鹰、松雀鹰、普通鵟、灰脸鵟鹰、鹗、燕隼、红隼、灰鹤、棕背田鸡、褐翅鸦鹃、小鸦鹃、红角鸮、领角鸮、鹰鸮、仙八色鸫。属中国和日本、中国和澳大利亚双边协定规定应予保护的鸟类共104种，占鸟类总数的55.6%。此外，还有协定未列入的15种国家重点保护的鸟类。保护区周边海岸带的陆地上有不少由多种鹭混群而居的“鹭林”或“鹭山”，主要有牛背鹭、池鹭、白鹭、夜鹭和其他鹭类。目前尚缺乏防城港湾红树林滨海湿地珍稀鸟类的资料，但由于防城港湾的围填海，仍然保留有大量的滨海湿地和成片红树林保护区，只要生态环境保持良好，就不会对珍稀濒危鸟类产生不利影响。

围填海造成海洋生态的影响主要选择栖息地较为稳定的底栖生物、生物多样性指数为评价指标。生态敏感指数为红树林等生态敏感区、珍稀濒危生物，重要渔业产卵场、育幼区等。防城港围填对生态环境影响评分列于表5-12。

表5-12　生态评价指标

指标	标准	指数	评价值
生态敏感指数（红树林等生态敏感区及珍稀濒危生物影响分析）	影响较小	15	6 （对红树林和渔业资源有影响）
	有一定影响	8	
	负面影响较大	4	
底栖生物多样性指数（≤）	1	10	7.5 （多样性指数均值1.56）
	2	5	
	3	3	
评价指数			13.5

生态指标的评价为：以上二项指数之和的值不小于19，可围填，指数在12～19之间时为慎重围填，指数小于12时，为不宜，应放弃。

防城港围填的生态评价指数为13.5，属于可慎重围填的指数范围。

（四）生态损益适宜性评估

依照生态服务功能价值量化方法，估算防城港围填生态服务功能影响。生态服务功能年价值损失核算结果如表5-13所示。

表5-13　防城港围填生态服务功能年价值损失

单位：万元

项目	物质生产	生物多样性	娱乐休闲	科研	气体调节	干扰调节	废物处理	总价值
防城港围填	11 663	670	1 552	1 231	955.6	1 680	1 188	18 939.6

1. 填海造地的收益估算

填海造地主要有三种用途：工业、商业和住宅，被填海域形成陆域后，其对经济活动的贡献可以用土地的市场价格来指示。防城港海域的围填海基本上作为港区用地，以工业地价来计算，其当地的基本地价为206元/m^2。

为了说明填海造地对经济活动的贡献，每年按地价的10%作为土地的贡献。这样，工业用土地对经济活动的总贡献，即工业用地的真实价格可以用下面的公式计算：

$$P = P_0 + \sum_{t=1}^{50} \frac{10\% P_0}{(1+i)^t} \quad (5\text{-}12)$$

式中：

P——工业用地地价，

$t=1,2,\cdots,50$——土地使用年限，取50年；

P_0——修正前的工业用地基准价；

i——贴现率(取4.5%)。

由此计算出 P 为613元/m²，防城港围填面积3 160 hm²，单位效益613万元，总经济效益1 937 080万元。

2. 填海造地成本估算

填海造地的成本包括直接工程成本和生态损失2个部份。传统的填海工程造地规划基本上没有考虑生态损失成本。

直接工程成本：

$$C = C_0 + \sum_{t=1}^{50} \frac{2\% C_0}{(1+i)^t} \quad \cdots\cdots (5\text{-}13)$$

式中：

C——填海总成本；

C_0——单位面积填海成本，每年维护成本占填海成本的2%；

n——评价年限，为50年；

i——贴现率，取4.5%。

根据当地填海造地的成本为92元/m²，计算得工程成本为128.4元/m²、防城港围填面积3 160 hm²，总成本为405 744万元，生态损失为1 036 809.6万元，合计1 442 553.6万元。

3. 生态损益评估指数

生态损益评价指数，采用生态系统服务功能价值损失计入围填海成本作为经济效益指标，防城港围填造地总经济效益1 937 080万元，经济损失为填海成本加上生态损失，合计1 442 553.6万元。由此计算损益比为1.34，益损比大于1，数值越大说明效益越好，益损比小于1效益差。围填的经济益损比大于1.0，达到1.34，有经济效益，评价指数为15，从经济效益的角度评价，围填海的方案可行，如表5-14所示。

表5-14　生态损益指标

指标	标准	评价指数
益损比	>1.0	15
	0.75～1	8
	≤0.75	4

三、防城港围填海适宜性评估结论

依据以上的评价结果，红树林资源指数、冲淤环境指数、生态指数、生态损益指数分别为14.6、13、13.5、15。防城港围填海适宜性综合评估指数为56.1，按评价标准，不小于50为Ⅱ级慎重围填，由各评价指标分析表明：冲淤环境和生态损益为可选，生态指数，红树林资源指数最差。主要是防城港涉及的红树林分布数量和面积均较大综合评价指数为Ⅱ级，可慎重围填。采用红树林资源指标对红树林海岸围填海方案加以强制性限制，防城港围填海的方案应加以调整，尤其是湾内涉及红树林分布的围填区，以保护宝贵的红树林资源。

虽然防城港围填方案的综合评价为慎重可行，但对海洋环境和生态存在的危害不可忽视，尤其是对红树林资源的破坏。防城港规划的围填海规模较大，多项围填项目涉及红树林的分布，整体效应对生态环境的负面影响明显，围填不仅造成围填区红树林的损失，也占用红树林宜林滩涂，建议对有红树林分布的围填区要实行严格控制，在围填区内留有红树林宜林滩涂，或在围填前对已有红树林进行移植保育，进行必要的生态补偿和生态修复。

第六章　海湾型海岸围填海适宜性评估方法与实践

第一节　我国海湾概况及围填海对海湾的影响

一、我国海湾概况

海湾是深入陆地形成明显水曲的海域。湾口两个对应岬角的连线是海湾与外海的分界线。《联合国海洋法公约》第 10 条第 2 款规定："海湾为凹入陆地的明显水曲，其水曲的面积要大于或等于以湾口宽度为直径划的半圆面积，湾口为水曲口门最窄处。"同时该公约第 10 条第 3 款还规定，水曲的面积是位于水曲陆岸周围的低潮标和一条连接水曲天然入口两端低潮标的线之间的面积。严格地讲，海湾除包括《联合国海洋法公约》规定的水域部分外，还应包括水域周围的陆域部分。

我国地处亚洲东部、濒临太平洋，我国大陆的海岸从北部与朝鲜交界的鸭绿江口算起，南至与越南交界的北仑河口，长达 18 000 km。在这漫长的海岸广布着类型繁多、大小不同的海湾 200 多个（面积在 10 km^2 以上的有 150 多个，面积在 5 km^2 以上的总和为 200 个左右）。由于受区域性的地质构造和各种自然条件的共同影响，我国大部分海湾分布在岸线较为曲折、动力较为强劲的沿海岸段。其中以浙江省和福建省沿岸海湾的分布数量最多；山东省和广东省沿岸海湾的分布数量较多；辽宁省、广西壮族自治区、海南省和台湾省沿岸海湾的分布数量较少，而河北省、天津市、江苏省、上海市等沿岸海湾的分布数量很少。

海湾处于陆地和海洋之交的纽带部分，开发环境优越，所以海湾一直是人类通往海洋的桥头堡，在人类社会的发展中占有非常突出的地位。我国历来重视海湾的综合开发利用。所谓海岸带开发，主要是在海湾进行的。我国 24 个海港城市其中大连、青岛、厦门、汕头、深圳、湛江等 17 个是依托海湾发展起来的。而 14 个沿海开放港口城市，13 个位于海湾、河口。目前我国研究程度较高开发强度较大的主要海湾有大窑湾、大连湾、金州湾、普兰店湾、葫芦山湾、复州湾、锦州湾、渤海湾、莱州湾、桑沟湾、胶州湾、海州湾、杭州湾、象山港、三门湾、乐清湾、沙埕港、三沙湾、罗源湾、福清湾、兴化湾、湄洲湾、大亚湾、大鹏湾、镇海湾、海陵湾、湛江湾、雷州湾、海口湾、清澜湾、三亚湾、洋浦湾、钦州湾等。

二、围填海对海湾的主要影响

围填海对海湾景观格局造成的影响主要表现为：土地利用类型改变，使自然生态景观向半自然或人工生态景观转变，造成景观自然度下降。围填海将原本几乎性质一致、连续的景观分割成若干个性质各异不连续的景观，一定程度上阻碍了景观物质流、能量流的流通，造成生境丧失或片断化，破坏了景观生态的完整性，增加了景观破碎化。围填海对海湾景观格局造成的影响主要是破坏了海湾景观的自然度降低并使得景观破碎化。

围填海改变了海湾水文动力状况，导致泥沙淤积和纳潮量减小。泥沙淤积导致沉积物类型改变，使生物栖息地的底质环境发生变化，破坏了许多海洋生物的繁殖栖息；纳潮量下降直接影响了海湾与外海潮水的交换强度，环境容量减小，从而降低了海湾的自净能力，使水环境及沉积物环境质量下降，导致海湾生物生存环境质量恶化，对海湾生物生存及繁衍造成影响。

海湾往往蕴含着丰富的港口资源，水动力条件改变造成宜港资源衰退，缺乏规划的围填海工程不仅会削弱已建港口的资源优势，影响港口综合功能的发挥，而且能够破坏未建港海域的宜港资源，降低海洋经济品味与长远竞争优势，制约当地海洋经济的可持续发展。

围填海侵占了生物的生存空间，对围填海区域内的栖息地造成破坏。围填海大多集中分布于滩涂及浅海区域，属滨海湿地范畴，这些区域往往是许多动植物重要的栖息地。围填海对海湾生物的影响包括：① 毁坏了海岸植被，包括红树林、防护林、海草等；② 破坏了海洋生物的栖息地、产卵场、繁殖场等，对栖息于围填海区域内且迁移性差的底栖生物造成严重影响，包括潮间带底栖生物及浅海底栖生物；③ 影响了滨海湿地鸟类的生存及繁衍，围填海不仅破坏了栖息鸟类、过境鸟、越冬鸟等的觅食地和栖息地，而且隔断了栖息地的连续性，迫使大量鸟类迁徙，对鸟类的觅食及栖息造成影响。上海市崇明东滩湿地鸟类资源丰富，已进入《国家重点保护湿地名录（第一批）》。由于崇明东滩的几次围垦，使在此越冬的3 000～3 500只小天鹅群的栖息地遭到破坏，小天鹅在此消失。

近岸海域是很多海洋生物栖息、繁衍的重要场所，大规模的围填海工程改变了水文特征，影响了鱼类的洄游规律，破坏了鱼群的栖息环境、产卵场，导致渔业资源锐减。福建沿海闽东、闽中渔场由于盲目围垦，厦门白海豚、文昌鱼等渔业资源遭到破坏。

生态状态决定生态功能，生态功能的大小可以通过评价生态系统为人类提供的服务来反映，即生态系统服务功能。生态系统服务功能指自然生态系统及其物种所提供的能够满足和维持人类生活所需要的条件和过程，是通过生态系统的功能直接或间接得到的产品和服务(Daily，1997)。海湾生态系统中生物与生物、生物与环境之间相互依存、相互作用，围填海对海湾生态环境中任何的海湾生物和环境造成影响，势必对海湾生态系统服务功能造成影响。

海岸线长度是海岸空间资源的一个基本要素，也是海岸带生态系统的重要支撑。我国大部分的围填海工程位于海湾内部，其直接后果就是岸线经截弯取直后长度大幅度减少。如厦门市杏林湾海堤和马銮湾海堤、珠海市唐家湾的十里海堤、乐清湾内的大规模填海工程、葫芦岛市龟山岛附近7 km的围海海堤等，都是造成我国海岸线长度以惊人的速度减少的原因。2004年莱州市岸线实测工作表明，由于三山岛附近和莱州湾内的大规模围海养殖，莱州市海岸线长度比20世纪80年代中期减少了25 km，占莱州市岸线总长度的1/5强。近期通过历史遥感图像的对比又发现，由于大规模的围填海活动，20年来仅山东省减少的海岸线就超过了500 km。

第二节　海湾型海岸围填海适宜性评估方法

一、海湾围填海的环境影响识别

海湾为海岸带向陆地凹进的海域部分，为陆地所环绕，与陆地、河流、大洋区等生态系统相比，海湾具有截然不同的生态特征。海湾围填海是海湾有限空间的直接侵占，从而对海湾环境造成多种影响，主要影响表现在 3 个方面：①即宏观尺度上改变了海湾景观格局；②侵占了围填海区内生物生存的空间，对栖息地造成破坏；③改变了水文动力状况，降低海洋环境容量，从而可能导致海域环境质量恶化，进而影响海湾生物的多样性。采用网络法分析海湾围填海对海湾造成影响的关系，如图 6-1 所示。根据网络分析，可以看出围填海对海湾造成的环境影响主要有①海湾景观格局变化；②水文动力条件改变；③栖息地破坏；④海湾生态系统功能衰退等。

在网络法分析识别的基础上，采用矩阵法进一步识别围填海的主要影响。从景观格局、生物群落、水文动力与环境化学、生态服务功能、重要生境及物种等几个方面列出因子，识别围填海对海湾影响的影响方式、性质及程度，其影响识别矩阵如表 6-1 所示。

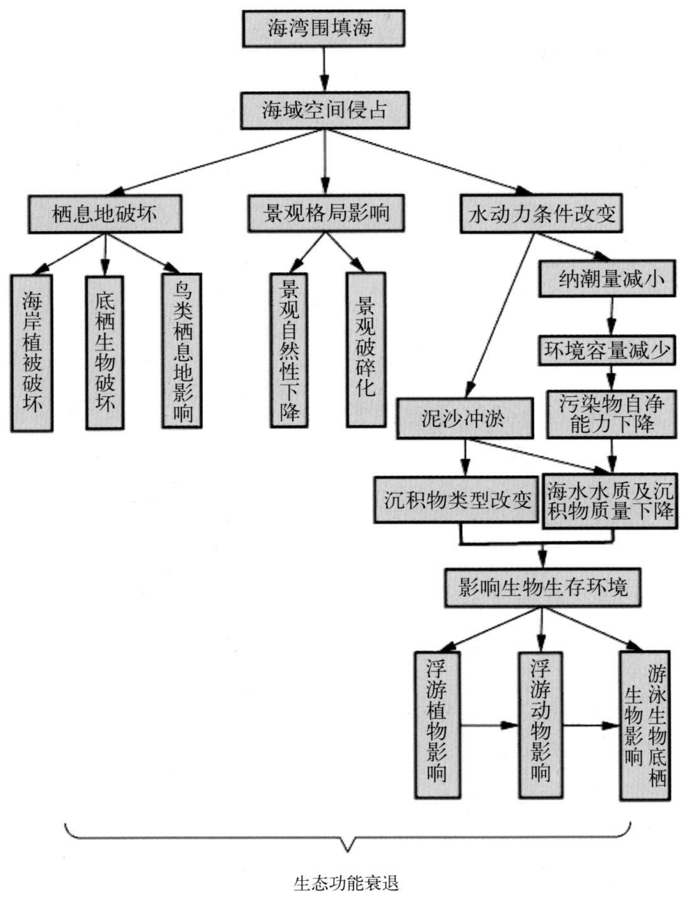

图6-1　围填海对海湾影响的网络分析

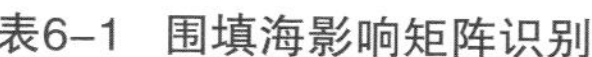

表6-1 围填海影响矩阵识别

生态因子		影响方式	影响性质	影响程度
景观格局	景观自然性	直	不可逆	****
	景观破碎化	直	不可逆	****
生物群落	周边海域浮游植物	间	不可逆	*
	周边海域浮游动物	间	不可逆	*
	周边海域游泳生物	间	不可逆	*
	周边海域底栖生物	间	不可逆	*
	围填海区底栖生物	直	不可逆	****
	围填海区滨海鸟类	直	不可逆	****
	围填海区海岸植被	直	不可逆	****
	围填海区浮游植物	直	不可逆	*
	围填海区浮游动物	直	不可逆	*
	围填海区游泳生物	直	不可逆	*
水文动力与环境化学	水文动力	直	不可逆	****
	海水质量	间	不可逆	***
	沉积物质量	间	不可逆	**
	海洋生物质量	间	不可逆	**
	周边海域沉积物类型	间	不可逆	**
生态服务功能	供给功能	间	不可逆	***
	气体调节	间	不可逆	***
	干扰调节	间	不可逆	***
	废物处理	间	不可逆	***
	栖息地	间	不可逆	***
	初级生产力	间	不可逆	***
	营养循环	间	不可逆	***
	科研教育	间	不可逆	***
	休闲娱乐	间	不可逆	***
重要生境	---	---	---	****

注：（1）“间”，表示间接影响；“直”，表示直接影响；

（2）*，表示负面影响较小；**，表示存在中度的负面影响；***，表示负面影响较大；****，表示负面影响重大；---，表示需根据海湾的具体情况而定。

（3）重要生境视海湾情况而定。

根据上述的网络法及矩阵法识别围填海生态影响的结果，可以将围填海对海湾造成的影响总结归纳为景观格局、海湾生物、水文动力与环境化学、生态服务功能 4 个方面的影响。对于影响因子的筛选，根据矩阵法识别的结果，将影响程度大于 *** 以上的生态影响因子列为主要影响因子，筛选出的海湾围填海主要影响因子如表 6-2 所示。

表6-2 海湾围填海主要影响因子

影响内容	生态影响因子
景观格局	景观自然性、景观破碎化
海湾生物	围填海区底栖生物、滨海鸟类、海岸植被、重要生境
水文动力与环境化学	海洋水文动力、海水水质、沉积物质量、海洋生物质量
生态服务功能	供给功能、气体调节、干扰调节、废物处理、初级生产、营养循环、栖息地、科研教育、休闲娱乐

二、海湾围填海适宜性评估指标体系

在围填海影响识别的基础上，从景观格局、水文动力与环境化学、海湾生物和生态服务功能四个方面构建海湾围填海适宜性评估指标体系。

（一）海湾生物评估指标

海湾生物影响评估采用定量与定性相结合的方法，从围填海区内底栖生物、海岸植被、滨海鸟类和重要生境 4 个方面建立评估指标体系。

1. 底栖生物

底栖生物的移动性较差，围填海对底栖生物会造成完全破坏。因此，对底栖生物的影响程度大小可从围填海区内所栖息的底栖生物群落情况来反映。以维护稳定的生物群落为原则，若底栖生物群落稳定性好，则围填海对底栖生物的影响程度较大；若底栖生物群落稳定性差，则围填海对底栖生物的影响程度较小。因此，评估指标选取底栖生物群落生物量、底栖生物群落个体栖息密度及底栖生物群落多样性指数等。

2. 海岸植被

海岸植被通常包括红树林、海草、防护林等。海岸植被的影响预测评估指标可选取海岸植被类型、覆盖面积等。

3. 滨海鸟类

滨海湿地鸟类由于长途迁徙的高死亡率及其生存湿地面积的减少而受到国际上的重视(Green A J,2005)，围填海的干扰将对鸟类物种多样性造成极大的影响。围填海对滨海鸟类的影响主要是影响越冬鸟、过境鸟及常居鸟的栖息和觅食。由于鸟类迁徙的特性，对滨海鸟类的影响预测需同时考虑围填海区内及周边附近的鸟类分布情况，评估指标选取鸟类种数和数量。

4. 重要生境

重要生境的影响预测也从滨海湿地和特殊的重要生境 2 个方面考虑，选取的评价指标及方法如下。

评估围填海导致滨海湿地的丧失程度。其影响的程度以滨海湿地损失的相对量表示，即损失的滨海湿地面积占围填海前总滨海湿地面积的比例，其计算公式：

$$S\% = \frac{S_0}{S} \times 100\% \quad (6\text{-}1)$$

式中：

$S\%$ —— 湿地损失比例；

S_0 —— 损失的湿地面积；

S —— 围填海前海湾湿地总面积。

评估红树林、珊瑚礁、重要鸟类分布区、天然苗种场、国际重要湿地、珍稀物种栖息地等特殊的重要生境的影响。围填海对这些生境的影响主要取决于这些生境的分布与围填海区的距离，因此选取图形叠置法。将这些重要生境分布与围填海分布叠加，分析围填海对这些重要生境的影响程度。

（二）海湾水动力与环境化学评估指标

海湾围填海对水文动力与环境化学造成影响的主要因子为水动力、沉积物质量和海水水质。海洋水动力改变与沉积物质量、海水水质变化有着直接的关系。海洋水文动力条件改变造成纳潮量减小，海湾物理自净能力下降，降低环境容量，从而导致海水水质下降，并加快污染物在海底的积聚。为了避免重复选取关联度大的多个指标，本研究选取环境容量为评估指标，其主要原因在于：① 围填海对环境容量的影响在对海湾环境的整个影响关系中处于中间位置，不仅能反映海洋水文动力改变的程度，而且也能很好地表征海水和沉积物质量的影响程度，具有很好的代表性；② 海湾对污染物的容量是有限的，把污染物总量限制在一定数值之内，才能有效地保护海洋环境和消除减少污染物对海洋环境的危害。目前，污染物浓度控制的法令只规定了污染物排放的允许浓度，但却没有规定排入环境中污染物的数量，也没有考虑环境的自净和容纳能力。环境容量对海洋环境管理具有特殊的重要作用；③ 随着物理模型的技术发展，为海湾的环境容量计算及预测提供了技术支持，操作较方便，且定量化指标更便于评价。

环境容量的减少主要与海湾水体物理自净能力减小有直接的关系。海湾水体的物理自净能力是指整个海湾海水将排入的污染物质迁移扩散出湾外的能力。海湾水体物理自净能力的大小取决于海湾的纳潮量和水体交换能力，即可通过在一个潮周期内的进出海湾的水量（纳潮量）与相应的水体交换率相结合来估算海湾水体的物理自净能力，计算公式为：

$$R = Q \cdot r \quad (6\text{-}2)$$

式中：

R —— 净水交换量（$\times 10^8\ m^3/d$）；

Q —— 海湾纳潮量（$\times 10^8\ m^3$），

r —— 水体交换率 (%/d)。

海湾纳潮量及水体交换率的估算可根据实测的水文、泥沙等有关资料，采用物理数学模型方法进行估算。

环境容量是指水体在规定的环境目标下允许容纳的污染物的量。表征环境容量的污染物可选取 COD、无机氮、活性磷酸盐、重金属等，其必须根据海湾的特征污染物及数据的获取情况确定，污染物选取的指标应具有代表性，不宜太多。水体污染物所允许的最大容纳量，可根据海洋功能区划和海水水质标准确定。环境容量的计算公式为：

$$E = R(C_i - C) \quad (6\text{-}3)$$

式中：

R —— 净水交换量（损失量）；

C —— 水体污染物的背景浓度值；

C_i —— 允许容纳的污染物浓度值。

围填海对环境容量影响的评估指标以环境容量减少的相对量来表征，其计算公式：

$$\Delta E\% = \frac{(E_1 - E_2)}{E_1} \times 100\% \quad (6\text{-}4)$$

式中：

$\Delta E\%$ —— 环境容量减少的相对量；

E_1 —— 围填海前海湾的环境容量；

E_2 —— 围填海后海湾的环境容量。

（三）生态系统服务功能指标

本研究选取生态系统服务功能价值评估法，以生态系统服务功能价值的损失量来反映围填海对生态系统服务功能的损失程度，更直观地反映围填海对生态系统服务功能的影响。围填海对生态系统服务功能的影响评估，可以用围填海规划实施前后的海湾生态系统服务的总价值的变化量来表征，其计算公式为：

$$\Delta V = V_1 - V_2 \quad (6\text{-}5)$$

式中：

ΔV —— 生态服务功能的价值损失量；

V_1 —— 围填海前海湾生态系统服务的总价值；

V_2 —— 围填海后海湾生态系统服务的总价值。

由于我国大部分海湾的基础调查数据较欠缺，而采用生态价值评估技术估算海湾生态系统服务的损失不仅需要大量的数据，而且需投入较多的人力和财力。因此在本研究中，针对于不同的研究条件和研究需要，提出了两套生态服务功能损失估算方法：一是基于围填海引起海湾生态系统各项服务功能变化的基础上，构建了生态服务功能损失估算模型；二是在参考已有的生态服务功能价值研究成果的基础上，提出了基于土地利用 / 覆盖的变化而引起生态服务功能价值变化的损失估算方法。

根据生态服务功能损失计算公式 (6-5)，可知围填海生态服务功能的损失是围填海规划实施前、后的生态系统服务总价值之差，也即受影响的单项生态服务功能价值之差的加和汇总。目前，围填海开发利用主要用于居住、工业、港口等建设用地，围填海以后，生态服务功能

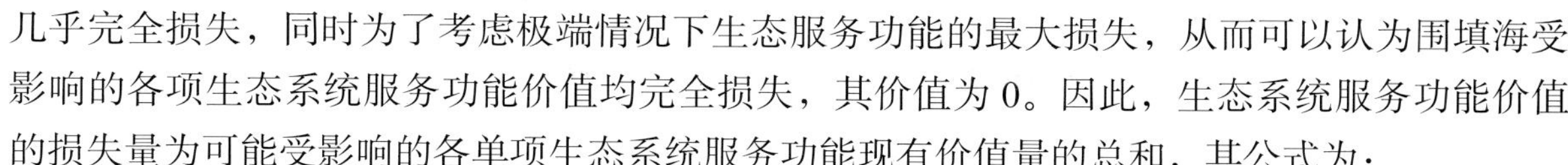

几乎完全损失，同时为了考虑极端情况下生态服务功能的最大损失，从而可以认为围填海受影响的各项生态系统服务功能价值均完全损失，其价值为 0。因此，生态系统服务功能价值的损失量为可能受影响的各单项生态系统服务功能现有价值量的总和，其公式为：

$$\Delta V = \sum_{i=1}^{n} V_i \quad \cdots\cdots (6\text{-}6)$$

式中：

ΔV —— 生态服务功能损失量；

V_i —— 可能受影响的单项生态服务功能 i 的现有的价值量；

i —— 受影响的生态服务功能类型数量。

根据围填海环境影响识别结果可知，围填海对生态系统服务功能影响的主要因子包括供给功能、调节功能 (气体调节、干扰调节、废物处理)、支持功能 (初级生产、营养循环、栖息地) 和文化功能 (科研教育、休闲娱乐)。其中，支持功能是供给功能、调节功能和文化功能所必需的，支持功能在价值量化中可能重复计算 (Lars Hein，2005)。因此，本研究中仅从供给功能、调节功能和文化功能三个方面建立围填海生态服务功能损失估算模型。

从而根据公式 (6-6)，可以得出围填海生态服务功能年损失量估算模型，即：

$$\Delta V = V_a + V_b + V_c + V_d + V_e + V_f \quad \cdots\cdots (6\text{-}7)$$

式中：

ΔV —— 生态服务功能价值的年总损失量；

V_a —— 可能受影响的供给功能的现有年价值量；

V_b —— 可能受影响的气体调节功能的现有年价值量；

V_c —— 可能受影响的干扰调节功能的现有年价值量；

V_d —— 可能受影响的废物处理功能的现有年价值量；

V_e —— 可能受影响的娱乐休闲功能的现有年价值量；

V_f —— 可能受影响的科研教育功能的现有年价值量。

根据 Lars Hein 等 (2005) 对生态系统服务价值的分类，确定围填海影响各生态服务功能的价值类型，并根据徐中民等 (2003) 对生态系统服务价值评估技术的总结分类，选取其价值评估技术，如表 6-3 所示。

表6–3　围填海生态服务功能价值类型及评估技术

生态服务功能		价值类型	价值评估技术选取
物质供给功能		直接使用价值、选择价值	市场价值法
调节功能	气体调节	间接使用价值	影子工程法或替代成本法
	干扰调节	间接使用价值	替代成本法
	废物处理	间接使用价值	替代成本法

续 表

生态服务功能		价值类型	价值评估技术选取
文化功能	科研教育	非使用价值	替代成本法
	休闲娱乐	直接使用价值	旅行费用法

三、海湾围填海适宜性评估方法

海湾是一个复杂的系统，围填海对海湾的影响既有直观的水动力条件改变、生态损失、海洋环境质量变化，也包含对生态环境、生态平衡等累积性、长期性的影响。因此，评估围填海对海湾的影响不能单纯以单一指标进行评估，而必须采用综合多因子方法评估。综合指数评估法也称为加权综合评分法，是通过建立表征生态环境因子特性的指标体系，确定评估标准，并赋予各因子权重，最后得出综合评估指数值。目前，综合指数法广泛应用于环境健康状况和环境质量影响的评价。海湾围填海适宜性评估采用综合指数法，评估模式如图 6-2 所示。指标体系由水文动力、环境容量、环境、生态、海洋资源和经济损益 6 个分层构成。分现状评估和预测评估两部分，预测性评估的环境指标主要由环境容量的变化体现，主要考虑水文动力、环境容量、生态、海洋资源和经济损益 5 个分层，由各分层指标的重要性确定分层指标的权重，各分层指标的权重依次为：26%、18%、25%、17% 和 14%。分层指标根据代表性和可行性的原则选取，各指标按评估标准设定 3 个评估等级并赋予相应的指数值。通过指标体系的单一层的分析和各层的综合可得出分层综合指数和系统的综合评估指数。

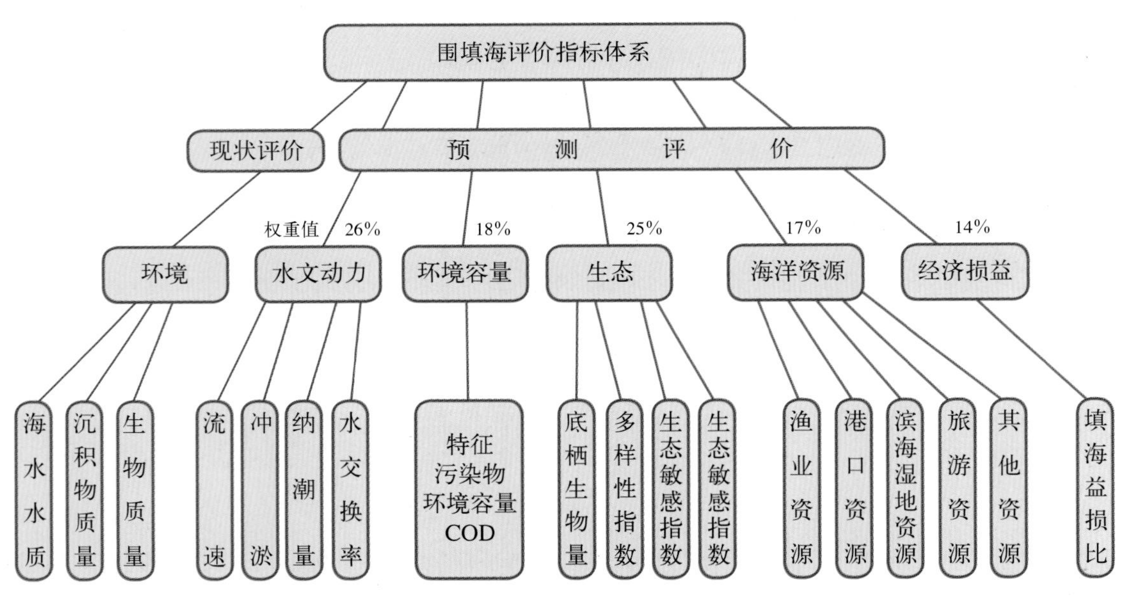

图6-2 围填海综合评价指标体系

福建省海洋与渔业局邀请国内相关专家，通过调研和论证，以海湾数值模拟与环境研究为主导方向，对海湾型海岸围填海适宜性评估开展了相关研究，这里不再赘述。海湾围填海适宜性评估方法及其实践见《福建省海湾数模与环境研究》系列专著。

第七章 河口型海岸围填海适宜性评估方法与实践

第一节 我国河口型海岸分布及围填海现状

一、我国河口型海岸分布

我国疆域辽阔，海岸线漫长，入海河口众多，长达 2 100 km 余的海岸线上，分布着天然河口共 1 800 多个，仅长度在 100 km 以上的入海河流就有 63 条之多。入海河流的流域面积总计达 4 311 532 km^2，占全国陆地总面积的 44.9%；由入海河口注入海洋的年径流总量达 18 152. 44 × 10^8 m^3，占全国河川年径流总量的 69.8%，我国入海河口大部分分布在渤海、黄海、东海、南海的四个海沿岸，台湾东都沿岸河流直接注入太平洋。其中以分布在东海和南海沿岸的河口为最多。我国各海域沿岸的河口分布状况如表 7-1 所示（金元欢，1988）。

表7–1 入海河口的分布与概况

海域		渤海	黄海	东海	南海	台湾以东太平洋海域	总计
河口的分布	河口数量	249	165	711	704	50	1 879
	占河口总数（%）	13.25	8.78	37.84	37.46	2.27	99.6
海域面积	面积（km^2）	1 335 910	334 132	2 044 098	585 637	11 760	43 111 537
	占海域总数（%）	30.98	7.70	47.42	13.58	0.27	100.00
多年平均入海径流量	径流量（× 10^8 m^3）	801.49	516.45	11 699.32	4 821.81	268.37	18 107.44
	占入海总水量（%）	4.42	3.09	64.45	26.56	1.48	100.00
多年平均入海输沙量	输沙量（× 10^4 t）	120 881.05	1 467.23	63 059.63	9 591.93	6 375.00	201 374.84
	占入海总沙量（%）	60.03	0.73	31.31	4.76	3.17	100.00

由于受到区域性地质构造及自然地理条件等的影响，与我国海岸一样，大致以钱塘江口为界，也可将我国的入海河口分成南北 2 个大类。南、北方入海河口在径流的入海过程、河口区的地质地貌条件及输沙等方面，均有一定的差异。

除山东半岛和辽东半岛及其以东海岸等区域外，北方河口以平原性河口为主，南方河口除少数大河口外，则多以山溪性河口为主。南、北方河口的差异还表现在入海径流及其输沙的变化特性等方面，从表 7-1 中可以看到，入海径流的年际变化，有着北方变率较大，而南方变率则相对较小的特点。反映在入海径流丰枯水年的径流量比（河口历年最大

和最小入海径流量比值QRmax.yr/QRmin.yr）方面，北方河口此比值均在5.0以上（鸭绿江口除外），尤其以渤海湾诸河口的比值为最大（丰水年入海径流量往往超过多年平均入海径流量的2倍多，而枯水年的入海径流量则往往不及多年平均入海径流量的一半）；南方河口的QRmax.yr/QRmin.yr值相对较低，一般均在5.0以下，多数稳定在1.64～4.81之间。从流量变幅[(QRmax.yr−QRmin.yr/QR)]上看，北方河口径流的流量变幅较大，尤其是渤海湾诸河口的此值更高些；而南方河口径流的流量变幅相对较低，多数在1.0上下波动。这一点反映了南、北方河口的入海径流的年际变化状况：南方河口具有比较稳定的入海径流量，北方河口的入海径流量的年际变化则相对较大。

我国沿海各河口不同程度地受到潮汐作用的影响，仅就潮差而言，浙闽一带山溪性河口的潮汐作用最为显著，其中大多数河口的多年平均潮差在4.5 m以上，属强潮河口。其中尤以钱塘江口为最大，平均潮差为5.035 m，最大潮差达8.93 m。一些河口还存在着涌潮现象，以钱塘江口的涌潮最为壮观：潮头通常高达1～2 m，最高可达3 m多；台、粤、桂诸河口，潮差较小，平均潮差一般在1.0 m左右，属弱潮河口，台湾西北部河口潮差稍大，余则较小。华北诸河口平均潮差的分布，大致以黄河口外神仙沟附近的无潮点为界，向两侧潮差渐渐增大：从黄河口的1.0 m左右，经海河口(2.15 m)，滦河口（1.35 m）到辽河口达2.35 m，至鸭绿江口已高达4.5 m。长江口及苏北、鲁南诸河口潮差一般在2.0～4.0 m之间，属中潮河口。

二、河口型海岸围填海现状

在河口或河口岔道上筑坝挡潮围海是围填海的一种典型方式。潮汐河口受径流和潮流的共同作用，河床演变显著，河口筑坝涉及航运、水利、水产多方面的利益，必须十分慎重。在潮差大的大、中型河口筑坝，施工的难度也较大。

（一）长江口

长江口是我国河口型海岸围填海的典型代表。主要的围垦工程集中在长江口北支进口段围垦和南岸边滩围垦。长江口北支进口段围垦强度大，新增了前哨农场等农业土地。长江口南岸边滩的浦东新区沿岸滩涂围垦也较快，新建了多座集装箱运输码头；长江口南岸的南汇边滩南段建成了芦潮港人工半岛一期工程，北段为浦东国际机场工程建设提供了新的土地。

通海沙是狼山沙以下北岸水下边滩，沙尾包括江心沙在内，一直延伸到北支口门，1915年通海沙沙头开始后退，沙体展宽淤高，1948年露出水面，1954年南通开始围垦边滩，1958年围垦通海沙。江心沙位于北支进口左缘，1907年在北支上口外侧牛洪港附近形成两个小沙包，即江心沙雏形，以后逐渐发展壮大，1958年江心沙成为大沙洲，1960年由海门县围垦江心沙，1970年江心沙夹槽进口的立新坝封堵北水道，江心沙从此并岸登陆(恽才兴，2004)。1954年到1993年期间，南通和海门两县在通海沙和江心沙共围垦了140 km^2，其中在1958年后的短短8年时间里围垦面积占总围垦面积的74%。

北支右侧崇明县在1956年到1995年期间共围垦滩涂30余处，累计面积达370 km^2，2005年崇明北沿又完成崇明北湖工程，其中20世纪60年代和70年代围垦面积分别占崇明岛围垦总面积的77%和14%；海门市从1968年到2002年合计围垦40 km^2，规模较大的围垦

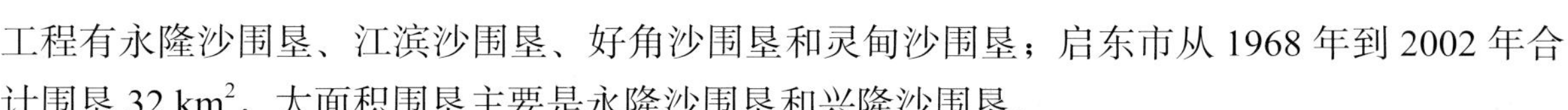

工程有永隆沙围垦、江滨沙围垦、好角沙围垦和灵甸沙围垦；启东市从 1968 年到 2002 年合计围垦 32 km^2，大面积围垦主要是永隆沙围垦和兴隆沙围垦。

（二）杭州湾

杭州湾河口区域围垦的历史则更为悠久。早在西汉 (公元前 206 — 208 年) 时期，杭州湾北岸的海盐县就有利用海涂做盐场，发展海水煮盐业的记载。南宋淳熙十三年 (1186 年)，陆一瀛在《沈师桥志》中称"粤溯兹土，秦则海也，汉则涂也，唐则灶也，宋则民居也"，这正是对海涂围垦历史过程所作的总体概括（徐承祥和俞勇强，2003）。后来，在杭州湾南岸的"三北"（余姚、慈溪、镇海之北）平原，在北宋庆历七年 (1047 年) 就有筑塘记载，到元至正元年 (1341 年)，初步形成了西接上虞、东抵慈溪洋浦的大古塘，长为 70 km。大古塘以北为海，以南至山麓成内陆。明弘治年间，大古塘向东延伸至龙头场。随着滩涂淤涨外伸，遂以大古塘为头塘，逐年围垦，到 2001 年已建成十塘，局部地区已建至十一塘，共向外延伸约 16 km。杭州湾河口的滩涂围垦已经创建了现在的沿海平原，创建了鱼米之乡和经济发展的黄金地带。新中国成立后，杭州湾的围垦发展速度更快。如秦山核电厂、杭州萧山机场、镇海炼化、嘉兴电厂、杭甬高速公路等一大批关系到浙江经济发展战略的重点基础设施均建在杭州湾围垦的土地之上。杭州湾的围垦为浙江省经济的快速发展作出了巨大贡献。

（三）闽江口

20 世纪 70 年代在"战闽江、广积粮"的口号下，闽江下游围垦工程开展得轰轰烈烈，到处开花。1973 年，福建省闽江办事处对闽江进行全面治理规划，即所谓"福建省整治闽江下游工程"。闽侯县被列入规划的围垦工程有从竹岐至淮安左岸的甘蔗青岐洲、红旗洲、荆溪连头洲、古山洲，右岸有竹岐汶洲、高洲、白龙洲、上街黎姆洲、斗米岐洲、侯官、厚美、厚庭、新洲、马洲、柴排、竹榄、南屿六十份洲、柳浪洲，南通新岐、马腾、洲尾、祥谦禄家、江中。土堤计划长度 38.87 km，水闸 6 座，涵洞 9 座，围垦毛面积 3.12 万亩，可耕面积 2.57 万亩，共土方 233.27 m^3，石方 9.43×10^4 m^3，投资 120.64 万元。

国家计委、水利电力部均派员考察围垦工程，认为闽江下游围垦工程一来将影响福州市防洪安全，二来妨碍闽江航运，于 1973 年 6 月和 1974 年 10 月先后两次下文通知停建。中共福建省委、省政府广泛征求意见后也决定停建所有围垦工程，妥善处理遗留问题。至此，历时两年的闽江下游围垦工程遂告下马。

（四）浙江省主要河口围垦

浙江省滨海滩涂主要分布在河口地区、开敞式海湾及港湾三大地区，其中河口地区的滨海滩涂主要分布在钱塘江河口杭州湾、椒江口、瓯江口、飞云江口及鳌江河口。新中国成立后，在浙江省政府的高度重视和支持下，滩涂围垦事业得到了长足的发展。1958 年 8 月，省政府颁发了《浙江省围垦滩涂建设暂行规定》；1996 年 11 月，浙江省人大审议通过了《浙江省滩涂围垦管理条例》；2002 年 7 月经浙江省政府同意批准了《浙江省滩涂围垦总体规划》。飞云江河口丁山促淤围涂工程、钱塘江河口尖山促淤围涂工程均属于河口围垦的典型工程。在这些围垦的土地上建设了诸如秦山核电厂、杭州萧山机场、温州机场、舟山机场、镇海炼化、

北仑电厂、台州电厂、嘉兴电厂、杭甬高速公路等一大批关系到浙江经济发展战略的重点基础设施，为浙江省经济的快速发展作出了巨大贡献。

三、河口型海岸围填海存在的问题

河流是海洋生态物质来源的主要途径，河口是地球上生产力最高的生态系统之一，河口地区受潮浪与河流的双重作用，动力条件及河床演变过程都比较复杂。河口区围填海的环境影响比较复杂，它涉及防洪、防潮、排涝、排污、港口航道等功能的运作；同时河口围填海可能减少乃至基本失去了淡水及营养物质的来源，使海洋生物的产卵、孵化以及幼鱼生长场所的生态环境受到破坏，并切断了溯河性鱼类洄游通道，从而导致海洋生物群数量和物种的显著减少。因此，河口区的评估体系应重点关注：生态系统安全、防洪安全、通航安全。

大规模的河口围海造地主要导致以下问题的发生：

（1）导致河口重要生态系统严重退化，生物多样性降低。

（2）大面积围填海工程改变了水文特征，鱼类生存的关键环境遭到破坏，渔业资源锐减。

（3）改变了近岸流场，产生河口区的冲淤变化，造成对港口、航道的影响。

（4）围填海工程改变了原始岸滩地形地貌，减小了河口的过水面积，导致河口区防洪能力降低，海洋灾害的破坏程度加剧。

第二节　河口型海岸围填海适宜性评估指标体系

一、河口型海岸围填海适宜性评估指标体系

河口可开发利用的功能一般有：风景旅游功能，临港产业功能，水生生物资源养护功能，交通运输功能，泄洪功能，气候调节功能等。它的主导功能为交通运输功能，泄洪功能，水生生物资源养护功能等。

1. 不宜围垦的指标体系（一票否决的指标）

当出现如下情况之一时，被认为是不宜围垦的指标（一票否决，如表 7-2 所示）。

表7-2　不宜围垦的指标体系（一票否决的指标）

序号	所属类别	工程行为
1	海洋功能区划	不符合
2	自然保护区	影响核心区和缓冲区
3	风景名胜区	不可逆转的影响或占用
4	自然人文遗迹保护区	不可逆转的影响或占用
5	军事利用区	不可逆转的影响或占用
6	珍稀濒危生物	造成不可恢复的破坏
7	洄游通道和产卵场	造成不可恢复的破坏
8	港口和航道	产生严重影响且没有合理的补救措施

河口型海岸围填海适宜性评估相关指标总共有 10 个，采用专家打分法和层次分析法，确定 10 个判定指标的权重以及其重要性。

根据专家打分，并平均，得到各指标重要性对比的结构矩阵如表 7-3 所示：

表7–3 10项待选指标的层次分析矩阵

	河口冲淤	生态系统	湿地价值	港口、航道	环境质量变化	水动力变化	围垦利用方式	效益情况	洪涝灾害	风暴潮灾害
河口冲淤	1.00	0.14	0.50	0.17	0.37	0.67	0.33	0.32	0.15	2.00
生态系统	7.00	1.00	4.00	1.20	5.00	9.00	4.50	5.00	1.50	8.00
湿地价值	2.00	0.25	1.00	0.33	2.50	3.00	2.30	2.70	0.25	5.00
港口、航道	6.00	0.83	3.00	1.00	4.00	5.00	6.00	3.50	2.00	7.00
环境质量变化	2.70	0.20	0.40	0.25	1.00	3.00	2.00	2.50	0.30	5.00
水动力变化	1.50	0.11	0.33	0.20	0.33	1.00	0.36	0.30	0.14	0.50
围垦利用方式	3.00	0.22	0.43	0.17	0.50	2.78	1.00	1.20	0.20	4.00
效益情况	3.10	0.20	0.37	0.29	0.40	3.30	0.83	1.00	0.21	3.40
洪涝灾害	6.50	0.67	4.00	0.50	3.33	7.00	5.00	4.76	1.00	7.00
风暴潮灾害	0.50	0.13	0.20	0.14	0.20	2.00	0.25	0.29	0.14	1.00

上述矩阵求解可得特征根为 10.639，特征向量如表 7-4 所示。特征向量归一化权重如表 7-5 所示。

表7–4 特征向量

河口冲淤	0.067 9
生态系统	0.601 2
湿地价值	0.219 7
港口航道	0.532 9
环境质量变化	0.176 3
水动力变化	0.060 6
围垦利用方式	0.129 1
效益情况	0.127 6
洪涝灾害	0.480 7
风暴潮灾害	0.054 3

表7–5 特征向量归一化权重

河口冲淤	0.03
生态系统	0.25
湿地价值	0.09
港口航道	0.22
环境质量变化	0.07
水动力变化	0.02
围垦利用方式	0.05
效益情况	0.05
洪涝灾害	0.20
风暴潮灾害	0.02

从各项指标的权重来看，生态系统、洪涝灾害、港口航道 3 项指标所占的权重最大，因此，本研究将这 3 项指标作为主要的评价指标。

1）河口生态系统评价指标

湿地在涵养水源、净化水质、调蓄洪水、控制土壤侵蚀、补充地下水、防止盐水入侵、调节气候、维持碳循环、维持淡水资源、保护海岸、为人类提供生产、生活资源等方面发挥了重要的作用，并蕴涵着极其丰富的生物多样性而被誉为“地球之肾”、“天然蓄水库”、“生物超市”和“物种基因库”。

河口海岸带湿地是介于陆地和海洋生态系统之间复杂的自然综合体，是生物多样性最丰富、生产力最高、最具价值的湿地生态系统之一，对保持环境、维护生物多样性具有十分重要的意义。河口湿地主要包括浅海水域、海床、珊瑚礁、基岩海岸、沙砾海岸、河口湾水域、潮间带滩涂、盐沼、海岸咸水湖、海岸淡水湖、三角洲和海岛。

河口湿地地处海陆两大系统的交汇处，边缘效应明显，具有丰富的物种资源。它不但为水生动物、水生植物提供了优良的生存场所，也为众多珍稀濒危野生动物，特别是为水禽提供了必需的栖息、迁徙、越冬和繁殖的场所。没有保存完好的自然湿地，许多野生动物将无法完成其生命周期，湿地生物多样性将失去栖身之地。同时，自然湿地为许多物种保存了基因特性，使得许多野生生物能在不受干扰的情况下生存和繁衍。

河口湿地还拥有丰富的土地资源。土地资源利用是河口湿地利用的最重要部分，其中最常见的利用方式就是围垦海滩涂、河口滩地等潮间带土地资源，向海要地。滩涂围垦是从最初的“好田围垦”等简单方式，发展到含筑坝、围涂及排水系统建立于一体的水利工程建设。而排水工程设施建设也由单一的沟渠整治，发展到暗管排水与明渠、水泵相结合的永久性排水措施。根据经济发展的需要与海滩涂、河口滩地等自然条件的不同，围垦可以分为农业围垦、盐业围垦、水产养殖业围垦和滨海新兴城镇、港口、开发区用地围垦等。

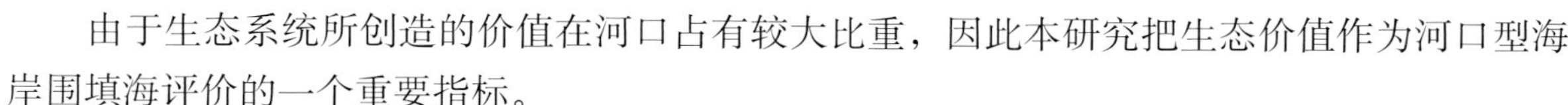

由于生态系统所创造的价值在河口占有较大比重，因此本研究把生态价值作为河口型海岸围填海评价的一个重要指标。

2）洪涝灾害指标

洪涝灾害是洪水灾害和涝淹灾害的合称。所谓洪水灾害，主要是指短期内大量降雨引起江河泛滥，淹没城镇、村庄或田地所形成的灾害；涝灾则是指长期大雨或暴雨后，在地表产生大量的积水和径流，由于积水太多、来势较猛，排水速度有限，从而在一定时间内淹没地势较低的地方。

由于独特的地理位置和气候条件，河口海域历来是洪涝灾害的多发地区。究其原因：一是每年的5月和6月雨水集中，8月至10月沿海地区又常受台风袭击，台风带来强降雨，易成洪涝；二是由于江河源短流急，洪水暴涨暴落，平原地区地势低洼；三是近几年由于城市化的快速发展，过多的人类活动破坏了原来的水文平衡。如为了解决土地紧缺的矛盾，大肆加快了围垦的速度、范围，使河道下游淤积加快，河口缩窄，海湾向海推进的速度比大规模开发之前加快了好几倍，致使潮位增加，河口受潮水顶托，排水更加不畅。近几年浙江省，特别是流域下游靠近河口的城市洪涝灾害发生频率、受灾程度均明显呈上升趋势。

由于洪涝灾害在海洋系统，尤其在河口常能造成巨大的经济损失，因此本研究把灾害作为河口型海岸围填海评价的重要指标之一。

3）港口航道评价指标

河口水域一般存在比较重要的航道，是沿海通向内河的重要通道。而有些河口区域的航道比较狭窄，且河口区的泥沙冲淤也比较敏感。因此围填海的实施造成冲淤的变化，首先可能会影响到通航及附近船只的靠泊；其次如果围填海范围过于伸向海一侧，则可能直接对通航的安全造成不利影响，如瓯江河口区域的灵昆岸线附近水道就较为狭窄。但是合适的河口海岸围垦将有利于航道资源的开发，增加临港产业用地，使得港口航道资源得到充分的利用，如嘉兴电厂附近的中转码头就是典型的海运转为内河运输的中转基地，发挥了很好的作用。

二、河口型海岸围填海适宜性评估指标量化方法

（一）生态系统指标

评价参数的确定是进行经济分析的关键，一定要保证所选取的参数具有代表性、可靠性、可比性，这样生态破坏损失分析的计算结果才有价值，才能作为决策的科学依据。① 选择不同生态类型的控制点，以确定不同生态类型参数；② 如果参数不全，可以选用邻近地区相同生态类型区的参数；③ 查阅各类文献，确定专业性较强的参数；④ 通过实地调研，以第一手资料对所选参数加以修正；⑤ 对计算结果进行验证，修改不合理参数。

1. 围垦占用海域的海洋生物资源量损失评估

本方法适用于因工程建设需要，占用海域或潮间带，使海洋生物资源栖息地丧失。各种类生物资源损失量评估按公式（7-1）计算：

$$W_i = D_i S_i \quad \cdots\cdots (7\text{-}1)$$

式中：

W_i——第 i 种类生物资源损失量（尾、个、kg）；

D_i——评估区域内第 i 种类生物资源密度［尾（个）/ km^2、尾（个）/ km^3、kg/km^2］；

S_i——第 i 种类生物占用的海域面积或体积（km^2 或 km^3）。

对围垦海域海洋生物资源量的补偿分为永久性占用海域补偿和一次性损失补偿。

1）永久性占用海域补偿

围垦区永久性占用海域主要针对底栖生物和潮间带生物，按影响持续时间20年以上计算，补偿计算时间不应低于 20 年。

$$M_i = W_i T \quad \cdots\cdots (7\text{-}2)$$

式中：

M_i——第 i 种类生物资源累计损失量（尾、个、kg）；

W_i——第 i 种类生物资源损失量（尾、个、kg）；

T——围垦占用持续时间数（以不低于 20 年计算）。

2）一次性损失补偿

围垦区占用海域一次性损失补偿主要针对浮游生物和鱼类，一次性生物资源的损失补偿为一次性损失额的 3 倍。

$$M_i = W_i T \quad \cdots\cdots (7\text{-}3)$$

式中：

M_i——第 i 种类生物资源累计损失量（尾、个、kg）；

W_i——第 i 种类生物资源损失量（尾、个、kg）；

T——损失补偿倍数（以 3 倍计算）；

2. 污染物扩散范围内的海洋生物资源损失评估

本方法适用于围垦区悬浮物扩散对海洋生物资源的损失评估，分一次性损失和持续性损失。

一次性损失：悬浮物浓度增量区域存在时间少于 15 天（不含 15 天）。

持续性损失：悬浮物浓度增量区域存在时间超过 15 天（含 15 天）。

1）一次性平均损失量评估

悬浮物浓度增量超过 125 mg/L 对海洋生物资源损失量，按公式（7-4）计算：

$$W_i = D_j S_j \quad \cdots\cdots (7\text{-}4)$$

式中：

W_i——第 i 种类生物资源一次性平均损失量（尾、个、kg）；

D_j——g 资源一次性浓度增量区第 i 种类生物资源密度（尾 / km^2、个 / km^2、kg / km^2）；

S_j——悬浮物 125 mg / L 增量区面积（km^2）；

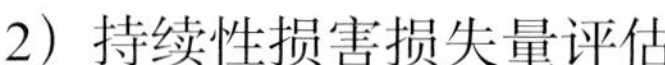

2）持续性损害损失量评估

当污染物浓度增量区域存在时间超过 15 天时，应计算生物资源的累计损失量。计算以年为单位的生物资源的累计损失量按公式（7-5）计算：

$$M_i = W_i T \quad \cdots\cdots（7-5）$$

式中：

M_i —— 第 i 种类生物资源累计损失量（尾、个、kg）；

W_i —— 第 i 种类生物资源一次平均损失量（尾、个、kg）；

T —— 污染物浓度增量影响的持续周期数（以年实际影响天数除以 15）（个）。

3. 围垦区内水产养殖资源损失评估

直接经济损失按公式（7-6）计算：

$$L_e = \sum_{i=1}^{n} \left(Y_{li} P_{di} - F_i \right) \quad \cdots\cdots（7-6）$$

式中：

L_e —— 围垦区养殖资源直接损失金额（元、万元）；

Y_{li} —— 第 i 种养殖生物损失量（kg）；

P_{di} —— 第 i 种水产品当地的平均价格（元 / kg）；

F_i —— 第 i 种养殖的成本投资（元、万元）。

生态影响关键指标中应考虑生态损失及相应的经济效益两方面内容。

可持续发展模式包括经济、环境和社会目标的实现，它是经济系统、环境系统以及社会系统相互作用、和谐发展的象征。它所涵盖的范围从经济发展与经济效益的实现，自然资源的有效配置和永续利用，以及环境质量的改善到社会公平与合适的社会组织形式的实现。所以，对其评估几乎涉及人们社会生活以及人类生境的各个方面。根据《全国生态环境建设规划》、《全国生态环境保护纲要》、《国家环境保护“十五”计划》等相关内容及反映生态环境的常用指标，把以下 6 个方面的主要指标作为判别指标的主要依据。① 自然资源潜力；② 环境质量水平；③ 生态环境保护；④ 滩涂生态环境建设；⑤ 资金投入；⑥ 生态环境管理。

按照以上 6 方面的指标，围填海适宜度判别指标按公式（7-7）计算：

$$U = （A + B + C）/ W \quad \cdots\cdots（7-7）$$

式中：

U —— 生态补偿金额占投资百分数；

A —— 围垦占用海域的海洋生物资源损失量；

B —— 污染物扩散范围内的海洋生物资源损失量；

C —— 围垦区内水产养殖资源损失；

W —— 围垦区总投资额。

综合浙江省近期报批的各个围填海报告，有良好经济效益和社会效益的围垦项目的生态补偿金额均在5%以下，同时，通过专家打分法确定，生态赔偿金额占投资数如在5%以上，则围填海区域所产生的效益不能弥补长远的生态损失。因此，围垦适宜度的生态判别指标赋分值具体如表7-6所示。

表7–6　河口型围填海适宜度的指标判别标准(生态系统)

生态补偿金额占投资百分数	围垦建议	指标得分
$U>5\%$	不宜围垦	0～0.2
$0.5\%<U\leqslant 5\%$	适度围垦	0.2～0.8
$0<U\leqslant 0.5\%$	可围垦	0.8～1

（二）港口航道指标

1. 堤前淤涨速度

堤前淤涨速度一般采用潮流、泥沙数学模型进行预测计算，或者采用潮流数学模型结合泥沙冲淤计算方法来计算冲淤强度。

水流夹带泥沙输移引起床面冲淤变化，是一个复杂的物理过程，鉴于泥沙输移的复杂性和目前泥沙输移基本理论的不成熟，可以采用床面冲淤计算模型，计算方程如下。

潮汐水流悬移泥沙运动微分方程为：

$$\frac{\partial(HS)}{\partial t}+\frac{\partial(qS)}{\partial l}+\alpha\omega(S-S^*)=0 \quad\cdots\cdots\cdots\cdots\cdots\cdots\cdots\cdots\cdots\cdots\quad (7\text{-}8)$$

式中：

S——含沙量（kg/m^3）；

q——单宽流量（m^2/s）；

H——水深（m）；

ω——泥沙沉降速度（m/s）；

S^*——水流挟泥沙能力（kg/m^3）。

对式（7-8）在一个全潮周期内进行积分，可近似得到一个全潮周期T时间内的泥沙淤积强度的表达方式：

$$\Delta H=\frac{\alpha\omega}{\gamma_c}(S^*-S')T=\frac{\alpha\omega}{\gamma_c}S^*(1-\frac{V'^2}{V^2})T \quad\cdots\cdots\cdots\cdots\cdots\cdots\quad (7\text{-}9)$$

式中：

α——泥沙沉降概率；

γ_c——淤积物干容重（kg/m^3）；

ω——沉降速度（m/s）；

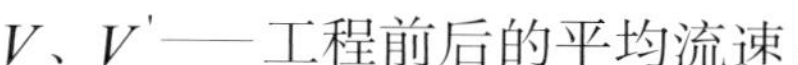

V、V'——工程前后的平均流速；

T——一个全潮周期（s）。

在预测时，α 取 0.45；γ_c 根据经验公式：$\gamma_c = 1750d^{0.183}$ 确定，d 为水深。

$n \cdot \Delta H$——年冲淤强度，其中，n 为一年潮数。

2. 围垦实施后的堤前冲淤恢复自然状态的平衡时间

堤坝前沿的冲淤恢复自然状态的平衡时间一般采用经验公式进行计算。

工程后海床冲淤达到平衡时间采用公式（7-10）估算：

$$P_K = \frac{K_2 S_K \omega_K t}{\gamma_c}\left[1 - \frac{V_2}{2V_1}\left(1 + \frac{d_1}{d_2}\right)\right] \quad \text{(7-10)}$$

式中：

P_K——工程后经过时间 t 的冲淤量；

K_2——0.13；

S_K——S^*；

ω_K——0.0005 m/s；

γ_c——$1750d^{0.183}$；

V_1、V_2——工程前后的流速；

d_1、d_2——工程前后的水深。

当冲淤达到平衡时，$P_K = 0$，故有：

$$\frac{d_1}{d_2} = \frac{(1 + 8q_1/q_2)^{1/2} - 1}{2} \quad \text{(7-11)}$$

式中：

q_1、q_2——工程前后的单宽流量。

这样可以假定工程海域潮流基本不变的情况下，预测出工程后达到平衡时的水深。工程后海域达到平衡时的时间过程，可以用以公式（7-12）预测：

$$t = \frac{P}{\dfrac{K_2 S_K \omega_K t_0}{\gamma_c}\left[1 - \dfrac{v_1'}{2v_1}\left(1 + \dfrac{d_1}{d_1 - P}\right)\right]} \quad \text{(7-12)}$$

式中：

t——年 (a)；

v_1'——工程后海域冲淤达到 P 后的流速 $v_1' = v_2 d_2/(d_2 - p)$；

t_0——$315.36 \times 10^5 s$；

v_2——工程后初期的流速。

这里通过公式（7-9）预测下一全潮周期内泥沙冲淤厚度，乘以一年中的潮数后，得到年淤积强度公式（7-10）；根据公式（7-11）求出工程后达到冲淤平衡时的最终冲淤量，然后由

公式（7-12）估算出工程海域达到冲淤平衡的时间。

航道资源利用的判别指标主要依据围填海实施后，是否有利于港口航道资源的综合利用进行判别。

因此判别标准既要考虑围填海对港口航道的不利影响，也要考虑对其有利的一面。还应综合考虑围填海的项目用海范围和项目造成冲淤对航道、港口造成的影响。过度地围填海将影响现有的港口航道的正常使用，而适度的围填规模将有利于港口潜力的开发和资源的更有效利用。因此这里是否对港口航道造成不利影响和是否能更好地开发利用现有资源作为判别标准，其具体标准如下。

（1）当围填实施后，项目用海和冲淤范围对港口航道造成不利影响，为不适宜围填。

（2）当围填实施后，对港口航道的不利影响较小，为适度围填。

（3）当围填实施后，不利影响较小，且增加可利用的港口岸线长度，为可围填。

综上所述，形成港口、航道的判别标准如表 7-7 所示。

表7–7　河口型围填海适宜度的判别标准（港口航道）

围填后港口资源情况	围垦建议	指标得分
项目用海和冲淤范围对港口航道造成不利影响	不宜围垦	0～0.3
对港口航道的不利影响较小	适度围垦	0.3～0.8
不利影响较小，且增加可利用的港口岸线长度	可围垦	0.8～1.0

（三）洪涝灾害指标

由于围填海工程对于河口型海岸的防洪泄洪的影响主要是围垦工程占用海域影响了河口的过水面积，因此防洪因子的计算公式如下：

$$V=\frac{H_1 L_1}{H_2 L_2} \quad \cdots\cdots (7\text{-}13)$$

式中：

V——围垦工程占用的河口的过水面积与河口截面积的比值；

H_1——围垦海堤高度；

L_1——围垦海堤伸出河口的长度；

H_2——围垦区河流平均水深；

L_2——围垦区河流平均宽度。

过度的围填海将影响现有的河口泄洪功能，使得河口区防洪泄洪的能力降低。因此这里对围填海是否造成对防洪的不利影响作为判别标准，其具体标准如下。

（1）当围填实施后，项目用海占用河口过水面积造成较大不利影响，为不适宜围填。

（2）当围填实施后，对河口过水面积的不利影响较小，为适度围填。

（3）当围填实施后，对河口过水面积基本无不利影响，为可围填。

综上所述，形成洪涝灾害的判别标准如表 7-8 所示。

表7–8　河口型围填海适宜度的判别标准（洪涝灾害）

规划围堤处的截水面积占河口总面积的百分比	建议	指标得分
$V > 10\%$	不宜围垦	0～0.2
$5\% < V \leqslant 10\%$	适度围垦	0.2～0.8
$V \leqslant 5\%$	可围垦	0.8～1.0

注：河口围填海洪涝灾害关键指标主要针对河口段的围垦建议指标得分，若工程项目处于口外海滨，则对航道无不利影响，此部分得分直接为1，属于可围垦。

三、河口型海岸围填海适宜性评估指标权重确定

以上 3 项指标的权重确定，首先要明确拟围填区域的主导功能及资源；然后根据主导功能及资源进行专家打分，得到各项指标的排序，构建层次分析的结构矩阵；最后采用层次分析法确定三个重要判定指标的权重。

根据主导功能和主导资源，本研究将河口海岸分为以下 3 类。

第一类：主导资源为港口航道资源，主导功能为交通运输功能。

第二类：主导资源为水生生物资源，主导功能为水生生物资源养护功能。

第三类：主导功能为泄洪功能。

第一类的主导资源为港口航道资源，其主导功能为交通运输功能。显然，该类岸线的最重要评价指标为港口航道指标。而在河口型海岸，港口、航道海域将影响到水流的输送能力，因此将洪涝灾害指标作为其次重要的指标。由于在港口航道海域进行大规模养殖的情况较为少见，因此 3 个评估指标中，生态指标的权重相对较轻。

首先构建层次结构矩阵。

以主导资源为港口航道，主导功能为交通运输为前提，根据专家打分获得指标两两比较的结构矩阵如下：

	港口航道	洪涝灾害	生态系统
港口航道	1	3	4
洪涝灾害	1/3	1	1/2
生态系统	1/4	2	1

由矩阵可得：

$$\text{特征向量}=\begin{bmatrix} 0.9214 & 0.9214 & 0.9214 \\ 0.3194 & -0.1597+0.2766i & -0.1597-0.2766i \\ 0.2215 & -0.1107-0.1918i & -0.1107+0.1918i \end{bmatrix}$$

$$
\text{特征根}=\begin{bmatrix} 3.1078 & 0 & 0 \\ 0 & -0.0539+0.5764i & 0 \\ 0 & 0 & -0.0539-0.5764i \end{bmatrix}
$$

归一化权重总排序如表 7-9 所示。

表7-9　主导资源为港口航道资源的指标权重排序

指标	港口航道	洪涝灾害	生态系统
各指标权值	0.63	0.22	0.15

第二类的主导资源为水生生物资源，主导功能为水生生物资源养护功能。

主导资源为水生生物资源，其主导功能为水生生物资源养护功能。该类岸线的最重要评价指标为生态因子评价指标。

具有水生生物资源养护功能的岸线，是海洋生物的良好栖息场所，生物多样性指数较高。而一般作为水生生物资源养护功能的岸线，其作为港口航道的功能则必须被减弱，否则对生物的保护不利，因此港口航道的指标较低。

首先构建层次结构矩阵。

以主导资源为水生生物资源，主导功能为水生生物资源养护功能，根据专家打分获得指标两两比较的结构矩阵如下：

	生态系统	港口航道	洪涝灾害
生态系统	1	4	3
港口航道	1/4	1	2
洪涝灾害	1/3	1/2	1

由矩阵可得：

$$
\text{特征向量}=\begin{bmatrix} 0.9214 & 0.9214 & 0.9214 \\ 0.3194 & -0.1597+0.2766i & -0.1597-0.2766i \\ 0.2215 & -0.1107-0.1918i & -0.1107+0.1918i \end{bmatrix}
$$

$$
\text{特征根}=\begin{bmatrix} 3.1078 & 0 & 0 \\ 0 & -0.0539+0.5764i & 0 \\ 0 & 0 & -0.0539-0.5764i \end{bmatrix}
$$

归一化权重总排序如表（7-10）所示。

表7-10 主导资源为水生生物资源的指标权重排序

指标	生态系统	洪涝灾害	港口航道
各指标权值	0.63	0.22	0.15

第三类的主导功能为泄洪功能。

主导功能为泄洪功能的岸线其洪涝灾害评价指标所占的比重最高，由于关注了泄洪功能后，将对河口的交通运输功能有促进作用，因此港口航道指标因子所占比重较低。

首先构建层次结构矩阵。

以主导功能为泄洪功能，根据专家打分获得指标两两比较的结构矩阵如下：

	洪涝灾害	港口航道	生态系统
洪涝灾害	1	4	3
港口航道	1/4	1	2
生态系统	1/3	1/2	1

由矩阵可得：

$$\text{特征向量}=\begin{bmatrix}0.9214 & 0.9214 & 0.9214\\ 0.3194 & -0.1597+0.2766i & -0.1597-0.2766i\\ 0.2215 & -0.1107-0.1918i & -0.1107+0.1918i\end{bmatrix}$$

$$\text{特征根}=\begin{bmatrix}3.1078 & 0 & 0\\ 0 & -0.0539+0.5764i & 0\\ 0 & 0 & -0.0539-0.5764i\end{bmatrix}$$

归一化权重总排序如表（7-11）所示。

表7-11 主导功能为泄洪功能的指标权重排序

指标	洪涝灾害	生态系统	港口航道
各指标权值	0.63	0.22	0.15

四、河口型海岸围填海适宜性评估模型

河口型海岸围填海适宜性评估采用各评估指标的加权求和计算，计算模型如下：

$$F=\sum_{i} E_i C_i \quad \cdots\cdots\cdots\cdots \quad (7\text{-}14)$$

式中：

E_i——指标的单项得分；

C_i ——各项指标的权重；

F ——加权总得分。

河口型海岸围填海工程的适宜性根据围填邻近生态系统改变程度、海洋洪涝灾害风险度和港口航道利用程度可以划分为不宜围填、可适度围填、可围填 3 个等级。当 $F \geqslant 0.8$ 时，为可围填海域；当 $0.5 \leqslant F < 0.8$ 时，为可适度围填海域；当 $F < 0.5$ 时，为不宜围填海域。

第三节　上海市人工半岛围填海适宜性评估

一、上海市人工半岛围填海工程概述

上海人工半岛围填海二期工程位于长江口与杭州湾交汇处的滩地，地理位置独特。工程建设取得的土地是为深水港三大建设项目之一，由上海港新城提供主要的建设用地。上海人工半岛围填海二期工程围堤工程，拟建围堤南起本工程一期工程围堤东北端，北至上海滩涂造地有限公司建设的南汇东滩促淤圈围工程南侧促淤坝，新建主堤 9.86 km，新建北侧堤（与南汇东滩促淤区交界位置）3.68 km，围堤总长 13.54 km，圈围面积约 4.95 万亩。上海人工半岛圈围造地二期工程吹填工程是将围内现状滩地吹填至开发所需的 4.0 m 高程，吹填净土方量约 $4\ 800 \times 10^4\ m^3$。本工程与围堤工程同期实施，同时竣工，施工过程须相互配合，相互协调。

建设项目上海人工半岛围圈造地二期工程，由于其地理位置正好处于长江口和杭州湾的交汇处，符合萨莫依洛夫（1958）对河口口外海滨段的定义，而且本建设项目是令人瞩目的大工程，又位于长江口，其重要性不言而喻，因此，选择本项目作为河口型海岸围填海适宜性评估的实践工程。

二、所在海域环境状况

（一）水动力环境

人工半岛滩地属南汇东滩范围，受长江口和杭州湾两股潮流控制，潮汐属非正规浅海半日潮。

人工半岛二期工程地处长江口和杭州湾的交汇处，海洋动力作用较强，水流和泥沙运动甚为复杂。在长江口一侧的南汇东滩地区，位于长江口南槽的下口，滩宽槽浅，在径流和潮流相互作用下，泥沙在上下往复搬运过程中，滩槽之间泥沙交换频繁。据实测资料分析，−5 m 以深的主槽区内，涨落潮流为 WN — ES 向的往复流，最大垂线平均流速可达 1.0 ～ 1.5 m/s，泥沙随涨落潮流往复搬运，以出水出沙为主；而进入 −2 m 以浅的浅滩地面，涨潮流以上滩流为主，落潮流则以下泄流为主，−1 ～ −2 m 间的最大涨落潮流速为 0.50 ～ 0.70 m/s，由于涨潮流速和流量大于落潮，则近岸浅滩地区呈现进沙大于出沙，主槽地区呈现出沙大于进沙，结果在滩槽之间形成横向的输沙环流，有利于泥沙上滩产生淤积。而在杭州湾一侧的南汇嘴南滩，包括塘角南外侧部分滩地在内。据卫星照片反映，该区主要受杭州湾湾口北侧潮流系统的影响。1994 年人工半岛一期工程外侧不同水深处实测水文资料表明，除 0 m 线附近流速较小外，处在水下斜坡处的 -5 ～ -8 m 线间的涨落潮流基本上呈东西向顺岸的往复流，平均流速 1.0 m/s 左右，最大垂线平均流速涨潮达 2.00 m/s 以上，落潮达 1.50～2.00 m/s，最大可达 2.5m/s 以上，普遍较长江口一侧要大，成为沿岸输沙和岸滩冲刷的主要动力因素。

在中潮滩以上，涨潮流速大于落潮流速，涨潮流占优势，涨潮含沙量明显大于落潮，低潮滩则相反。涨潮优势流对滩涂的淤积起着重要的作用。在一个潮周期中，中高潮滩净输沙量向高潮滩方向，而低潮滩净输沙向海方向，根据长江口滩地水文泥沙测量资料分析，分界线约在 -1 m 高程附近，即 -1 m 线为潮滩冲淤平衡带。

近百年来，南汇东滩北冲南淤，-5 m 以上的滩地面积变化不大，呈整体向东南伸展的演变趋势。南汇东滩滩地平阔，虽然潮流是近岸滩地塑造的主要动力，但随着滩地向岸，水深变浅，波浪作用相应增强，在潮间带和岸线的走向上，产生的影响也逐渐加大。在波浪和潮流的双重作用下，南汇东滩形成了滩坡平缓，岸、滩、槽走向不同，平面发散的地貌形态。

近年来，南汇东滩冲淤变化受长江口南槽变化的影响显著，但其地貌形态总体仍保持稳定。长江口深水航道治理一期工程实施后，南槽上段因动力增强，河槽冲刷，南槽中段总体平衡，下段大面积淤积。

南汇东滩上段因南槽上段的冲刷而冲刷，下段随主槽淤积而淤积。没冒沙是在南汇东滩上的次生沙体，自 20 世纪 20 年代形成以来虽经历了复杂的演变过程，但多年来沙嘴 (或沙脊) 的位置和走向基本保持稳定。丰富的泥沙供应是没冒沙发育和长期稳定的物质基础。有一定强度的定向往复潮流是维持没冒沙“潮流脊”形态的动力条件。波浪强度和潮差大小则是决定没冒沙脊 (滩) 顶高程的重要因素。南汇东滩滩坡的长期稳定是没冒沙得以长期稳定的地形基础。

（二）灾害状况

除潮流作用外，整个半岛工程的堤外滩地还受着波浪作用的冲刷，从南汇嘴两侧的岸线走向上看，南汇嘴以北处在长江口一侧的东滩，主要受到来自 S、SE 和 E 向的波浪袭击。该区风浪常浪向和强浪向为 NNE 向，其次为 NE 向和 ENE 向，出现频率分别为 12.7%、12.4% 和 8.2%，最大风浪波高为 7 m，全年平均波高 0.8 m。各月平均波高分布不均，冬半年（10 月至翌年 3 月）大于夏半年（4 月至 9 月），最大波高出现在 8 月台风季节。冬季 1 月寒潮大风季节，月均波高 1.0 m，最大波高达 4.4 m，为全年次最大波高。本区是受台风侵袭的频繁地区，l960 年至 2000 年影响长江口台风共出现 53 次，平均 1.3 次 /a，最多一年有 5 次（2000 年）。台风引起的增水和波浪作用是造成海岸堤防破坏和滩地冲刷的重要原因。近 20 年来最强烈的台风有 8114 号、8615 号和 9711 号台风。9711 号台风在南汇芦潮港时的最大风速达到 38 m/s，风向 ENE，最高潮位达 5.68 m，增水超过历史上最高潮位 0.42 m，台风过境时大戢山实测最大波高达 5m，并由此推算得该区 -5m 水深处波高达 2.6～3.0 m。

（三）生态现状

本工程区滩涂表面除自然生长的秧草及人工种植的芦苇之外，还生长有一些浮游生物、底栖生物、潮间带生物及一些陆生动物等。据《南汇县水利志》，水生动物资源中，近海的

鱼类有支鱼、梅头鱼、凤尾鱼（又称刀其鱼）、鲈鱼、鲳鱼、虾、蟛蜞、梭子蟹等，品种较多，数量较为丰富。野生飞禽有野鸡、鹌鹑、鸬呱鸟、海鸥、野鸭、沙鸟、青庄、天鹅等，每年飞来栖息。野生兽类常见的有野兔、野猫、黄鼠狼等。沿海滩涂芦苇、秧草的生长，肥沃了广阔的滩涂，各种浮游野生物繁殖，也吸引了各种兽类在近岸栖息。

全年共鉴定出浮游植物 5 门 42 属 112 种，总数量平均值为 1.41×10^5 个 /L，中肋骨条藻为该海域最主要的优势种类。浮游动物共鉴定出 14 个类群 80 种，各区域主要优势种差别较大，平均密度为 304.76 个 /m^3，平均生物量为 474.09 mg/m^3。底栖生物共鉴定 6 大类群 76 种，栖息密度平均值为 43.15 个 /m^2，生物量平均值为 3.88 g/m^2。潮间带生物平均生物量 47.18 g/m^2，栖息密度平均为 149 个 /m^2。

三、围填海适宜性评估

（一）港口航道适宜性评估

本项目围填区距离长江南口的中线航道线的最近距离约 6 km。

根据长江口滩地水文泥沙测量资料分析，分界线约在 −1 m 高程附近，即 −1 m 线为潮滩冲淤平衡带。

近百年来，南汇东滩北冲南淤，−5 m 以上的滩地面积变化不大，呈整体向东南伸展的演变趋势，而航道中心线位于南汇的北侧。

南汇东滩冲淤变化受长江口南槽变化的影响显著，但其地貌形态总体仍保持稳定。长江口深水航道治理一期工程实施后，南槽上段因动力增强，河槽冲刷，南槽中段总体平衡，下段大面积淤积。而上段的航道较为狭窄，下段航道较开阔且离围填区域距离较远。

因此本项目围填海对港口航道有一定影响，但不利影响程度较小。因此指标得分为 0.5 分。

（二）生态适宜性评估

1. 项目占用海域对底栖生物的损失生态补偿

项目施工中的滩涂挖掘泥沙、充填石料、填海造陆等作业，改变了生物的原有栖息环境，对底栖生物的影响最为明显。本项目围海造地工程建设区将使 4.95 万亩的滩涂湿地全部变成陆地。由于底栖生物平均生物量为 3.88 g/m^2，计算可得拟建项目的围填建设将直接造成 128.04 t 底栖生物生物量的减少。以底栖生物 3 000 元 /t 计算，本部分底栖生物的生态损失补偿金为 768.24 万元。

2. 项目占用海域对渔业资源（鱼卵仔鱼）的损失生态补偿

项目建设区鱼卵平均值为 3.31 个 /m^2，仔鱼平均值为 1.53 尾 /m^2，因此鱼卵损失量合计为 1.09 亿个，仔鱼损失量为 5 050 万尾，鱼卵存活率按 1% 计算，仔鱼存活率按 5% 计算，成鱼重量按 100 g 计算，则鱼卵仔鱼折合成成鱼损失约为 362 t，按成鱼 10 000 元 /t 计算，本项目鱼卵仔鱼的经济损失约为 1 086 万元（按一次性赔偿 3 年计）。

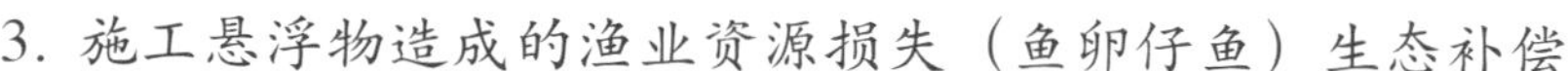

3. 施工悬浮物造成的渔业资源损失（鱼卵仔鱼）生态补偿

悬浮物浓度的增高将对鱼卵和仔鱼造成损失，损失的程度取决于悬浮物污染的程度。根据悬浮物浓度预测，本项目施工作业造成海水悬浮物浓度受到显著影响、较显著影响（超一、二类标准）的海域面积为 5.371 m^2，按受到污染海域鱼卵和仔鱼的成活率分别下降 10%、30%，影响时间 4 年计，则因悬浮物浓度增大造成的鱼卵损失量为 2 400 个、仔鱼的损失量约为 4 900 尾。根据鱼卵、仔鱼的生长到商品鱼苗的成活率分别按照 1%、5% 计算，则这部分鱼卵、仔鱼损失折算为成鱼损失约为 270 尾。对照占用海域可忽略不计。

4. 生态评估结论

工程总投资额为 20 亿元，$U = (A + B + C) / W = (768.24 + 1086) / 200000 = 0.9\%$，得分区间在 0.2～0.8，计算可得，得分为 0.75 分，属于适度围垦项目。

（三）洪涝灾害适宜性评估

由于工程项目区处于河口的口外海滨段，对河道泄洪无不利影响，因此此部分得分直接为 1，属于可围垦。

四、围填海适宜性评估结论

上海人工半岛圈围造地二期工程的各项评估指标的得分为生态系统 = 0.75，港口航道 = 0.5，洪涝灾害 =1.0。分析本工程所处的地理位置，其水生生物养护功能较为重要，再根据各指标权重，可得本项目围填海适宜度分值为：

$$F = 生态系统 \times 0.63 + 洪涝灾害 \times 0.22 + 港口航道 \times 0.15 = 0.7675 分$$

当 $F \geqslant 0.8$ 时，为可围填海域；当 $0.5 \leqslant F < 0.8$ 时，为可适度围填海域；当 $F < 0.5$ 时，为不宜围填海域。因此本项目为适度围填海域。

第八章　人工岛建设适宜性评估方法与实践

第一节　人工岛概述

人工岛是人类出于各种目的，在海上建造的陆地化的生产与生活空间。古代的人工岛，有为盐业工人在大潮或风暴潮时避难而建筑的潮墩，有为渔民等候潮水、贮存淡水、整理渔具和躲避暴风雨的渔墩，也有为海防需要而建造的烟墩。现代的人工岛用途更为广泛，可用于兴建停泊大型船舶的开敞深水港；起飞着陆安全、不对城市产生噪声污染的机场；易于解决冷却和污染问题的大型电站或核电站；开采海上石油（气）田和建造石油、天然气加工厂；开采海底煤、铁矿或建造海上选矿厂和金属冶炼厂；建造水产加工厂、纸厂、废品处理厂、毒品与危险品仓库等。还可以建造海上公园，供人们商住、旅游观光，甚至建设新的海上城市，为人们提供生活居住空间。

从人工岛的定义可以看出，该定义包含了这样几个内容，首先是满足人类生产和生活的某种需要，即建造人工岛的目的；其次是陆地化，也就是说要通过人工填筑一定范围的海域；最后是在海上，也即离陆地一定距离。

为了满足经济社会的快速发展和人们生活质量提高的需要，人类对人工岛的需求越来越高，土地资源匮乏的沿海国家，如日本、荷兰等国，人工岛的建设速度越来越快，而且建设规模正向大规模化方向发展。截至目前，世界各国已经建成的人工岛超过 600 个，其中，较大型人工岛 50 个。这些人工岛建设项目水深一般 20 ~ 100 m，少数达 1 000 m；离岸最近的 0.1 km，最远的达 150 km，可分为固定式和浮动式两大类，用海底隧道或跨海桥梁与陆岸连接。大量人工岛的建成对促进城市经济发展、提高人们生活质量发挥了巨大作用。

20 世纪 60 年代以来，日本建造的现代人工岛数量最多，规模也最大，如神户人工岛海港、六甲人工岛、新大村海上飞机场、东京湾人工岛等典型人工岛。日本神户人工岛位于日本大阪湾西部神户市港口外的海域中，1966 年开始兴建。在 10 m 水深的海域中用 $8\,000 \times 10^4\ m^3$ 土石填筑成一个总面积为 $436 \times 10^4\ m^2$ 的人工岛。人工岛抛填平均厚度约 20 m，向海一侧有长 3 040 m 的护岸和 1 400 m 的防波堤，与陆地连接的神户大桥为三跨拱结构，桥宽 14 m。全部工程于 1981 年建成。1972 年神户市又开始在人工岛东侧的附近海面建造面积 $580 \times 10^4\ m^2$ 的六甲人工岛。新大村飞机场，即长崎机场，位于长崎、佐世保间的大村湾内，是利用离海岸 1.5 km 的箕岛扩建而成的。采用爆破方法削平箕岛的南、北两岛后，在向陆一侧 12 ~ 15 m 深的水域中抛填土石建造了长 3 200 m、宽 430 m 的人工岛。

阿联酋迪拜棕榈岛一共有 3 个，其中最小的一个是久美拉棕榈岛，另外两个是德拉棕榈岛和杰贝拉里棕榈岛。作为棕榈岛的第一个项目，Palm Jumeirah 岛从 2001 年开始修建，2009 年完成。其主干长 5 km，每片“树叶”宽 75 m、长 2 km，外围防浪堤长 11.5 km。岛上将遍布旅馆、豪华住宅、购物商场、高尔夫球场、电影院以及主题游乐场。每座岛屿将耗时两年并消耗 $8000\times10^4\,m^3$ 岩石和沙土，岛屿与主陆地的连接则有赖于一架 300m 长的桥梁。

此外，美国、荷兰等国也很重视发展人工岛。迈阿密港是美国东部佛罗里达州的商港，位于佛罗里达半岛东南端、大西洋比斯开恩潟湖湾内，为 20 世纪 60 年代初新建之港。港口码头在海滨潟湖填筑成两个人工岛，人工岛西北东南一字排开，并有桥梁与陆地连接。

我国第一座人工岛是 1965 年至 1976 年间位于黄河入海口极浅海区的海上石油平台。该人工岛为圆筒形壳体结构，外壳板内缘直径 60 m 左右。位于渤海湾北部的冀东南堡油田 1 号人工岛是截至目前我国面积最大的用于海洋石油开采开发的人工岛。形状近似椭圆形，长 704 m，宽 416 m，外环道路周长 2 020 m，占用海域 413 亩（约 27.5 hm^2）。该人工岛建有井口槽 12 座，钻井 392 口，原油生产能力 200×10^4 t/a，油气处理能力 400×10^4 t/a。随着探明储量的增加，冀东油田还将在现有 1 号人工岛的基础上，续建 2 号、3 号、4 号、5 号人工岛，以满足整个油田开发的需要。

澳门国际机场位于澳门氹仔岛一路环岛东侧的开敞海域，是我国第一座海上人工岛机场，工程包括人工岛、跑道区及联络桥工程。1992 年 3 月开工，1995 年 3 月竣工。人工岛采用海上清淤填海形成陆域。人工岛总长 3 549 m，北端宽 269 m，南端宽 381.5 m，总造陆面积 115 hm^2。

1988 年在南沙永暑礁建立的面积为 8 000 m^2 多的人工岛是我国第一座用于海洋观测的人工岛。江苏省南通市洋口港外海人工岛位于如东县海滨辐射沙洲的西太阳沙，是目前我国建设的距离大陆最远的用于港口开发的人工岛，距陆地海岸线最近约 13 km，填海面积 143.29 hm^2。位于三亚市三亚湾“阳光海岸”核心区的三亚凤凰岛是在大海礁盘之中吹填出的人工岛。该人工岛四面临海，由一座长 394 m、宽 17 m 的跨海观光大桥与市区滨海大道光明路相连，距三亚市繁华商业主路解放路垂直距离小于 1 000 m，南侧临鹿回头风景区，东南侧临三亚河入海口，西侧为东、西瑁岛，北侧濒临优美的 17 km 长三亚湾海滩。人工岛长 1 250 m，宽约 350 m，占地面积 36.5 hm^2，规划总建筑面积 $48\times10^4\,m^2$，总容积率 1.1。该岛三面依托山景，四面临海，拥有得天独厚的山海天旅游风光，具备海上娱乐、水上运动和全季候度假旅游的条件。

随着沿海城市特别是大城市和土地资源相对紧缺的中小城市社会经济的快速发展以及人民生活水平的不断提高，人工岛建设的需求越来越多。从近几年来人工岛建设的情况来看，除了用于港口建设、海上石油开采开发等传统工业建设项目的人工岛需求之外，城镇开发和商、住旅游类人工岛开发建设越来越多。

上海的科学家们已经提出了一系列建造人工岛的设想。这些设想主要是围绕着开拓航道、修建深水港和充分利用滩涂资源三个项目而展开的。工程主要分四大块进行，其中包括修建两个人工半岛，即芦潮港人工半岛、浦东国际机场人工半岛，而真正的人工岛是长江口的人工岛群。这个人工岛群包括以长兴岛为依托的中央人工岛，以横沙浅滩和铜沙浅滩为依托的

人工岛；另外，还有九沙人工岛和风沙人工岛。这些人工岛是利用长江口拦门沙水下浅滩在水深5 m以内的有利地形条件建造的。这群人工岛建成后，可使长江口地区的崇明岛岸、宝山区东岸形成一个拥有200 km^2 以上深水港区和几百平方千米腹地的规模宏大的现代化港口城市。

从已建成的或即将建设的人工岛来看，用于城镇开发和商、住旅游的人工岛大多建于离岸较近的近岸海域，通常以桥梁与大陆连接，其规模在几公顷到几平方千米，大型化趋势越来越明显。用于工业建设项目的人工岛主要以海上石油开采开发、港口物流、海上机场等为主，海上石油开采开发的海上平台结构形式多以桩柱支撑，除了规模较大的多用途海上平台外，直接填海的越来越少；已经建成的用于港口物流、海上机场的人工岛数量不多，但未来需求将越来越多，其趋势将向大型化方向发展。

第二节　人工岛建设适宜性评估指标体系

一、人工岛建设适宜性评估指标选取原则

1. 充分利用海域功能的原则

海域作为一种环境资源有其自身的功能，主要包括港口航运、渔业资源利用和养护、海水资源利用、旅游、矿产资源利用、海洋环境保护、海洋能利用、海底管线利用等。人工岛建设用海应当充分利用由海域自然属性特有的这些功能，有利于海域功能的发挥。

2. 符合当地社会和经济发展需要的原则

人工岛建设应当与当地社会和经济发展规划相一致，应当符合海域开发利用规划，使其与当地经济发展相协调。

3. 充分反映人工岛建设用海环境影响的原则

人工岛建设会对周边环境产生或多或少的不利影响，通过对环境影响范围和影响程度的评估，确定其主要环境影响及影响范围和程度，从而对其环境适宜性进行评估是人工岛建设用海指标体系选取的重要组成部分和应当遵循的原则。

4. 代表性强、易于操作的原则

人工岛建设用海综合评估指标既要考虑海域的自然环境特征及其承受能力，又要充分反映对环境的影响，而且海域环境复杂多样，人工岛建设对海域资源环境影响是多方面的。因此，在选取评估指标时应当兼顾上述几个方面，选取最具代表性的指标，而且这些指标的评估方法易于掌握，便于给出定量的评价。

二、人工岛建设适宜性评估指标体系

人工岛建设适宜性评估指标体系由2个方面组成，即不适宜建设评估指标和适宜性建设评估指标。前者用于判别海域是否适合进行人工岛建设，后者用于判别适宜进行人工岛建设

的海域建设人工岛的适宜程度。人工岛不适宜建设评估指标主要根据海洋功能区划确定的海洋功能区类型及其管理要求确定。人工岛建设适宜性评估指标的选取主要根据人工岛的自然属性、海域主导功能、资源分布和开发利用状况、海岸类型以及区域社会经济发展规划和海域开发利用规划等选取。

1. 海洋功能区及其管理要求

《全国海洋功能区划 2010—2020 年》对我国管辖海域划定了 10 种主要功能区，各种功能区的开发保护重点和管理要求如下。

1）港口航运区

港口航运区是指适于开发利用港口航运资源，可供港口、航道和锚地建设的海域，包括港口区、航道区和锚地区。港口航运区主要用于港口建设、运行及其他直接为海上交通运输服务的活动。禁止在港区、锚地、航道、通航密集区以及公布的航路内进行与港口作业和航运无关的、有碍航行安全的活动；严禁在规划港口航运区内建设永久性设施。

2）农渔业区

农渔业区是指适于拓展农业发展空间和开发海洋生物资源，可供农业围垦，渔港和育苗场等渔业基础设施建设，海水增养殖和捕捞生产，以及重要渔业品种养护的海域，包括农业围垦区、渔业基础设施区、养殖区、增殖区、捕捞区和水产种质资源保护区。

3）工业与城镇建设区

工业与城镇建设区是指适于发展临海工业与滨海城镇的海域，包括工业用海区和城镇用海区。工业与城镇建设区主要分布在沿海大、中城市和重要港口毗邻海域。工业和城镇建设围填海应做好与土地利用总体规划、城乡规划、河口防洪与综合整治规划等的衔接，突出节约集约用海原则，合理控制规模，优化空间布局，提高海域空间资源的整体使用效能。

4）矿产与能源区

矿产与能源区是指适于开发利用矿产资源与海上能源，可供油气和固体矿产等勘探、开采作业，以及盐田和可再生能源等开发利用的海域，包括油气区、固体矿产区、盐田区和可再生能源区。

5）旅游休闲娱乐区

旅游休闲娱乐区是指适于开发利用滨海和海上旅游资源，可供旅游景区开发和海上文体娱乐活动场所建设的海域。包括风景旅游区和文体休闲娱乐区。旅游休闲娱乐区主要为沿海国家级风景名胜区、国家级旅游度假区、国家 5A 级旅游景区、国家级地质公园、国家级森林公园等毗邻海域及其他旅游资源丰富的海域。

6）海洋保护区

海洋保护区是指为保护珍稀、濒危海洋生物物种、经济生物物种及其栖息地以及有重大科学、文化和景观价值的海洋自然景观、自然生态系统和历史遗迹需要而划定的海域，包括

海洋和海岸自然生态系统保护区、海洋生物物种自然保护区、海洋自然遗迹和非生物自然保护区、海洋特别保护区。其核心区和缓冲区禁止一切建设项目建设。

7）特殊利用区

特殊利用区是指为满足科学研究、疏浚物和废弃物倾倒等特殊用途需要所划定的海域。科学研究实验区禁止从事与研究目的无关的活动，倾倒区要合理利用海洋环境的自净能力。

8）保留区

保留区是指目前尚未开发利用，且在规划期限内也无计划开发利用的海域。保留区应加强管理，暂缓开发，严禁随意开发。

除上述功能区外，为了军事、国防等涉及国家利益和公共利益需要而使用或预留的海域具有优先利用权，具有特殊的功能。

2. 人工岛建设不适宜指标

人工岛建设不适宜指标是指海洋功能区内禁止进行人工岛建设的评估指标，用于判别海域是否可进行人工岛建设，通过该类指标确定不适宜进行人工岛建设的海域，不适宜指标具有一票否决的作用。

不适宜进行人工岛建设的海域有：

（1）海洋保护区的核心区和缓冲区；

（2）重要渔业品种保护区；

（3）军事区；

（4）海底管线区。

3. 人工岛建设用海适宜性评估指标

人工岛建设用海适宜性指标是指可以进行人工岛建设的海域建设人工岛时对资源环境有一定影响，需要通过一定的评估方法评估其影响范围和影响程度，从而判断其可建设的适宜程度的指标。

1）海岸类型指标

包括海湾和平直海岸 2 种。

2）海底类型指标

包括基岩、淤泥质和砂质 3 种。

3）海洋功能区指标

包括国家和地方法律法规非禁止建设永久性建筑物的海域，包括港口航运区的毗邻区、滨海旅游区、渔业资源利用和养护区的毗邻区海水资源利用区、海洋能利用区、海底管线区的毗邻区、特殊利用区的毗邻区等。

4）人工岛属性指标

为了保持人工岛与大陆之间的联系，两者之间通常需要以某种形式连接起来。通常，距

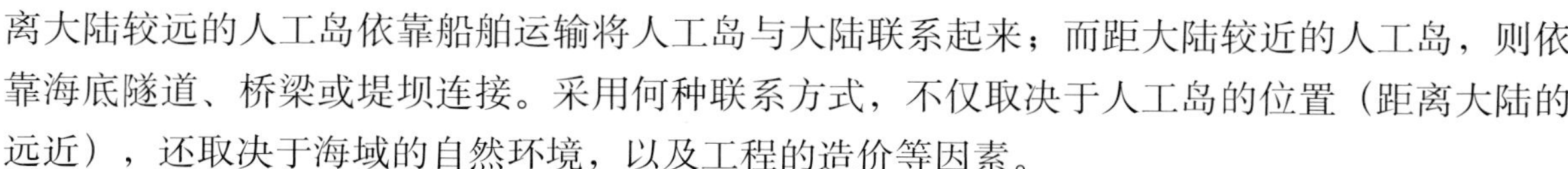

离大陆较远的人工岛依靠船舶运输将人工岛与大陆联系起来；而距大陆较近的人工岛，则依靠海底隧道、桥梁或堤坝连接。采用何种联系方式，不仅取决于人工岛的位置（距离大陆的远近），还取决于海域的自然环境，以及工程的造价等因素。

按照人工岛与大陆的连接方式可以将人工岛分为孤立式、（桥连式和海底隧道连接的视为孤立式）路连式两种类型。孤立式是指与大陆无任何连接的人工岛，其交通以船舶、桥梁或海底隧道相联系；路连式是指以实心堤坝（坝上修建公路或铁路）与大陆相联系。一般来讲，距离大陆较近、人工岛和大陆之间水深较浅的海域建设的人工岛多采用路连式或海底隧道连接。

（1）人工岛用途，按照人工岛用途可将人工岛划分为城镇开发建设、工业建设和商、住旅游等类型。

（2）人工岛的规模，按照人工岛的规模可以将人工岛划分为特大型、大型和中小型3种规模类型。特大型一般包括海上机场、小城镇、工业开发区等，规模为十几至上百平方千米；大型包括港口物流、码头等，规模为几平方千米到十几平方千米；中小型包括商住旅游、石油平台等，规模一般小于1 km。

5）人工岛建设环境影响指标

人工岛建设的环境影响，可以分为直接影响和间接影响。直接影响包括占用海域使得被占用海域的底栖生物永久性丧失，海域初级生产力下降等；海域空间的占用还直接改变了海域的自然属性，引起流场结构的变化、海底地形的演变，从而导致生态环境的改变。间接影响包括由其服务功能决定的污染物排放对水质环境的影响等。环境影响的范围和程度主要取决于人工岛的类型、所处位置和建设规模，不同平面布置的人工岛对海洋环境的影响范围不同。

孤立式人工岛，由于其与大陆在水体中无任何连接，其对海洋环境的影响限于其自身周边海域，主要表现在对水动力环境的影响。路连式人工岛，由于连接大陆的堤坝的存在，导致流经此处的海水交换通道被切断，局部海水流动减弱或强化，使得流动减弱区域水体中的悬浮泥沙产生沉降，造成该海域产生淤积，而流动强化的区域海底则易产生冲刷。

人工岛距离海岸线的远近决定了两者之间海水流动的通畅性，过小的距离使得两者之间形成狭窄的海水通道，由于束窄效应，在海水流动较强的海域容易使通道内的流速急剧增加，一旦流速超过海底泥沙的启动流速，海底泥沙就会产生悬浮，从而使通道内的海底地形产生冲刷，不仅影响人工岛的安全，而且会使局部生态环境产生不可逆的变化。

人工岛规模大小决定了其对环境影响的范围。从目前人工岛的建设规模来看，其规模向大型化（规模大于10 km^2）发展的趋势越来越明显。位于近岸海域的大型人工岛不仅占用海域面积大，造成海底生物的直接损失较大，而且在很大程度上改变了海水的流动状况，使得周边海水流动结构发生根本性变化，进而改变海底泥沙的分布状况，形成大面积的冲刷或淤积。

6）海岸动力因素与人工岛的相互作用

近岸海域的环境动力因素主要包括波浪、海流。由于人工岛的建设改变了波浪场的分布

状态以及海水的流动形态，使得人工岛附近海底泥沙重新分布，从而导致人工岛上游（输沙方向）海底淤积、下游冲刷，这样，不仅威胁到人工岛的安全，而且会使人工岛附近海域的生态环境发生不可逆转的改变。

（1）波浪

对于浅海水域来说，由于人工岛的建设改变了波浪要素在空间上的分布状况，使得局部波高增大、局部变小，从而打破了原有的泥沙平衡状态。一方面使得波高增大的区域稳定的海底泥沙重新启动；另一方面波浪产生的波流与海流一起使得启动的泥沙与海水一起输运扩散，到达流速较小（小于泥沙的扬动流速）的区域产生沉降，导致这些区域淤积。

（2）海流

近岸海域的海流一般较大，天然情况下，经过长时间的演变，形成了一定的变化规律，海底形态处于相对平衡状态。人工岛的建设，改变了局部的流态，流速的变化改变了海底泥沙的运动形式及悬浮泥沙的运动方向，从而导致悬浮泥沙的含量和泥沙落淤的空间分布，随着时间的推移，海底地形将发生新的变化，并逐步达到新的平衡。

近岸海域的波浪不仅起到掀沙的作用，而且会产生波流，在波流与潮流的共同作用下，改变了人工岛附近海域的泥沙运动，原有的平衡状态被打破，其结果使得海滩地形地貌产生冲刷和淤积，特别是遇有大风浪时，海底地形的演变会更加剧烈，不仅威胁人工岛的安全，而且由于泥沙的重新分布，将引起局部生态环境发生改变。如辽宁省皮口港人工岛（路连式），由于连岛堤阻断了沿岸海水的流动，改变了原有的泥沙运移通道，经过约20年的时间，上游（来沙方向）一侧淤积严重，人工岛处水深减小了近3 m，原来能够停船的码头不得不向外延伸；下游则因冲刷形成很多不规则的潮沟，严重影响船舶的停靠。

第三节　人工岛建设适宜性评估方法

一、人工岛建设适宜性评估指标筛选

依据人工岛建设的海洋环境影响特征，从人工岛属性、海岸类型、人工岛建设对海洋环境的影响3个方面构建人工岛建设适宜性评估指标体系，具体11项指标包括：海域主导功能、人工岛建设规模、离岸距离、陆岛连接方式、海岸类型（基岩、砂质、淤泥质）、水动力环境、冲淤环境、海水交换、生物资源损失、景观价值、经济效益指标。通过专家问卷调查打分的方法分别赋予分值和一定的权重。

在所选取的评估指标中，海域使用功能具有一票否决的作用。通过问卷调查，各评估指标的得分多少（按排序由高到低分别得12，11，10，…，1分）依次为：海域主导功能、人工岛的建设位置（离岸距离）、人工岛建设规模、冲淤环境、水动力环境、陆岛连接方式、海水交换、海岸类型、生物资源损失、景观价值、经济效益。其中，前8项指标的得分率为95.45%。

在排序理由中，多数专家表示：① 人工岛建设用海必须符合海域的主导功能或兼容功

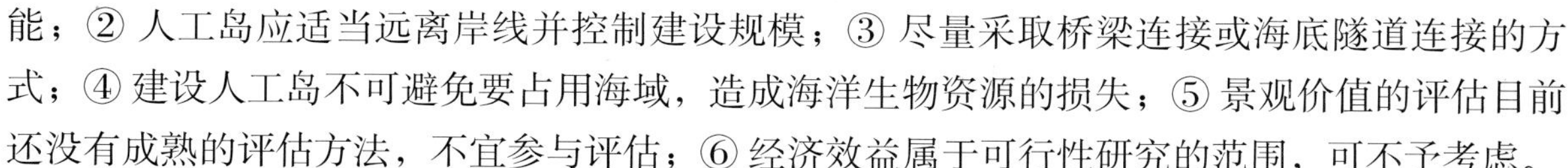

能；② 人工岛应适当远离岸线并控制建设规模；③ 尽量采取桥梁连接或海底隧道连接的方式；④ 建设人工岛不可避免要占用海域，造成海洋生物资源的损失；⑤ 景观价值的评估目前还没有成熟的评估方法，不宜参与评估；⑥ 经济效益属于可行性研究的范围，可不予考虑。

二、人工岛建设对海域泥沙冲淤影响的模拟方法

1. 泥沙运动研究中的海岸分类

在研究泥沙运动时，根据泥沙的组成，结合泥沙颗粒分类，海岸类型可分为以下 3 类。

1）淤泥质海岸

淤泥质海岸的岸滩泥沙中值粒径小于 0.031 mm，泥沙颗粒间有黏结力，在海水中呈絮凝状态，泥沙运动以悬移为主，在沙源充足地区，也能发现“浮泥”现象。

2）粉砂质海岸

粉砂质海岸的岸滩泥沙中值粒径介于 0.031 mm 和 0.125 mm 之间，起动流速小，易悬浮，也易于落淤，在海水中基本不存在絮凝现象，泥沙运动形态为悬移和推移并存。

3）砂质海岸

砂质海岸的岸滩泥沙中值粒径介于 0.125 mm 和 2.0 mm 之间，泥沙运动形态以推移质为主，也同时存在悬移质。

2. 淤泥质海岸泥沙运动数值模拟

1）潮流数学模型

$$\frac{\partial \zeta}{\partial t}+\frac{\partial}{\partial x}(hu)+\frac{\partial}{\partial y}(hv)=0 \quad (8\text{-}1)$$

$$\frac{\partial u}{\partial t}+u\frac{\partial u}{\partial x}+v\frac{\partial u}{\partial y}=-g\frac{\partial \zeta}{\partial x}+\frac{\tau_{sx}}{h\rho}+\frac{\tau_{bx}}{h\rho}+fv+T_x+\varepsilon V_u \quad (8\text{-}2)$$

$$\frac{\partial v}{\partial t}+u\frac{\partial v}{\partial x}+v\frac{\partial v}{\partial y}=-g\frac{\partial \zeta}{\partial y}+\frac{\tau_{sy}}{h\rho}+\frac{\tau_{by}}{h\rho}-fu+T_y+\varepsilon V_v \quad (8\text{-}3)$$

式中：

ζ——自由水面与原始水面的垂向距离；

h——瞬时水深，$h=h_0+\zeta$；

h_0——原始水深；

u、v——x、y 方向上的分量；

τ_{sx}、τ_{sy}——x、y 方向上风的拖曳力；

τ_{bx}、τ_{by}——x、y 方向上的海底剪切力；

f ——地球自转产生的科氏力；

T_x、T_y ——x、y 方向上的波浪辐射应力；

ε ——水体紊动扩散系数；

V ——微分算子，$V=\frac{\partial^2}{\partial x^2}+\frac{\partial^2}{\partial y^2}$。

2）波浪数学模型

采用波向线折射理论，其基本方程为：

$$\frac{\mathrm{d}\theta}{\mathrm{d}t}=-\frac{1}{C}\frac{\mathrm{d}C}{\mathrm{d}\eta} \quad (8\text{-}4)$$

式中：

θ ——波向线与 x 轴夹角；

η ——波向线的法线方向；

C ——波速。

利用公式（8-4）求出波向线间距变化后，即可由公式（8-5）求出波向线上不同水深处的波高 H。

$$H=K_s K_r K_F H_0 \quad (8\text{-}5)$$

式中：

H_0 ——深水处原始波高；

K_s ——浅水因子；

K_r ——折射因子；

K_F ——摩擦因子。

泥沙输移扩散及地形演变数学模型如下：

$$\frac{\partial S}{\partial t}+u\frac{\partial S}{\partial x}+v\frac{\partial S}{\partial y}=\frac{F_S}{h} \quad (8\text{-}6)$$

$$\gamma_s\frac{\partial Z_b}{\partial t}+\frac{\partial q_{bx}}{\partial x}+\frac{\partial q_{by}}{\partial y}+F_S=0 \quad (8\text{-}7)$$

式中：

S —— 含沙量；

F_S —— 泥沙冲淤函数；

γ_s —— 海底泥沙干容重；

Z_b —— 海床坐标位置；

q_{bx}、q_{by} —— 推移质泥沙在 x、y 方向的分量。

3）主要参数确定

利用波浪数学模型算得不同波向作用下计算域内各计算点的波浪要素。

底部剪切力及有关阻力系数 分别由公式（8-8）求得：

$$\tau_{cw}=\rho f_{cw}u_{cx}^2 \quad \cdots\cdots (8\text{-}8)$$

式中：

f_{cw} ——波、流共存时的综合摩阻系数；

u_{cx} ——波、流共存时的综合速度。

$$f_{cw}=\left(\sqrt{f_c}+\sqrt{\frac{f_w}{2}}\right)^2 \quad \cdots\cdots (8\text{-}9)$$

式中：

f_c、f_w —— 水流摩阻速度和波浪摩阻速度。

冲淤函数 F_s 与 τ_b、τ_e 和 τ_d 有关，由公式（8-10）确定：

$$F_s=\begin{cases}\alpha w_s S(1-\dfrac{\tau_b}{\tau_d}) & \text{当} S>S^* \text{和} \ \tau_b<\tau_d \\ 0 & \text{其余各种情况} \\ M(\dfrac{\tau_e}{\tau_d}-1) & \text{当} S<S^* \text{和} \ \tau_e>\tau_d\end{cases} \quad \cdots\cdots (8\text{-}10)$$

式中：

τ_d —— 不淤临界剪切力；

τ_e —— 起动临界剪切力；

τ_b —— 数模计算得出的床面剪切力；

α —— 淤积概率，取$\alpha=0.45$；

M —— 冲刷系数，取 $M=6.9\times10^{-4}$；

S^* —— 水体挟沙力。

$$S^*=\alpha\frac{\rho}{M-1}\frac{(\sqrt{f_c}+\beta\sqrt{\dfrac{f_w}{2}}u_w)^3}{ghw_s} \quad \cdots\cdots (8\text{-}11)$$

式中：

α、β —— 经验系数，可取 $\alpha=(0.8\sim1.2)\times10^{-4}$，$\beta=0.64$；

w_s —— 泥沙絮凝沉降速度，$w_s=0.000\ 5$ m/s。

3. 粉砂质海岸泥沙运动数值模拟

1）潮流数学模型

$$\frac{\partial \zeta}{\partial t}+\frac{\partial}{\partial x}(hu)+\frac{\partial}{\partial y}(hv)=0 \quad (8\text{-}12)$$

$$\frac{\partial u}{\partial t}+u\frac{\partial u}{\partial x}+v\frac{\partial u}{\partial y}=-g\frac{\partial \zeta}{\partial x}+\frac{\tau_{sx}}{h\rho}+\frac{\tau_{bx}}{h\rho}+fv+T_x+\varepsilon V_u \quad (8\text{-}13)$$

$$\frac{\partial v}{\partial t}+u\frac{\partial v}{\partial x}+v\frac{\partial v}{\partial y}=-g\frac{\partial \zeta}{\partial y}+\frac{\tau_{sy}}{h\rho}+\frac{\tau_{by}}{h\rho}-fu+T_y+\varepsilon V_v \quad (8\text{-}14)$$

式中：

ζ——自由水面与原始水面的垂向距离；

h——瞬时水深，$h=h_0+\zeta$；

h_0——原始水深；

u、v——x、y方向上的分量；

τ_{sx}、τ_{sy}——x、y方向上风的拖曳力；

τ_{bx}、τ_{by}——x、y方向上的海底剪切力；

f——地球自转产生的科氏力；

T_x、T_y——x、y方向上的波浪辐射应力；

ε——水体紊动扩散系数；

V——微分算子，$V=\frac{\partial^2}{\partial x^2}+\frac{\partial^2}{\partial y^2}$。

2）波浪影响下的潮流数学模型

$$\frac{\partial \zeta}{\partial t}+\frac{\partial}{\partial x}(hu)+\frac{\partial}{\partial y}(hv)=0 \quad (8\text{-}15)$$

$$\frac{\partial u}{\partial t}+u\frac{\partial u}{\partial x}+v\frac{\partial u}{\partial y}+g\frac{\partial \zeta}{\partial x}-\frac{\tau_{Fx}}{h\rho}+\frac{\tau_{Wx}}{h\rho}-fv+\frac{1}{h\rho}\left(\frac{\partial S_{xx}}{\partial x}+\frac{\partial S_{xy}}{\partial y}\right)=\varepsilon V_u \quad (8\text{-}16)$$

$$\frac{\partial v}{\partial t}+u\frac{\partial v}{\partial x}+v\frac{\partial v}{\partial y}+g\frac{\partial \zeta}{\partial y}-\frac{\tau_{Fy}}{h\rho}+\frac{\tau_{Wy}}{h\rho}+fu+\frac{1}{h\rho}\left(\frac{\partial S_{yx}}{\partial x}+\frac{\partial S_{yy}}{\partial y}\right)=\varepsilon V_v \quad (8\text{-}17)$$

式中：

τ_{Fx}、τ_{Fy}——x、y方向上风的拖曳力；

τ_{Wx}、τ_{Wy}——波浪、潮流x、y方向上的海底合成剪切力；

S_{xx}、S_{xy}、S_{yx}、S_{yy}——波浪剩余动量流的4个分张量。

其他符号意义同上，但均已包含波浪和潮流的共同作用。

3）悬移质泥沙输运扩散模型

$$\frac{\partial S}{\partial t}+u\frac{\partial S}{\partial x}+v\frac{\partial S}{\partial y}=\frac{F_S}{h}+\frac{\partial}{\partial x}(D_x h\frac{\partial S}{\partial x})+\frac{\partial}{\partial y}(D_y h\frac{\partial S}{\partial y}) \cdots\cdots\cdots\cdots (8\text{-}18)$$

式中：

S——水体含沙量；

D_x、D_y——x、y 方向上悬沙扩散系数的分量；

F_S——海底泥沙冲淤函数。

4）海床演变模型

$$\frac{\partial \eta_b}{\partial t}=\frac{F_S}{\gamma_s} \cdots\cdots\cdots\cdots\cdots\cdots\cdots\cdots\cdots\cdots\cdots\cdots\cdots (8\text{-}19)$$

式中：

η_b——海底床面的垂向位移（冲淤变化量）；

γ_s——海底泥沙的干容重。

5）主要参数确定

波浪剩余动量流 S_{xx}、S_{xy}、S_{yx}、S_{yy} 是 4 个张量，可由公式（8-20）表示：

$$\begin{pmatrix} S_{xx} & S_{xy} \\ S_{yx} & S_{yy} \end{pmatrix}=E\begin{pmatrix} n(1+\cos^2 a)-\frac{1}{2} & \frac{n}{2}\sin 2a \\ \frac{n}{2}\sin 2a & n(1+\sin^2 a)-\frac{1}{2} \end{pmatrix} \cdots\cdots\cdots\cdots (8\text{-}20)$$

式中：

E——波能，$E=\rho g H^2/2$；

H——波高；

n——波浪能量传递速度与波速之比；

a——波向与 x 坐标轴之间的夹角。

海底泥沙冲淤函数 F_s 由公式（8-10）确定。

三、人工岛建设适宜性评估指标量化

1. 人工岛属性评估指标量化

人工岛的属性包括：地理位置，建设规模（占用海域的面积）。人工岛的地理位置按照距离自然岸线的距离确定，分为 1 000 m 及以下、1 000～5 000 m 和 5 000 m 及以上 3 种，分别赋分 100、50 和 25；人工岛的建设规模按占用海域的面积大小划分为 5 km^2 及以下、5 ～ 10 km^2 和 10 km^2 及以上 3 种，分别赋分 100、50 和 25。

2. 海洋环境影响评估指标量化

分析人工岛建设的主要海洋环境影响，评估指标确定为：水动力环境、冲淤环境和生物资源损失量。

为了综合评估人工岛的环境影响，按照不同的地理位置、不同建设规模下人工岛的各环境影响指标的影响程度给出定性的判断，按照显著、一般和微小 3 种方式描述海洋环境影响程度。

1）平直海岸

显著：各流速增大 100% 以上或减小 50% 以上；冲淤厚度 20 cm/a 及以上；海水交换率变化减小 20% 以上。

一般：各流速增大 50% ~ 100% 或减小 25% ~ 50%；冲淤厚度 10 ~ 20 cm/a；海水交换率变化减小 10% ~ 20%。

微小：各流速增大 50% 以下或减小 25% 以下；冲淤厚度 10 cm/a 及以下；海水交换率变化减小 10% 以下。

2）海湾及河口

显著：各评估指标增大 50% 及以上或减小 25% 及以上；冲淤厚度 10 cm/a 及以上。

一般：各评估指标增大 25% ~ 50% 或减小 10% ~ 25%；冲淤厚度 5 ~ 10 cm/a。

微小：各评估指标增大 25% 及以下或减小 10% 及以下；冲淤厚度 5 cm/a 及以下。

（1）海流流速指标量化。

以人工岛建设前后工程附近海域海流流速变化显著的面积占人工岛建设用海面积的百分比 R_1 为评估指标。

R_1 分为 3 个等级：$R_1 \leqslant 50\%$、$50 < R_1 \leqslant 100\%$ 和 $R_1 > 100\%$，分别赋值 100、50 和 25 分。

（2）冲淤环境指标量化。

以人工岛建设前后工程附近海域冲淤显著的面积与现状条件下相比面积变化的百分比 R_2 为评估指标。

R_2 分为 3 个等级：$R_2 \leqslant 50\%$、$50 < R_2 \leqslant 100\%$ 和 $R_2 > 100\%$，分别赋值 100、50 和 25 分。

（3）海水交换指标量化。

按照人工岛与最近的海岸线之间的海水交换率的变化百分比 R_3，按照显著、一般和微小分别赋分 25、50 和 100 分。

四、人工岛建设海洋环境影响评估指标权重

通过专家判定法对选取的环境影响评估指标在综合评估中的作用分别赋予一定的比例，即权重。不同海岸类型人工岛各环境影响指标的权重（Q_i）如表 8-1 所示。

表8-1 不同类型海岸环境影响评估指标权重

单位：%

海岸类型	离岸距离	建设规模	水动力环境	冲淤环境	海水交换
基岩	20	20	20	5	15
砂质	15	10	25	20	5
淤泥质	10	10	30	35	5

五、人工岛建设适宜性综合评估方法

人工岛建设用海综合评估得分 R 按公式（8-21）计算：

$$R = \sum R_i Q_i \quad \cdots\cdots (8\text{-}21)$$

式中：

R_i、Q_i——各评估指标的得分和权重。

综合得分 $R > 75$ 分的为适宜建设；$25 < R \leqslant 75$ 分的为可以建设，但须采取适当的环境保护措施，如缩小人工岛建设规模、改变人工岛的离岸距离等；$R \leqslant 25$ 的为慎重建设，如必须建设，应采取严格的环境保护措施。海岸泥沙运动环境影响评估，通常采用物模和数模的手段，但是由于近岸海域环境因素众多，泥沙运动活跃，物模难以同时模拟浪、潮、流等多种环境因素和复杂的泥沙运动体系，而数模能够在少量试验的基础上有可能达到上述要求，而且数模具有建模容易、成本低、周期短、可长期保存等优点。

第四节　盘锦船舶工业基地人工岛建设适宜性评估

一、盘锦船舶工业基地人工岛概况

盘锦船舶工业基地区域建设用海位于盘锦市大洼县，地处辽东湾东北部，大辽河入海口北侧，总体规划用海范围在40°40′—40°45′N，122°5′—122°15′E之间。一期规划用海面积约为9.84 km^2，填海造地形成人工岛，其中船舶舾装区面积1.20 km^2，船舶工业区面积8.64 km^2。船舶舾装区人工岛以引堤（实心堤坝）与陆地联系，引堤长5 775 m，宽27 m，局部20 m。船舶工业区人工岛通过位于船舶岛体北侧的2座桥梁，与后方主体产业区的陆域连接；通过位于船舶人工岛岛体西侧的1座桥梁，与综合服务区人工岛连接，进而通过综合服务区人工岛西侧的桥梁，与盘锦新港港区相连；通过位于船舶人工岛岛体东侧的1条海底隧道，与营口市区连接。

二、区域自然环境概况

1. 水动力环境

历史资料显示，该海域的波浪以风浪为主，浪向为SW，涌浪较少，常浪向为SSW，两

者合计出现频率约35%。小于0.5 m波高出现频率超过2/3，大于1.0 m波高出现频率不超过5%。观测表明，该海域海流以潮流为主，占80%以上，余流较小，主要为风海流和河口径流。潮流呈现较强的往复性，主流向为S—N向，涨潮流主流向为N向，落潮流为S向。涨潮流平均流速大于落潮流平均流速，涨潮历时与落潮历时大致相当。最大涨潮流流速超过2 kn，最大落潮流流速为1.8 kn左右。

2. 海底地形及底质

项目所处海域地形比较复杂，东侧及北侧为岸滩，西侧为盖州滩，向南水深逐渐变深，船舶舾装区位于盖州滩与岸滩之间潮沟的东侧，船舶工业区位于东南方向岸滩之上。海底表层沉积物的主要成分为砂、粉砂和黏土，粉砂和黏土占50%～90%。

3. 泥沙冲淤环境

影响本海区泥沙来源的河流主要是东南侧的大辽河和北侧的双台子河。双台子河年均输沙量为699.1×10^4 t/a，大辽河年均输沙量为303×10^4 t/a。由于大辽河距离本海区较近，这些输沙中以大辽河对本海区影响最为明显。一年中以洪水期的7月和8月最为突出，约占全年输沙量的60%。

受附近入海河流来沙的影响，本海区水体含沙量较高。秋季（9月），大潮期间，工程区西侧潮沟中各测站平均含沙量超过100 mg/L，小潮期间，平均含沙量接近50 mg/L；夏季（7月至8月）受洪水期河流来沙的影响，含沙量更高。

本海区悬浮泥沙的主要成分为粉砂和黏土质粉沙，两者含量接近100%，其中，粉砂占80%以上。

三、人工岛建设对水动力环境的影响

1. 评估方案设计

为考察人工岛对水动力环境的影响，在原有设计方案的基础上，通过对不同的陆岛连接方式、不同位置、不同规模的平面布置方案的潮流场、海水交换的数值模拟与预测，评估其对周边水动力环境要素（流速、流向、海水交换）的影响范围和影响程度。

各方案设计如下。

（1）原设计方案（有引堤）（方案一），通过与原型流场的比较，评估人工岛对水动力环境的影响。

（2）原设计方案（无引堤）（方案二），评估引堤对陆岛之间的影响。

（3）由原设计方案（无引堤）在原地向外侧将其规模扩大1倍（方案三），评估人工岛建设规模对水动力环境的影响。

（4）将原设计方案（无引堤）向外海移动1 000 m（方案四），评估人工岛离岸距离（位置）对水动力环境的影响。

（5）方案四在原地将其规模扩大1倍（方案五），同时评估人工岛建设规模和离岸距离（位置）对水动力环境的影响。

2. 潮流场数值模型

1）计算格式

计算网格采用交错式矩形网格进行离散化处理。在对方程（8-1）～（8-3）的有限差分离散运算中选用隐显方向交替差分格式（ADI 法）。处理平流向时，采用逆风格式。

按照隐显方向交替差分方法，在对方程（8-1）至（8-3）的离散化过程中，将每个时间步长分为前后两个半步长。在前半个步长，即$t\in\{n\Delta t,(n+1/2)\Delta t\}$上，首先显式计算 v 分量，然后在 x 方向对水位 ζ 和流速 u 分量做隐式运算；在后半个步长，即$t\in\{(n+1/2)\Delta t,(n+1)\Delta t\}$上，首先显式计算 u 分量，然后在 y 方向对水位 ζ 和流速 v 分量做隐式运算。这种方法的优点是，由于这种格式将二维运算一维化，离散后的代数方程组的系数矩阵为三对角阵，从而使运算速度加快并节省计算存储量。由于计算格式是半隐式，计算稳定性好，从而可适当加大时间步长，节省计算时间。

2）边界处理

针对海区广阔的潮滩，为了准确地模拟潮滩随潮汐的涨落而淹没和干出的过程，提高流场计算精度，模型中采用了动边界技术。具体做法是，依据陆一水边界线随海水涨落而进退的实际背景，建立边界位置与瞬时水深（$h=\zeta+h_0$）的关系。当 $h\leqslant 0$ 时，潮滩干出；反之，潮滩被淹没。这样便可以依据瞬时水深判断某计算点在某瞬时是“干出”还是“淹没”。如果某计算点被判断是干出的，那么在下一计算时间步长上就将该计算点从计算域中移出。然后，利用新的边界信息进行计算。对于原先干出的计算点是否被淹没也需要加以判断，其过程与干出过程正好相反。如果判断某计算点（原先是干出的）已被淹没，则该计算点重新加入计算。在具体实施过程中，为使连续方程和动量方程不失其物理意义，一般取一较小水深（如 $H_0=0.1\text{m}$）作为 h 的判定值。

3）计算参数

由于本项目处于辽东湾顶部浅海海域，海底地形极为复杂，潮滩广阔，潮沟密布，为了减少开边界对计算结果的影响，提高数值计算的精度，本评估数值计算范围稍大。计算范围自 40°24′N 以北，121°30′E 以东至海岸线包围的区域。

在平面直角坐标系下（xoy，x 方向以正东方向为正，y 方向以正北方向为正），以矩形网格剖分计算区域，空间步长分别为：$\mathrm{d}x=4''\approx 93.66\text{m}$，$\mathrm{d}y=3''\approx 92.61\text{m}$，计 627 行，715 列，共 448 305 个计算节点。

时间步长 $\mathrm{d}t=18\,\text{s}$，水深从海图上读取并订正到平均海平面上，曼宁系数 $n=0.026$，平均纬度 $\varphi=40.7°$。以附近验潮站调和常数为基础，参照同潮图插值给定。根据当地验潮站和实测海流资料确定 O1、K1、N2、M2 和 S2 五个分潮。

3. 模型验证

为了确保模型的可靠性，以 2006 年 9 月 30 日至 2006 年 10 月 1 日的观测资料来对数学模型进行验证。

验证结果表明，模拟的涨潮流流速最大值比实测流速最大值普遍偏小，落潮流的最大流速又普遍比实测值偏大，而流向的计算值无论是涨潮流还是落潮流都普遍偏右，这可能与模型中没有考虑风（没有收集到当时海上观测的风的资料）的作用有关，考虑到模型是从长期的平均状态对海域环境动力的模拟，其模型是可靠的。

4. 潮流场模拟计算结果评估

1）原型流场

原型流场是指本项工程建设前海域的水动力状况。本研究考虑的是工程建成后对水动力状况长期的、平均的影响，因此以下的数值模拟研究不考虑短期环境要素，如海面风、河口径流的季节变化等对水动力环境的影响。

2）潮位变化特征

从潮位过程曲线可以看出，本海区潮汐属于不正规半日潮，每个潮周期有两次潮位涨落过程（两个高潮和两个低潮），两次涨落过程历时、高潮高、低潮高相差很大，潮差相差一倍以上，日不等现象显著。

3）潮流与潮位的相互关系

从潮流和潮位的过程曲线可以看出，本海区的潮波前进波性质较为明显，涨（落）急时刻大约发生在高（低）潮前 1 h 左右。由于本海区接近辽东湾顶部，其潮波兼有驻波性质。

4）潮流的循环过程

本海区的潮流从低潮后 1 h 左右开始涨潮流阶段，随着水位的上涨，潮流开始逐渐变强，至涨潮半潮面后 1 h 左右，海区涨潮流达到涨急阶段，盖州滩以东海域流速最大，最大流速可达 1 m/s 以上。涨潮流阶段整个海域潮流流向呈现一直向北的流动趋势，涨急阶段流向分布比较均匀，除盖州滩以东潮沟流向为北偏西之外，其他海域流向普遍为北偏东向；落潮流阶段从高潮后约 1 h 开始，流速逐渐变大，流向由偏北向逐渐转向偏南向，至落潮半潮面后 1 h 左右达到落潮流最大（落急时刻），盖州滩以东潮沟流速最大，接近 1 m/s，流向为南偏东向，其他海域流向为南偏西向。

下半个潮周期，无论是涨潮流阶段还是落潮流阶段，其流动趋势与上半个周期大致相同，但高潮高较低，而低潮高较高，潮差明显比上半个周期为小，因而整个海区的海水流动减弱。

5）潮流的空间分布

从本工程所在海域的地理位置来看，北部有双台子河口，东南部有大辽河河口，西部为盖州滩，南部和西南部海域水深较大且地势平坦，岸边为坡度较缓的潮滩，盖州滩和潮滩之间为深度较大的潮沟，大辽河河口外为浅滩——西滩，海域地形较为复杂。受上述地形影响，该海域的潮流分布具有以下几个特点。

河口附近海域受河口径流影响，落潮流明显大于涨潮流，并且最大流速发生时间比其他海域明显滞后，流向呈现与河流纵向一直的趋势。

潮滩水域由于坡度较缓，涨落潮流向呈现向岸和离岸流动，淹没和干出时水陆交界处流速较大。盖州滩和西滩上流速普遍较小。

盖州滩和东部岸滩之间的潮沟水域，由于狭长的深沟的束窄作用，无论是涨潮流阶段还是落潮流阶段，此处的流速均比附近水域的流速明显加大，流向较为均匀一致。

开阔水域由于地势平坦，流速流向变化较小，各潮时流速流向分布较为均匀。

5. 人工岛原始设计方案对潮流场的影响

人工岛建设对潮流场的影响主要集中在人工岛四周和引堤两侧。涨潮流阶段，人工岛附近原来比较均匀的向北偏西方向的流动受到人工岛和引堤的阻隔，流速、流向均发生明显的改变。引堤两侧的海水被迫顺引堤向岸边方向流动，流速明显减弱。引堤和人工岛之间的背影处最为明显，流速几近于零。偏北方向流动的海水从人工岛的西南侧和西北侧绕过，流速得到明显强化，西部岬角处尤为显著。绕过人工岛之后，海水继续保持原有的流动趋势。落潮流阶段，海水在经过人工岛附近时，同样受人工岛和引堤的阻隔，在人工岛和引堤北侧，原本向南偏西方向流动的海水被迫向西流动，绕过人工岛时，西侧流速得到强化，西南侧流向迅速转向东南方向与引堤南侧离岸流动的海水汇合后保持原来的流动状态。

6. 孤立式人工岛对潮流场的影响

与原型流场对应的图幅相比，孤立式人工岛东西两侧潮流得到强化，人工岛根部流速变化最大，超过 20 cm/s。南北两侧流速有所减小，减小幅度小于 10 cm/s。周边 2 000 m 以外的流动状况基本没有改变（流速变化小于 ±2 cm/s），说明孤立式人工岛对本海域潮流的影响主要是人工岛周边 1 500 m 以内的区域。

7. 人工岛面积对潮流场的影响

将人工岛原始设计方案面积扩大一倍（无引堤）条件下海域的年平均泥沙冲淤状况。

与原来面积的影响潮流场相比，由于面积的扩大，人工岛周边的绕流现象更为明显，涨急时刻流速稍微有点增大，增大幅度约 10 cm/s，其范围仅限于人工岛东西两侧很小的范围。在流向上顺人工岛岸线方向流动的趋势更加明显。经过人工岛前沿时，受人工岛的阻挡，海水分别从岛的东西两侧绕过，之后在岛的后部汇合，恢复其原有的流动状态。

8. 人工岛位置对潮流场的影响

将人工岛工程（无引堤）向西南方向移动 1 000 m 后的影响潮流场计算结果。

与同样面积原有位置的潮流场计算结果比较，无论是涨潮流阶段还是落潮流阶段，改变位置的人工岛东西两侧潮流流速明显强化，特别是东侧更为明显，涨潮流阶段北侧背影区面积扩大。

9. 人工岛位置和面积对潮流场的共同影响

将人工岛工程（无引堤）向西南方向移动 1 000 m 并将面积向四周扩大 1 倍后的影响潮流场计算结果。

与同样位置的潮流场计算结果比较，人工岛东西两侧潮流的绕流现象更为明显，西侧由于潮流通道的束窄使得潮流的强化更为显著。在低低潮向高高潮上涨前的落急阶段流速增大最为明显。

与同样面积不同位置的潮流场计算结果比较可以看出，由于加大了与海岸线之间的距离，岸滩上的潮流通道加宽，使得人工岛建设对岸滩的影响变小，但由于本工程西侧为水深极浅的盖州滩，两者之间的海水通道变窄，西侧流速强化明显，将会使得原本的潮沟冲刷更为严重。

四、人工岛建设对冲淤环境的影响

1. 现状条件下的泥沙冲淤状况

泥沙冲淤环境的计算范围、网格大小、时间步长等与潮流场计算完全一样。计算所需其他参数如表 8-2 所示。

表8–2　泥沙冲淤计算参数

参数	取值
水运动黏性 η	$1.146 \times 10^{-2}\ cm^2/s^2$
泥沙中值粒径	多年平均泥沙粒径
泥沙比重	$2.6 \sim 2.7\ g/cm^3$
海水比重 R	$1.025\ g/cm^3$
薄膜水厚度 d	$0.21 \times 10^{-4}\ cm$
平均沉降速率 ω	$0.532 \times 10^{-3}\ m/s$
泥沙起动速度U_k	据窦国仁公式计算
泥沙扬动速度U_f	据窦国仁公式计算
沉降几率 α	$\lvert V \rvert / U_f < 1$的几率

由计算结果可以看出，在自然状况下，本海域大部分处于冲淤平衡状态（平均冲淤厚度介于 −10 ~ 10 cm/a），南部大部分海域、盖州滩上和二界沟海域处于淤积状态，淤积厚度在 10 ~ 20 cm/a，位于岸边沟汊内的二界沟海域淤积厚度超过 20 cm/a，但范围很小，仅为 0.39 km^2；冲刷的区域主要位于盖州滩西侧潮沟、人工岛西侧、船舶工业区西侧和南侧以及海区西北角的局部海域，其总面积约为 4.24 km^2。

2. 原始设计方案（有引堤）条件下泥沙冲淤状况

人工岛原始设计方案（有引堤）条件下海域的年平均泥沙冲淤状况。

与现状条件下的冲淤状况比较可以看出，人工岛建设对冲淤环境的影响主要体现在人工岛西北和盖州滩之间的水域，其主要原因是由于人工岛和引堤的建设使得北部双台子河口沿盖州滩东侧南下的海水受人工岛，特别是受连接人工岛引堤的阻挡，海水流动通道被切断，人工岛和引堤北侧流速降低，海水挟带的泥沙在该海域沉降所致，其他海域的冲淤状况基本与海域自然状况下的冲淤状况相同。

3. 原始设计方案（无引堤）条件下的泥沙冲淤状况

人工岛原始设计方案（无引堤）条件下海域的年平均泥沙冲淤状况。

与现状条件下的冲淤状况相比，除了人工岛占用海域以外，其冲淤状况没有明显变化，其周边海域的冲刷程度均在 ±10cm/a 以内。与有引堤条件下的冲淤状况相比，人工岛西北侧大片淤积区（超过 10 cm/a）消失，可见由于引堤的存在，其对北部南下泥沙的阻挡作用还是比较明显的。

4. 人工岛面积扩大1倍（无引堤）条件下的泥沙冲淤状况

将人工岛原始设计方案面积扩大 1 倍（无引堤）条件下海域的年平均泥沙冲淤状况。

与现状条件下的冲淤状况相比，人工岛西北约 5 km 左右的局部淤积区范围缩小，人工岛西南侧根部略有淤积。与原设计面积的情况相比，除人工岛西南侧根部淤积范围略有扩大以外，其他海域的冲淤状况并无明显变化，可见对于该海域而言，人工岛面积在原地扩大 1 倍其对海域的冲淤状况并无显著影响。

5. 人工岛位置（无引堤）对泥沙冲淤状况的影响

将人工岛原始设计方案（无引堤）向西南移动 1 000 m 条件下海域的年平均泥沙冲淤状况。

与现状条件下的冲淤状况相比，仅在人工岛南侧出现小范围的淤积，其他海域的冲淤状况没有明显改变。可见，对于本海域的自然环境来说，人工岛的位置（仅指向西南移动 1 000 m）改变对冲淤状况影响不大。

6. 人工岛位置（无引堤）及面积变化对泥沙冲淤状况的共同影响

将人工岛原始设计方案（无引堤）向西南移动 1 000 m 并将其面积扩大 1 倍条件下海域的年平均泥沙冲淤状况。

无论是与现状条件下的冲淤状况相比还是与现位置原面积的冲淤状况相比，人工岛北侧和南侧海域的淤积状况均有加剧，淤积速率超过 10 cm/a 的范围均有所扩大，而西部岬角处产生冲刷，冲刷强度超过 20 cm/a。这说明在现有位置不宜建设超过 2.5 km^2 的人工岛。其他海域冲淤状况变化不大。

五、人工岛建设对海水交换的影响

海水交换率变化计算以通过人工岛与岸线之间的海水交换率与现状条件下的海水交换率的变化为指标。其计算公式如下：

$$R = (R_i - R_0) / R_0 \times 100\% \quad \cdots\cdots (8\text{-}22)$$

式中：

R ——海水交换率变化；

R_i ——第 i 个方案的海水交换率（%）；

R_0 ——现状条件下海水交换率（%）。

计算结果为：$R_1 = -100$，$R_2 = -23.60$，$R_3 = -43.69$，$R_4 = -8.41$，$R_5 = -14.67$。

计算结果表明，引堤的存在完全阻隔了陆岛之间的海水交换，离岸较近规模扩大 1 倍

的方案三对陆岛之间的海水交换影响较为显著，与现状条件下的情况相比海水交换率减少了43.69%，影响最小的为方案四（原规模、向外海移动 1 000 m），其影响仅减小了 8.41%。

六、人工岛建设适宜性综合评估及结论

1. 各方案水动力冲淤评估指标计算结果

各评估指标计算结果是指人工岛建设前后的变化状况。各方案评估指标计算结果如表 8-3 所示。

表8–3　各方案评估指标计算结果

评估指标	方案一	方案二	方案三	方案四	方案五
流速变化	139.74	151.12	152.54	155.08	162.70
冲淤变化	3.21	−1.71	3.21	7.26	−1.07
海水交换变化	−100	−23.60	−43.69	−8.41	−14.67

2. 各方案人工岛属性评估指标计算结果

人工岛建设各方案的自然状况如表 8-4 所示。

表8–4　各方案的自然状况

	方案一	方案二	方案三	方案四	方案五
建设规模（km^2）	9.84	9.84	11.04	9.48	11.04
离岸距离（m）	5 775	5 775	5 548	6 775	6 548

人工岛所处海域附近海岸线属于平直海岸，海底表层沉积物中以砂和粉砂含量较高，本海域海底类型属于砂质海底。

3. 人工岛建设适宜性评估指标权重

各评估指标权重值如表 8-5 所示。

表8–5　各评估指标权重值

	建设规模	离岸距离	流速变化	冲淤环境	海水交换
权重	10	15	25	20	5

4. 人工岛建设适宜性评估指标赋值

各评估指标赋值如表 8-6 所示。

表8-6 各评估指标赋值

	方案一	方案二	方案三	方案四	方案五
建设规模	50	50	25	50	25
离岸距离	100	100	100	100	100
流速变化	25	25	25	25	25
冲淤变化	100	100	100	100	100
海水交换	25	25	25	100	50

5. 人工岛建设适宜性评估指标综合得分

各方案综合得分计算公式：

$$F_i=\sum f_{ij}\times Q_{ij} \quad \text{(8-23)}$$

式中：

F_i——第 i 个方案的综合评估得分；

f_{ij}——第 i 个方案第 j 项指标赋分；

Q_{ij}——第 i 个方案第 j 项指标权重。

计算结果为：$F_1=47.5$，$F_2=47.5$，$F_3=45.0$，$F_4=51.25$，$F_5=46.25$。

计算结果表明，各方案综合得分均介于25～75之间，属于可以建设但对环境有一定影响，需要采取一定的环境保护措施。

从具体方案来看，现在设计的建设规模比较合适，规模扩大后对海水交换的影响较大；由于该海域岸滩上海流呈向（离）岸运动，因此，引堤的存在除对海水交换影响较大外，对流速和冲淤环境的影响相差不大；设计的各方案的离岸距离都较远，对环境影响相差不大，离岸较远而规模相对较小的方案四综合得分最高，而离岸较近规模相对较大的方案三得分较低。各方案对流速影响均比较显著，得分都很低，流速变化显著的范围均超过人工岛建设面积1倍以上；在对冲淤环境影响方面，与现状条件下相比，变化显著的范围增加得均较小；离岸较近的前3个方案对海水交换的影响较大，得分较低。

从综合得分来看，原规模、离岸较远的方案四最优，原位置、规模扩大一倍的方案三最差。

第九章　曹妃甸工业园区围填海海洋环境影响回顾性评估

第一节　环境影响回顾性评估综述

一、环境影响回顾性的概念和内涵

将项目回顾性评估的思想引入项目环境管理体系，就出现了环境影响回顾性评估的概念。国外关于环境影响回顾性评估（Post-Project-Analysis, PPA）的研究始于20世纪80年代，英国Manchester大学的环境影响评价中心最早对环境影响回顾性评估展开了相关的研究工作。目前我国开展对环境影响回顾性评估的研究还比较少，尚处于起步阶段。

环境影响回顾性评估是指在开发建设活动正式实施后，以环境影响评估工作为基础，以建设项目投入使用等开发活动完成后的实际情况为依据，通过评估开发建设活动实施前后污染物排放及周围环境质量变化，全面反映建设项目对环境的实际影响和环境补偿措施的有效性，分析项目实施前一系列预测和决策的准确性和合理性，找出出现问题和误差的原因，并对评估时未认识到的一些环境影响进行分析研究，对期间发生的各类变化情况进行补充完善，评价预测结果的正确性，提高决策水平，为改进建设项目管理和环境管理提供科学依据。环境影响回顾性评价是提高环境管理和环境决策的一种技术手段。

环境影响回顾性评估有以下5个方面的内涵：①反映建设项目对环境的实际影响；②对环境影响报告进行事后验证，检验其预防恢复措施的有效性，验证项目实施前一系列预测和决策的准确性和合理性；③评估目标可持续性，提出预测和补救措施；④不同时点对项目进行新的评估；⑤信息反馈，为项目管理和环境管理服务。

二、环境影响回顾性评估方法

在环境影响回顾性评估中，按照宏观分析和微观分析相结合，定量分析和定性分析相结合的原则，为达到项目回顾性评估的目的，通过对比和综合分析的方法，总结主要经验和教训，提出问题和建议。环境影响回顾性评估主要方法有以下3种。

1. 比较分析法

在项目环境影响回顾性评估中比较法是项目评估的基本方法，通常可以分为效益评估法和影响评估法。

（1）效益评估法，即把项目实际产生的效益或效果，与项目实际发生的费用或投入加以比较，进行盈利能力分析。在项目回顾性评估阶段，效益指标的计算完全是以统计的实际值为依据来进行统计分析，并相应地使用前评估中曾使用过的相同的经济评价参数来进行效益计算，以便在有可比性和计算口径一致的情况下判断项目的决策是否正确。

（2）影响评估法，即将项目实际发生的情况与若无项目可能发生的情况进行比较。由于对项目区的影响不仅是项目本身的作用，因而对比的重点是要分清对项目作用的影响和项目以外 (或非项目) 作用的影响。

2. 逻辑框架法

该方法是由美国国际开发署在 1970 年开发并使用的一种设计、计划和评估的工具。目前已有 2/3 的国际组织把该方法应用于援助项目的计划管理和回顾性评估。逻辑框架法将几个内容相关必须同步考虑的动态因素组合起来，通过分析相互之间的关系，从设计、策划、目标等方面来评估项目。逻辑框架法的核心是分析项目营运、实施的因果关系，揭示结果与内外原因之间的关系。

3. 成功度分析法

成功度分析法是指依靠评估专家或专家组的经验，依据项目各方面的执行情况并通过系统准则目标判断表来评估项目总体的成功程度。成功度评估是以逻辑框架法分析的项目目标的实现程度和经济效益分析的评估结论为基础，以项目的目标和效益为核心，所进行的全面系统的评估。在进行成功度分析时，首先确定项目绩效衡量指标，然后根据如下的评估体系将每个绩效衡量指标进行专家打分。作为用于衡量成功程度的标准——成功度，通常可以将成功度分为以下 5 个等级，各个等级的标准如下。

（1）A 级——项目的各项目标都已全面实现或超过；项目取得了巨大的效益和影响，完全成功。

（2）B 级——项目的大部分目标已经实现；项目达到了预期的效益和影响，成功。

（3）C 级——项目实现了原定的部分目标；项目已取得了一定的效益和影响，部分成功。

（4）D 级——项目实现的目标非常有限；项目几乎没有取得什么效益和影响，不成功。

（5）E 级——项目的目标是不现实的，根本无法实现；项目不得不终止，失败。

三、我国的环境影响回顾性评估制度

2002 年 10 月 28 日《中华人民共和国环境影响评价法》颁布，并于 2003 年 9 月 1 日施行。该法首次对规划、建设项目的环境影响提出了回顾性评估 (或跟踪评估) 要求。该法第二十七条规定：在项目建设、运行过程中产生不符合经审批的环境影响评价文件的情形的，建设单位应当组织环境影响的回顾性评价，采取改进措施，并报原环境影响评价文件审批部门和建设项目审批部门备案；原环境影响评价文件审批部门也可以责成建设单位进行环境影响回顾性评价，采取改进措施。这对加强我国规划、建设项目环境影响评价管理，健全环境影响评估体系具有重要的作用。

为保护海洋环境，规范海洋石油开发工程的环境影响后评价制度，国家海洋局于 2003 年 10 月 27 日颁布并实施了《海洋石油开发工程环境影响后评价管理暂行规定》，对海洋石油开发工程环境影响回顾性做了相应规定，并要求对 2000 年 4 月 1 日以前投产的海洋石油开发工程在 2004 年底以前组织开展环境影响回顾性评估工作。

四、环境影响回顾性评估存在的问题与研究进展

1. 环境影响回顾性评估存在的主要问题

（1）截至目前，对环境影响回顾性评估的理论研究较少，而且提法上尚未统一。不同的提法突出不同的内容，代表不同的侧重面，体现出对回顾性评估的不同理解。如事后评估突出评估时段的不同，验证性评估突出了对原环境影响评估的验证要求。回顾性评估的提法较多，除要验证原环评结论的正确性外，还应包括对原环评重要失误的纠正和对有重要影响的漏项的纠正。

（2）环境影响回顾性评估还缺乏十分有效和公认的评估方法。从已做的验证性评估、回顾性评估和个别项目所做的环境影响后评估来看，所用方法基本为定性描述的方法，缺乏定量评估的方法体系。

（3）从项目管理角度出发的环境影响回顾性评价地位不明确。既没有强调其与项目环境影响评价、建设环境监理、竣工验收环境影响调查以及建设、运行期环境保护措施执行之间的关系，也没有强调其区别，所以地位不明确。应保证环境影响回顾性评估的独立性，建立其与其他项目管理程序之间的有机联系。

2. 研究进展

在国外，关于建设项目事后环境管理方面的一个较为普遍的提法是环境审计。20世纪70年代末，为了响应环境立法——对污染者实行重罚，美国率先采用了环境审计。1989年国际商会的专题报告中提出了环境审计的概念，并得到了普遍的认可。根据环境审计的目的将其分为司法审计、技术审计和组织审计。

国外关于环境影响回顾性评估的研究主要始于20世纪80年。1988年，ECE通过对11个案例研究的比较分析，确定那些已成功进行了环境影响回顾性评估的项目所使用的环境影响评估方法，从而使其他的项目以此改进实践中的环境影响评估方法，同时还提出了环境影响回顾性评估的用途以及环境影响回顾性评估与环境影响评价的关系，确定了环境影响回顾性评估的分类和实施程序等。联合国报告对PPA的界定是：做出项目批准决定之后，在项目实施阶段进行的环境研究，其主要作用是及时发现工程建设中的环境问题，验证环境影响评价结果的准确性，最终反馈到工程建设中。

我国关于环境影响回顾性评估的研究始于20世纪90年代，作为建设项目环境管理的不同程序，目前已经开展的还有：环境影响评价、环境监理、环境保护竣工验收，回顾性评估概念的提出就是缘于环评制度的执行和实施过程中存在的一些问题，影响了环评制度的深入贯彻及环评的实际效果和作用，认为回顾性评估可以作为一种对原评价的验证和补充。目前我国环境影响后评价的不同提法有：验证性评价、事后评价、回顾性评估等。

我国目前在建设项目环境影响回顾性评估方面还没有统一明确的规定，只是对某些国家大中型建设项目开展了环境影响回顾性评估的试点工作，项目不多，主要是部分高速公路建设项目。围填海项目工程回顾性评估工作目前尚未见相关研究报道，在我国还是空白。

第二节 曹妃甸围填海工程及其海域资源环境概况

一、曹妃甸围填海工程概况

曹妃甸岛是一个呈 NE－SW 走向的古河口沙坝，地处唐山市唐海县南部海域、渤海湾东北端，38° 55′ N、118° 30′ E 附近。背依京、津、冀地区，距现有大陆岸线约 18 km，海上西距天津港约 38 n mile，东北距秦皇岛港 92 n mile，距京唐港 33 n mile；陆上距唐山 55 km，距天津汉沽 60 km。

曹妃甸港口发展规划是：要建成以大钢铁、大码头、大化工、大电力为标志的工业新港城。港口规划面积 310 km^2，最终将成为北方地区最大的能源枢纽港。

根据曹妃甸工业区的总体开发建设规划，曹妃甸工业区发展分为 3 个阶段：初期起步阶段 (2005－2010 年)，中期快速发展阶段 (2011－2020 年)，远期完善提高阶段 (2021－2030 年)。初期起步阶段的主要目标和任务是围海造地 105 km^2，到 2010 年，建成区面积将达到 90 km^2；完成规划区基础配套设施一期工程建设任务，基本建立起钢铁、电力、物流 3 个功能区框架。中期快速起步阶段的主要目标和任务是要再完成围海造地 150 km^2，到 2020 年，建成区面积达到 230 km^2，建成铁矿石、原油、LNG 和煤码头，建设大型炼化一体化装置、发电厂、船板预处理中心和修船工程等重点项目，启动曹妃甸精品钢铁基地扩建工程、石化产业基地下游产品等项目。远期完善提高阶段的主要目标和任务是到 2030 年，最终完成曹妃甸示范区 310 km^2 的围海造地及其基础设施配套建设任务，建成中国北方地区最大的深水港区，形成世界级规模和水平的重化工业基地。同时以此为契机，发展临港经济，建设具有 21 世纪国际先进水平的 1500×10^4 t 精品钢材基地，1000×10^4 t 炼油、100×10^4 t 乙烯的大型石化基地，以及 480×10^4 kW 的大型火电厂。

曹妃甸围填海工程于 2003 年开始，主要依托曹妃甸甸头，围堤采用袋装砂结构，吹填砂形成陆域。2004 年连接曹妃甸甸头与后方陆地的通岛公路竣工，为整个曹妃甸工业区提供强有力的交通运输支撑。2006 年年底，煤工业区围海造地工程完成，主要是满足煤码头堆场以及北侧预留区的陆域需要。

二、曹妃甸海域环境状况

1. 地形地貌特征

曹妃甸在平潮时为一条状沙岛，与大陆岸线之间是大片浅没海滩，高潮时出露面积约 4 km^2，低潮时约 20 km^2。曹妃甸南临渤海湾北部海底深槽，距离 25 m 等深线仅 500 m，渤海湾北部深水凹地的水深可达 30 m 以上，是渤海湾内少有的深水港址。向西与海河口外的水下浅谷相连，向东经渤海中部水下平原与渤海海峡相连，是沟通渤海湾与黄海的主航道。曹妃甸沙岛北侧与大陆岸线之间发育大片潮间浅滩，面积达 450 km^2；地层岩性以粉砂质砂和细砂为主，适合海洋工程建设。

曹妃甸地区为滦河扇形三角洲的前缘沙坝，形成于全新世中期（距今 3 000～8 000 年）；后经波浪冲刷作用及沉积物压实作用，逐渐发育有离岸沙坝，贝壳沙堤、潟湖、潮流通道。滨外坝低潮出露，高潮淹没，构成沙坝－潟湖体系。海岸线平缓，具有双重岸线特征，其中内侧大陆岸线为沿滦河古三角洲前沿发育的冲积海积平原，沿岸多盐田，潮滩发育。潟湖平均水深 1～2 m，最大水深 6 m，低潮时潟湖大部分出露，成为潮滩。本区海底地貌类型较复杂，主要有水下三角洲、水下古河道、潮流脊，冲刷槽等。在曹妃甸外侧是古滦河冲积扇的前缘，为 4% 坡度的陡坎、最大水深可达 40 m；其内侧为淹没的古滦河冲积扇体，上部覆盖海相沉积，水深很小；曹妃甸以南和西南侧水域宽广，水深在 25 m 以上；在潮滩上及左右侧分布有侵蚀凹地和浅凹坑。从曹妃甸至石臼坨西侧为古滦河口，其水下古河道在潮流冲刷作用下，形成潮流侵蚀槽，其宽度平均为 1.5 km 左右，长度 17 km，最深处水深达 22 m 以上，成为潮流进入内侧沉积区的主要通道。

曹妃甸滩地地形破碎复杂，滩上 0 m 等深线以上面积达 175 km^2，如同半陷半现的小岛，大潮时淹没，小潮时大片浅滩出露；岸外分布有曹妃腰坨、草木坨、蛤坨、东坑坨和石臼坨等若干沙坝和沙岛，构成了沿岸沙堤，距岸数百米至十余千米不等，呈带状分布，并与其内侧水域构成潟湖沙坝体系。依据沿岸沙堤内外的水动力条件、地形、地貌特征的不同，可分为 4 个地貌区：西部无沿岸沙堤浅海区、东部沿岸沙堤内潮坪区、东部沿岸沙堤外浅海区及东部大型潮沟区。

2. 海洋水动力特征

1）潮汐特征

曹妃甸海域位于渤海湾湾口北侧，主要受渤海潮波系统控制。该海域的潮汐性质属于不规则半日潮，即一天发生两次高潮和两次低潮，相邻两潮潮高不等，特别是小潮潮位过程比较复杂，接近全日潮，存在明显潮差不等现象。

2）潮流特征

曹妃甸港区附近海域潮流呈往复流形式，涨潮西流，落潮东流。由于曹妃甸以岬角形式向南伸入渤海湾，受地形影响，各测站主流向也不相同，但规律性是明显的，主要流向基本平行于等深线；在曹妃甸头和距离浅滩较远海域，潮流基本呈现东西向的往复流运动；在靠近浅滩海区，由于受地形变化影响和滩面的阻水作用，主流流向有顺岸或沿等深线方向流动的趋势。所以曹妃甸海区潮流流向基本属往复流，但也明显存在逆时针旋转流特性。

曹妃甸岛附近为水流最强地区，大潮时（潮差 1.9m 左右）最大潮流可达 1.20 m/s，落潮流可达 0.95 m/s。涨潮时，随着潮位的升高涨潮水体首先充填了曹妃甸浅滩东西两侧的众多潮沟，随后浅滩滩面淹没，致使部分涨潮水体由曹妃甸北侧的滩面向西与西侧潮沟内向东的涨潮流在曹妃甸通海大堤附近汇合。落潮时，随着潮位的降低，浅滩逐渐露出，滩面上的水体归槽，曹妃甸通海大堤两侧的水体逐渐汇入甸头两侧的深槽水域。大潮时曹妃甸头附近深槽和老龙沟汇流处流速明显较强，小潮时平面流速差异变化不太明显。

3）波浪特征

曹妃甸水域常浪向为S向，出现频率为10.87%，次常浪向为SW向，出现频率为7.48%。强浪向为ENE向，H4% ≥ 1.3m出现频率为2.28%，次强浪向为E向，H4% ≥ 1.3m出现频率为1.34%。整个观测期间波浪H4% ≥ 1.3m出现频率为11.11%，H4%波高0.1～1.2m出现频率为88.90%。波浪平均周期小于7.0 s。

本海区波浪以风浪为主，由于风场的季节性变化导致波向的季节性变化：春季强浪向主要来自E向和ENE向，常浪向为ESE—E向；夏季强浪向主要来自NNE—E向，常浪向为ESE—SSE向；秋季强浪向主要来自NW向，其次是ENE向，常浪向为NW向和S向；冬季波浪最大，而且强浪向与常浪向一致，均为NNW向和NW向。

4）泥沙特征

在小浪或无浪气象条件下，曹妃甸海域含沙量并不大，近年水文测验资料表明，曹妃甸近海深水区为0.05～0.10 kg/m^3；近岸区为0.07～0.15 kg/m^3。考虑波浪作用后，海域年平均含沙量大致为0.21 kg/m^{3}左右。从平面分布上看，整个海区可分为近岸水域和近海水域，近岸水域的水体含沙量一般大于近海水域。近岸水域又以甸头为界，分为西部水域和东部水域，西部水域平均含沙量大于东部。如大潮平均含沙量，西部和东部海域1996年10月实测分别为0.39 kg/m^{3}和0.32 kg/m^3，2005年3月为0.163 kg/m^{3}和0.072 kg/m^3，2006年3月为0.137 kg/m^{3}和0.054 kg/m^3。在垂向分布上，各测站悬沙含量随深度的变化规律明显，均表现出由表层向底层递增的分布规律。从全潮平均含沙量的变化看，水体含沙量与潮差成正相关，大潮含沙量大于小潮含沙量。1996年10月实测大潮、小潮平均含沙量分别为0.31 kg/m^{3}和0.25 kg/m^3；2005年3月为0.106 kg/m^{3}和0.091 kg/m^3；2006年3月为0.087 kg/m^{3}和0.070 kg/m^3。从涨、落潮平均含沙量的变化看，落潮含沙量大小与涨潮基本相当，没有明显变化。曹妃甸海域悬沙主要为颗粒较细的细粉砂，中值粒径在0.008～0.02 mm之间，一般均小于当地底质粒径。

3. 生物特征

曹妃甸海域浮游植物以硅藻、裸藻两门类为主，其中硅藻种类最多，有13属29种。洛氏角毛藻、尖刺菱形藻、浮动弯角藻、佛氏海毛藻等。浮游动物分属于12个类群共64种，其中原生动物种类最多，20种，其次是幼体类17种，桡足类和水母类的种类均为8种。底栖生物53种，其中环节动物多毛类最多，有29种，软体动物有11种，甲壳动物有6种，棘皮动物有3种，其他生物(包括纽形、腔肠动物)4种。底栖动物优势种主要有不倒翁、江户明樱蛤、中国蛤蜊、柯氏双鳞蛇尾、细雕刻肋海胆等。

第三节　曹妃甸围填海工程附近海域环境变化分析

根据曹妃甸项目的工程特征和其所在区域的环境特征，工程建设对环境的影响主要为通岛公路工程及填海造地工程对水文动力及地形地貌和冲淤环境的影响，工程施工期和运营期排放的污染物对海水水质、沉积物环境等的影响，以及由上述影响造成对海洋生物生态系统的影响。本研究通过对工程建设情况的回顾、区域环境的调查和监测、历史调查和监测资料的收集，对工程建设以来造成的环境影响进行回顾性评估。

一、水动力环境变化分析

根据1996年10月、2005年3月、2006年3月等多次同步水沙全潮观测资料分析。

曹妃甸海域潮流呈往复流形式，涨潮西进，落潮东出，受地形的影响，各站点的主流向略有不同，但基本平行于等深线走向，甸头以南深槽基本为东西向的往复流，深槽以南外海潮流有逆时针旋转流特性，近岸浅滩区，受滩面的阻水影响，主流流向有顺岸的趋势，工程实施后流向基本没有发生变化。甸头岬角效应使其成为本海域水流最强区，仍然是维持深槽水深的主要动力，向岸潮流动力逐渐减弱，由于本海区潮波呈现驻波特性，中潮位时流速最大，高低潮时出现转流，涨潮流强于落潮流。涨潮时，浅滩被淹；落潮时，滩面露滩，甸后浅滩区漫滩水流有汇集与分散现象，是维持曹妃甸海域潮沟分布特征的重要动力，公路建成后，老龙沟内由西向东的部分涨潮流及落潮期由东向西的部分落潮流被隔断。

考虑到上述实测资料，边界条件不同，因此仅仅通过比较实测流速变化，并不能对工程实施后产生的动力影响进行客观评估，因此可以利用数学模型对动力影响的程度、范围作进一步分析。

1. 流速变化

从工程前后的半潮平均流速改变情况可以看出，动力减弱区主要集中在大堤东西两侧近岸段浅滩附近。而流速增大区主要位于堤头及围垦区拐角处，针对不同情况其分布位置则有所不同。

2. 潮差变化

工程实施后，工程区附近潮汐运动受到影响，涨、落潮历时变化较小，潮差会发生一定的变化，以大潮期为例，调查结果显示，工程实施后，平均潮差变化在0.02m左右。

3. 纳潮量变化

分析曹妃甸工程实施后，渤海湾纳潮量的变化。从计算结果可以看出，大潮期纳潮量的减幅大于小潮期，这是由于工程区主要位于近岸浅滩水域，大潮期间涨、落潮时出现的漫滩、露滩现象更为明显，因此工程实施后整个海湾的纳潮量变化也较小潮期更大。从潮量变化幅度来看，工程区水深较浅，工程实施后渤海湾纳潮量减幅在1%以内。

4. 半更换期变化

根据半更换期指数，比较工程实施前后海湾的水交换能力，从计算结果可以看出，由于海湾本身水体交换周期较长，正常情况下的半更换期达150天以上，工程实施后，不会改变这种状态。

针对以上对流速、潮差、纳潮量、半更换期的评价结果，根据围填海工程对水动力环境变化的影响程度，建立围填海水动力评估指标与评估标准如表9-1所示。这里暂定各评估因子权重相同，通过计算获得最终的评估等级，评估等级指数1～3，数值越大，影响越大，评估等级标准如表9-2所示。

表9-1 水文动力评估指标与标准

指标	标准	计算方法及说明	评估指数
流速改变量(≤)(cm/s)	5	分析工程实施后，平均流速改变量，考虑半潮平均流速，涨、落急流速的变化，取变化量最大值进行评价	75
	10		50
	20		25
潮差改变(≤)(cm)	5	分析工程实施后，特征点潮差平均改变量	75
	10		50
	15		25
纳潮减少量(≤)	2%	分析工程前后，纳潮量的改变情况	75
	5%		50
	10%		25
半更换期(≤)	2%	分析工程实施后，半更换期改变量	75
	5%		50
	10%		25

表9-2 评估等级标准

综合评价	评价等级
50～75	1
25～50	2
<25	3

综合评估结果表明，流速变化在5%以内，评估指数75；潮差变化在0.02m左右，小于0.05m的标准，评估指数75；纳潮量变化在1%以内，小于2%的标准，评估指数75；半更换期变化1.9%，小于2%的标准，评估指数75。综合评估指数为75，评估等级1。

二、地形冲淤变化分析

曹妃甸岛以北分布大片0m左右的浅滩，由于水深较小漫滩水流动能大部分被摩阻损耗，潮流流速较小（仅在潮沟内流速较大）。同时在靠海一侧分布着一系列离岸沙坝，阻挡了外海波浪作用，而当地水深较浅，风浪也难以充分发展，因此曹妃甸浅滩近年主要处于冲淤相对平衡、或微淤状态。

从曹妃甸围填海工程建设前的1983年至1996年以及1996年至2000年曹妃甸甸头水深变化情况看，近20年来甸头深槽水深有一定变化，冲淤幅度为0.5～1.0 m，深槽平均每年冲淤幅度大致为5～10 cm。曹妃甸海域甸头北侧虽有大范围浅滩存在，但泥沙仅在滩面上往复运移。总体上看，海域输水输沙由东向西输移，且泥沙来源供给不足，能够维持曹妃甸深槽长期良好的水深条件。

通岛公路围填实施后，通岛公路阻断了浅滩潮道，公路西侧已基本淤死。近年来的研究报告及海洋监测结果也证实，老龙沟深槽已开始淤积变浅，港口潜力区的发展潜力已受到影响。流速的减小会使浅滩上略有淤积，对陆域围填、护岸稳定有利。由于浅滩区纳潮量的减少，老龙沟潮汐通道流速有所减小，有利于通航安全但不利于水深维护。

结合2000年10月至2005年3月的实测资料，对甸头以南海域选取8条断面做进一步分析。从8条断面不同年份的水深分布可以看出，公路修成后，甸头西侧水深变化幅度大于东侧，深槽水深变化不大。由于甸头西侧大量挖砂和抛砂，使甸头西侧岸坡泥沙淤积现象有所加强，如图9-1。通岛公路建成后，甸头西侧近岸区岸坡流速明显减弱。1998年南京水科院物理模型试验曾指出甸头西侧 −5～−10 m 等深线岸坡范围，全潮平均流速减少2%左右，这同实际情况比较接近。

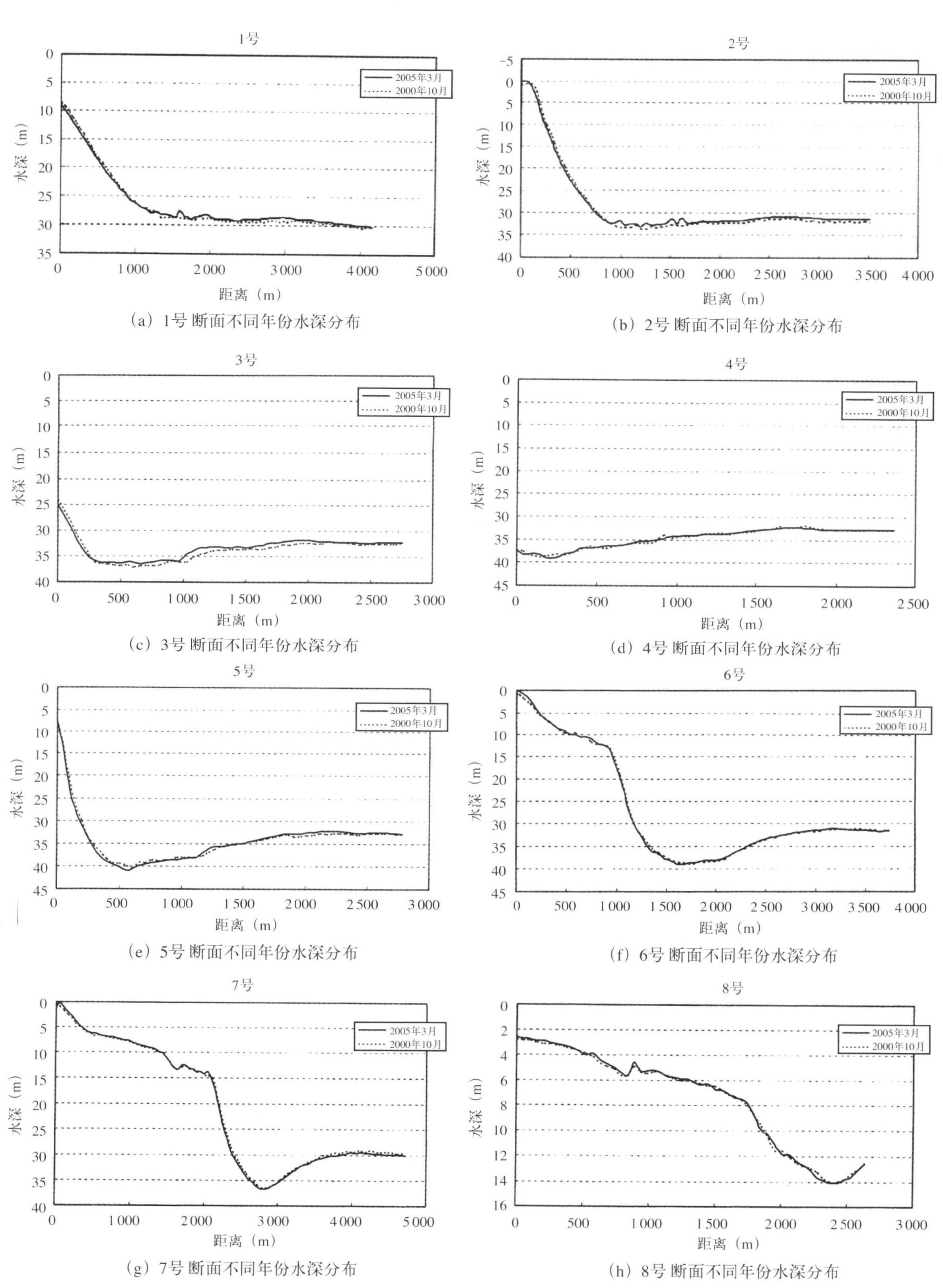

（a）1号 断面不同年份水深分布
（b）2号 断面不同年份水深分布
（c）3号 断面不同年份水深分布
（d）4号 断面不同年份水深分布
（e）5号 断面不同年份水深分布
（f）6号 断面不同年份水深分布
（g）7号 断面不同年份水深分布
（h）8号 断面不同年份水深分布

图9-1 曹妃甸围填海工程实施前后附近海域水深变化

根据 1983—2006 年的实测地形图，分析甸头前沿海域实测冲淤分布变化如图 9-2 所示，可见附近海区主要以冲刷为主，甸头前沿 500m 范围内冲深 0.5～0.8 m，500～1 000 m 范围冲深 0.2～0.4 m，深槽水流增强 1%～3%。此外，从图中仍可看出甸头西侧水下岸坡的淤积形势，甸头西测水下陡坡区出现明显弧形淤积带，甸西近岸 800 m 范围淤积了 0.1～0.6 m；甸东近岸一侧也有一局部淤积区，淤厚最大达 0.7 m。进一步根据 1983—2006 年地形冲淤分布可以看出，曹妃甸甸头东侧岸坡 −7.5 m 以上发生冲刷，−7.5 m 以深出现平行等深线的带状淤积带。

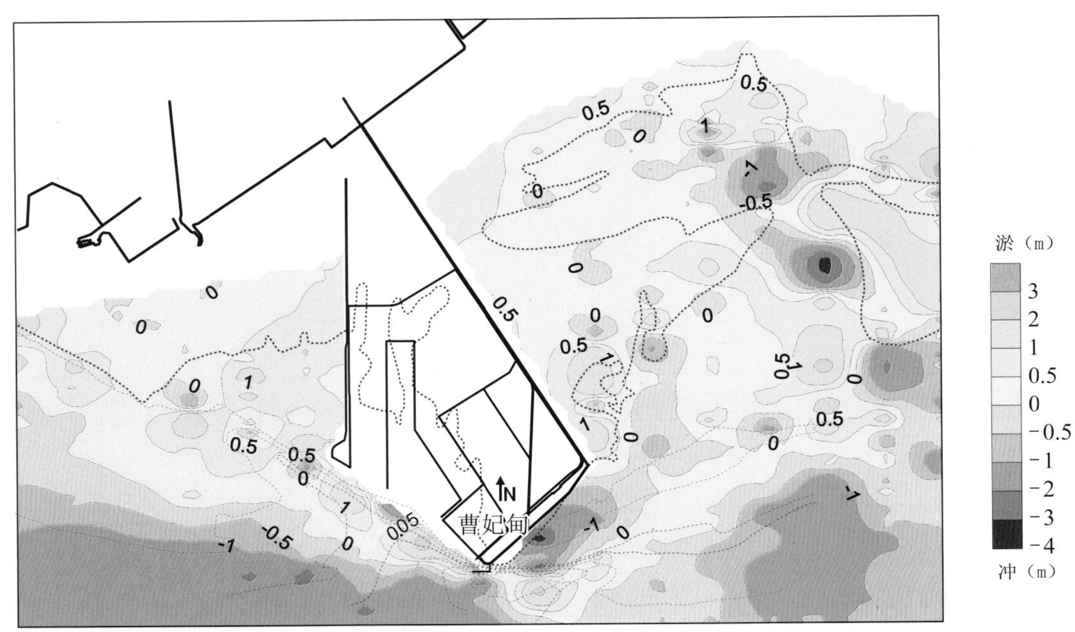

图9-2　1983—2006年地形冲淤分布

通过对曹妃甸附近海域多年的资料分析，曹妃甸滩槽一直保持基本稳定，虽局部有一定的冲淤变化，特别是甸头东侧潮沟及前沿深槽有所侵蚀、冲刷，但总体格局没有改变。

而对于甸北老龙沟，沟内最大流速可达 1.0 m/s；目前老龙沟最深点达 22 m，而且底质有粗化现象 (0.2～0.3 mm)，说明水流与边界已基本处于相对稳定的动态平衡状态。

三、生物群落变化分析

选取浮游植物、浮游动物、底栖生物、潮间带生物和游泳动物作为海洋生物生态的评估因子。为评估曹妃甸围填海工程对海洋生物群落的影响，本研究收集了 2004 年曹妃甸大规模填海前至 2007 年的历史数据，并进行了必要的补充调查；为了进一步说明曹妃甸围填海建设对生物生态影响的动态变化，2010 年又进行了综合补充调查。

1. 浮游植物

通过统计，由表 9-3 可以看出，浮游植物密度呈现高低高的趋势。2004 年浮游植物密度属于中低水平，2005 年属于较低水平，2007 年属于较高水平，浮游植物密度差异主要受季节因素的影响。

表9–3　浮游植物与历史监测资料类比

项目	2004年10月	2005年7月	2007年7－9月
密度（个/m^3）	969 800	135 104	1 621 307
多样性指数 H'	3.57	2.10	2.89
均匀度 J'	—	0.72	0.85
丰度	—	0.43	0.67
优势种	硅藻	硅藻	硅藻

生物多样性指数 H' 也呈现高低高的趋势。2005 年 7 月最低为 2.10，2004 年 10 月最高为 3.57，变化不是很大，优势种不变，都是硅藻。这说明该海域年间浮游植物种类分布差异较小，具有的浮游植物群落结构基本稳定。

2. 浮游动物

浮游动物基础数据来源同浮游植物，对围填海前、后浮游动物群落变化对比分析，结果如表 9-4 所示。

表9–4　填海前后浮游动物变化对比

项目	2004年10月	2005年7月	2007年7－9月
种类数	33	15	7月(64种)/9月(17种)
生物量（mg/m^3）	29.858	280.6	1978.41
密度（个/m^3）	117.76	196	2674.25
多样性 H'	2.565	2.2	2.0
均匀度 J'	—	0.75	1.15
丰度	—	1.2	0.65
优势种	强壮箭虫	刺尾歪水蚤、强壮箭虫、真刺唇角水蚤	强壮箭虫

3. 底栖生物

2004 年和 2005 年底栖生物基础数据来源同浮游生物，为了更好地反映围填海对底栖生物影响的动态变化，于围填海后的 2010 年进行了补充调查，如表 9-5 所示。

表9–5　填海前后底栖动物变化对比

项目	2004年	2005年	2007年	2010年
生物量（g/m^2）	17.8	16	21.79	24.5
密度（个/m^2）	213.3	90.74	41.47	41.45
生物多样性 H'	2.89	1.92	1.84	1.55
均匀度 J'	—	0.3	0.80	0.75
丰富度	—	2.3	1.42	1.12

由表 9-5 可以看出，2004 年至 2010 年底栖生物的密度、生物多样性、丰富度都是呈现下降的趋势，虽然 2010 年的生物量较 2004 年、2005 年及 2007 年高，这是因为 2010 年采集样品以个体比较大的软体动物及棘皮动物为主。

总体来看，围填海前、后附近海域底栖生物生境质量下降，主要原因是吹填取土作业及悬浮物沉降改变了底栖生物栖息的底质环境，大量的底栖生物被掩埋，如 2004 年工程初期生物多样性较高，填海后期多样性降低。遭受破坏的底栖环境的恢复需要一定的时间，所以说填海造地必将对底栖生物尤其是项目区的底栖生物产生一定的影响。

4. *潮间带生物*

由于曹妃甸围填海工程面积不断扩大，到 2008 年年底，2004 年所调查的站位几乎全部消失，2010 年的调查断面在 2008 年断面的西侧，现在属于高中潮区淤泥质海岸。通岛公路东面广大潮间带已基本消失，通岛公路西面虽然也有潮间带分布但是都已经被征用。可以说曹妃甸填海对潮间带生物的影响主要表现在直接填埋，未被直接填埋区域的潮间带生物也受到一定的影响，分析其原因可能是水动力条件的改变，影响了潮区面积及暴露于太阳下的时间。填海后期近岸潮间带群落演替较为明显，原有砂质生存的贝类明显减少，多毛类和小型贝类等适应泥质生存的种类明显增多。曹妃甸围填海前、后附近海域潮间带生物群落结构变化如表 9-6 所示。

表9–6　曹妃甸围填海前后附近海区潮间带生物变化

年份（年）	季节	种数（种）	生物密度（个/m^2）	生物量（g/m^2）	生物多样性指数
2004	春季	22	89.8	146.45	2.4
2008	春季	22	87	70.26	2.16
2010	春季	19	381	117	1.1

5. *游泳动物*

对曹妃甸海域围填海前后游泳动物群落结构对比分析如表 9-7 所示，从游泳动物年平均种类变化来看，2010 年达到 22 种，2008 年达到 20 种，2004 年达到 19 种，3 年来变化不大，属于正常波动范围。从游泳动物年平均密度变化来看，2004 年达到 7 788 尾 / h，2008 年 2 299 尾 / h，2010 年达到 6 025 尾 / h，3 年来变化较大，但是没有呈现下降的趋势，密度的变化主要与站位的设置以及资源的分布有关。从游泳动物年平均生物量变化来看，2004 年达到 46 kg/h，2008 年 14 kg/h，2010 年达到 24 kg/h，3 年来变化较大，但是没有呈现下降的趋势，生物量与密度的变化原因相近，但是 2010 年鱼类品种小型化明显，主要体现在 2010 年的杂鱼在渔获中所占比重较大。从游泳动物年群落多样性变化来看，整体保持稳定，2010 年多样性指数高于 2004 年而小于 2008 年。

总之，游泳动物资源量的变动没有一定的规律性，游泳动物资源的变动属于正常，群落结构基本不变，但是群落中低值杂鱼和经济鱼类小型化的情况，也是不争的事实。造成这点的原因主要是捕捞强度及环境污染的影响，填海造地对其影响主要是工程前期的噪声、悬浮物等造成的驱散效应，但是在调查期间体现得并不明显。

表9–7 曹妃甸围填海前后附近海区游泳动物变化表

年份	季节	种数	生物密度(ind/h)	生物量(kg/h)	生物多样性指数
2004	春季	16	2 488	6.68	1.10
	秋季	21	13 088	85.45	0.97
2008	春季	20	2 888	9.84	2.36
	秋季	19	1 710	18.53	1.55
2010	春季	18	1 018	6.70	1.68
	秋季	25	11 032	44	1.50

6. 鱼卵、仔稚鱼

通过查阅相关资料，2004 年曹妃甸海域鱼卵以石首鱼科和鲱鱼科为主，仔鱼是以鲱鱼科为主，鱼卵密度范围为 0～8.15 粒 /m^3，平均为 5.42 粒 /m^3；仔稚鱼平均密度为 2.29 粒 /m^3。2008 年，鱼卵种类仍是以石首鱼科和鲱鱼科为主，但是其他种类较 2004 年略有增加，仔鱼是以石首鱼科为主，鱼卵的分布密度为 0～3.42 粒 /m^3，仔稚鱼的分布密度为 0～2.17 尾 /m^3，平均值为 0.54 尾（粒）/m^3。2010 年，10 个站位采集到鱼卵共 2 种，分别为鲬鱼鱼卵和小带鱼鱼卵；仔鱼共 2 种，分别为鰕虎鱼仔鱼和梭鱼仔鱼。鱼卵的密度变化范围为 0～0.02 粒 /m^3，平均密度为 0.004 粒 /m^3；仔稚鱼的密度变化范围为 0～1.8 尾 /m^3，平均密度为 0.187 尾 /m^3。

从种类组成、平均密度来看，鱼卵和仔鱼都呈明显的下降趋势，尤其是经济价值较高的石首鱼科和鲱鱼科鱼卵和仔鱼在 2010 的 6 月和 8 月的 2 个航次中，只采到了叫姑鱼仔鱼，鱼卵的密度从 2004 年的 5.4 粒 /m^3 骤减到 2008 年的 0.7 粒 /m^3，仔鱼也呈明显的下降趋势，其主要原因：一方面曹妃甸近岸水域由于围填海工程造成产卵场大面积减少，水质下降，导致部分鱼卵、仔鱼死亡；另一方面由于 2010 年初受黄海中部冷水团的控制，很多经济鱼类没有洄游到渤海湾，取而代之的是一些地方性鱼类和经济价值较低的鱼卵。

四、渔业资源损耗分析

目前，我国越来越重视填海造地造成的生态损失，国内很多学者在研究围填海对生态造成损失的同时，也关注到了围填海对渔业资源的损失。农业部于2008年3月1日颁布实施的《建设项目对海洋生物资源影响评价技术规程》，对围填海造成的渔业资源损失评估作出相关规定。对评估围填海工程对渔业资源的损失起到了重要的指导意义。

围填海对渔业资源的直接影响主要表现在：① 长期占用渔业水域，造成部分渔业水域服务功能丧失，渔业资源生境缩小；② 围填海区域内底栖生物完全毁灭，栖息地丧失；并可能导致某些海洋珍稀水产品及特色渔业生物资源永久性消失等。但由于渔业水域功能的多样性和复杂性，以及渔业生态环境、渔业资源的可持续利用，仅以渔业资源的直接影响来评估围填海对渔业资源的影响是远远不够的，因此，进一步研究围填海对渔业资源影响的机理，建立围填海对渔业生态系统、渔业资源损失评估的理论；在识别围填海造成的渔业生态功能的

基础上，采用环境经济学原理，建立不同的渔业生态、渔业资源损失价值评估模型是目前十分紧迫的任务。

渤海是我国内海，沿岸有许多大河流入海，水质肥沃，饵料生物丰富，是许多经济鱼虾类的产卵场、索饵场和洄游通道，在我国渔业生产中占有重要的地位。渤海湾西部是小黄鱼、白姑鱼、叫姑鱼、鳀鱼、蓝点马鲛、银鲳、斑鰶、青鳞沙丁鱼等鱼类重要的产卵场。曹妃甸附近海域虽然不是鱼卵、仔稚鱼分布的密集区，但在每年的春夏秋季仍有鱼卵、仔稚鱼的分布。由于围填海工程长期占用渔业水域，使得该区域鱼卵、仔稚鱼分布区域缩小，部分栖息地丧失，造成了永久性的损失。

依据中华人民共和国水产行业标准《建设项目对海洋生物资源影响评价技术规程》中的规定，以曹妃甸2004—2010年完成的永久性占地178 km^{2}海域面积为例，损失率按100%计算，进行评价，以2004年鱼卵密度5.4粒/m^2，仔鱼1.1尾/m^{2}计算。

1. 围填海对鱼卵、仔稚鱼损失量

鱼卵、仔稚鱼损失量评价按公式（9-1）计算：

$$W_i = D_i S_i \quad (9\text{-}1)$$

式中：

W_i——第i种类生物资源损失量（粒、尾）；

D_i——评估区域内第i种类生物资源密度（粒、尾/m^2）；

S_i——第i种类生物占用的渔业水域面积（m^2）。

曹妃甸填海区域鱼卵的损失量约为9.61亿粒/a；按永久性占地20年计算，鱼卵的总损失量约为192.24亿粒；仔稚鱼的损失量为1.96亿尾/a，按永久性占地20年计算，仔稚鱼的总损失量为23.1亿尾。

2. 围填海对鱼类、头足类、甲壳类损失量

由于围填海工程对鱼类、头足类、甲壳类的影响，主要是指占用渔业水域致使该区域内鱼卵、仔稚鱼、鱼类、头足类、甲壳类、底栖生物等渔业资源栖息地丧失，造成区域内渔业资源永久性损失。

以2004年游泳动物资源量980 kg/km^2，永久性占地损失100%进行计算。

鱼类、头足类、甲壳类资源损失量评估公式如下：

$$W_i = D_i S_i \quad (9\text{-}2)$$

式中：

W_i——第i种类生物资源损失量（kg）；

D_i——评估区域内第i种类生物资源密度（kg/km^2）；

S_i——第i种类生物占用的渔业水域面积（km^2）。

曹妃甸填海区域178 km^2，每年损失的渔业资源174 t。按永久性占地20年计算共损失游泳动物3 419 t。

3. 围填海对底栖生物损失量

填海造地对渔业资源的影响底栖生物首当其冲，由于填埋造成底栖生物栖息地丧失，可能导致某些海珍品及地方特色渔业资源消失。

根据2004年调查资料，曹妃甸占地水域底栖生物生物量平均值为33.8g/m^2。

底栖生物资源损失量评估公式如下：

$$W_i = D_i S_i \quad (9\text{-}3)$$

式中：

W_i——第 i 种类生物资源损失量（kg）；

D_i——评估区域内第 i 种类生物资源密度（kg/km^2）；

S_i——第 i 种类生物占用的渔业水域面积（km^2）。

曹妃甸填海区域178 km^2，每年损失的底栖生物资源6 016 t，按永久性占地20年计算底栖生物资源损失量为120 320 t。

五、海洋水质环境变化分析

曹妃甸填海造地工程必定对周围海域水质环境产生一定的影响，从影响类型来看有以下两个方面。

（1）非污染类影响：围填海陆域的形成，使水动力改变，对纳潮量、海水流速、流向及冲淤等都产生影响，改变海水交换率进而影响水质。

（2）污染类影响：① 水污染，疏浚和填海作业造成的污染，水体中悬浮物浓度的增高；施工人员的生活污水及施工船舶、施工机械运动和维修时产生的油污水等；② 固体废弃物，主要是施工人员生活垃圾及建筑垃圾等。

为了掌握曹妃甸填海造地工程前、后周围海域水体环境质量的变化情况及填海造地工程对周围海域水体环境的影响程度，本研究对曹妃甸附近海域历年的海洋水体环境质量回顾性对比分析。

结果表明，2007年除悬浮物项目几乎无变化外，化学需氧量、无机氮、活性磷酸盐、石油类、Cu、Zn、Pb、Cd和Hg等水质要素的调查结果较2002—2004年的监测结果有不同程度的升高，尤以COD、无机氮、石油类和重金属Cu、Pb、Zn的变化幅度较大，其中，2002—2004年的海水COD平均值为0.67 mg/L，2007年海水COD平均值为3.23 mg/L，升高了5倍；2002—2004年的海水石油类平均值为7.47 μg/L，2007年海水石油类平均值为34.5 μg/L，升高了4倍。悬浮物：2005年较2002—2004年略有下降，2006年达到最大值，2007年降到与2002—2004年持平；磷酸盐：浓度逐年增大，2006年达到最大值，2007年降到填海前水平；重金属方面：Cu、Zn、Pb、Cd填海造地前后均有升高，尤以Zn变化明显。

为了更好地反映曹妃甸附近海区水质变化情况，这里用水质污染综合指数对水质情况进行总体评价。水质污染综合评价的污染等级划分标准，如表9-8所示。

表9-8　水质污染等级划分标准

级别	名称	水环境质量综合污染指数范围
Ⅰ	清洁	$Q_{水} \leqslant 0.2$
Ⅱ	微污染	$0.2 < Q_{水} \leqslant 0.4$
Ⅲ	轻污染	$0.4 < Q_{水} \leqslant 0.7$
Ⅳ	中污染	$0.7 < Q_{水} \leqslant 1.0$
Ⅴ	重污染	$1.0 < Q_{水} \leqslant 2.0$
Ⅵ	严重污染	$Q_{水} > 2.0$

水质污染综合指数计算如下

$$Q_{水} = \sum_{i=1}^{n} Q_i / n \quad \cdots\cdots (9\text{-}4)$$

式中：

$Q_{水}$——水质污染综合指数；

Q_i——第 i 种污染物污染指数。

通过分析可知，曹妃甸海区水样总污染指数 $Q_{水}$ 围填海前 2002—2004 年间变化不大，而 2005 年后水质综合污染指数明显上升，说明围填海后曹妃甸附近海域水质环境恶化，从微污染上升为中污染。经分析 2006 年超标的污染物主要是无机氮和磷酸盐等营养盐，2007 年重金属 Zn、Pb 及 COD 超标严重。从主要超标污染物来看，这些污染物填海造地本身不能产生，主要来自陆源。据调查填海前曹妃甸区有两大潮流通道，即外缘潮道和浅滩潮道，浅滩潮道在现在的通岛公路中段位置，原来有深 1.5～2.5 m、宽 1.5～2 km 的同潮槽，该潮道对老龙沟深槽的形成有重要贡献。通岛公路的建设及曹妃甸工业区填海规划的实施，阻断了曹妃甸浅滩上唯一的重要潮道—浅滩潮道，对该海区的潮流及海洋环境造成了诸多不利影响。海洋潮差变小，潮汐的冲刷能力降低，港内纳潮量减少，水流交换速度减慢，海水的自净能力随之减弱，这直接导致了水质的日益恶化。由于填海造地的陆地主要用于钢铁、能源建设，随着工业园区投入使用，各种污染物会逐年增多，尤其是各种污水直接排入大海，必将导致水质继续恶化。如表 9-9 和图 9-3 所示。

表9-9　曹妃甸附近海域水质综合污染指数年间变化

年份	2002年	2003年	2004年10月	2005年	2006年	2007年
综合污染指数	0.223	0.228	0.378	0.31	0.54	0.709
级别	微污染	微污染	微污染	微污染	轻污染	中污染

为了更好地掌握曹妃甸围填海造地对水环境影响的动态变化，2010 年对曹妃甸围填海附近海域水质环境进行了补充调查。

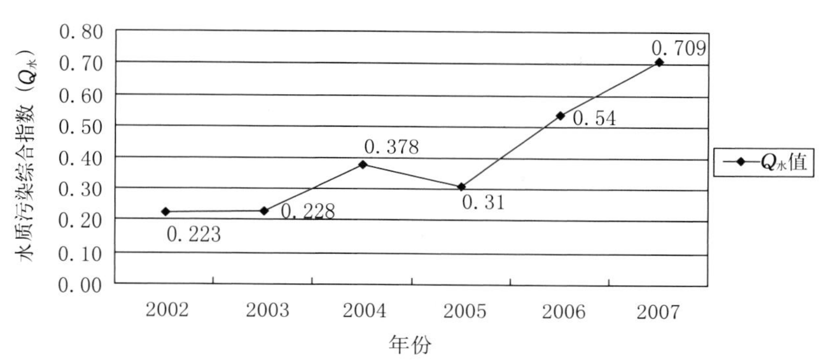

图9-3 曹妃甸附近海域水质综合污染指数年间变化

根据综合污染指数数值，如表 9-10 所示，结合污染等级划分标准，表明：春季西部近岸水域处于中度污染；东部水域处于微污染状况；中部水域处于轻度污染，而且分布特征明显。秋季整个海域处于较为清洁的状态，西部近岸部分水域处于轻污染状态，其他水域属于微污染状态。

表9-10 各站位水质污染综合指数值统计

站位	春季	秋季	平均值
1	0.685 7	0.412 2	0.548 9
2	1.119 1	0.296 1	0.707 6
3	1.051 6	0.226 8	0.639 2
4	0.790 3	0.205	0.497 6
5	0.532 1	0.295 2	0.413 6
6	0.690 9	0.289	0.489 9
7	0.543 7	0.230 2	0.386 9
8	0.520 5	0.353 9	0.437 2
9	0.561 3	0.309 8	0.435 5
10	0.485 4	0.293 9	0.389 7
平均值	0.698 06	0.291 21	0.494 61

六、海洋沉积物质量变化分析

以 2002 年 4 月、2003 年 4 月、2004 年 10 月、2005 年 8 月、2006 年 10 月，项目所在海区的环境监测数据资料对曹妃甸围填海工程的海洋沉积物质量进行回顾性评估。

选取硫化物、有机碳、石油类、Cu、Pb、Zn、Cd、Cr 八个评估指标。表 9-11 以等比例方式给出表层沉积物污染等级划分标准。

表9-11　表层沉积物污染等级的划分标准

级别	名称	表层沉积物质量综合污染指数范围
Ⅰ	清洁	$Q_{底} \leqslant 0.2$
Ⅱ	微污染	$0.2 < Q_{底} \leqslant 0.4$
Ⅲ	轻污染	$0.4 < Q_{底} \leqslant 0.7$
Ⅳ	中污染	$0.7 < Q_{底} \leqslant 1.0$
Ⅴ	重污染	$1.0 < Q_{底} \leqslant 2.0$
Ⅵ	严重污染	$Q_{底} > 2.0$

根据公式$Q_{底}=\sum_{i=1}^{n} Q_i/n$，求得2002—2007年曹妃甸围填海附近海域沉积物环境质量综合污染指数，如表9-12所示。总体来看，填海前后曹妃甸附近海域沉积物质量状况变化不是很大，综合污染指数填海后(2005—2007年)略小于填海前(2002—2004年)，沉积物质量状况的评定都属于微污染状况。填海工程进行过程中(2005—2007年)，海洋沉积物质量的污染指数基本不变，这说明截至2007年围填海工程对海洋沉积物质量的影响并不明显，而同期的水质污染指数变化很大，这说明海洋沉积物中污染物的沉积过程是一个长期过程。如图9-4所示。

表9-12　曹妃甸附近海域沉积物质量综合污染指数年间变化

年份	2002年	2003年	2004年10月	2005年	2006年	2007年
综合污染指数	0.37	0.27	0.35	0.28	0.28	0.29
级别	微污染	微污染	微污染	微污染	微污染	微污染

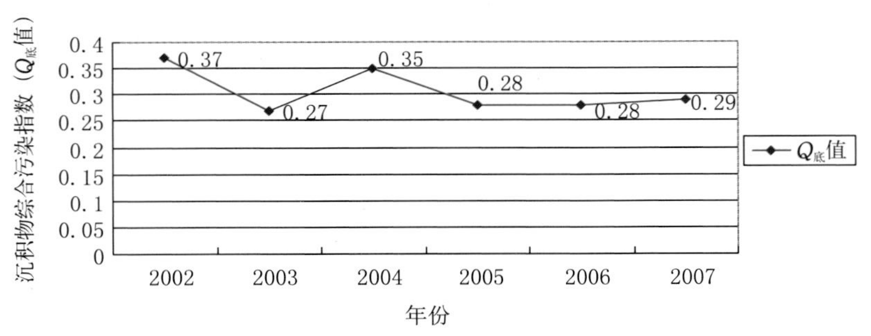

图9-4　曹妃甸附近海域海洋沉积物综合污染指数年间变化

第四节 曹妃甸围填海工程环境影响回顾性评估

一、围填海工程环境影响回顾性评估指标体系

综述国内外围填海对海洋环境的影响研究，一般主要集中在围填海对海洋生物生态环境、海洋水动力与冲淤环境、水体质量环境和沉积物质量环境 4 个方面的影响。海洋生物生态环境主要包括浮游植物、浮游动物、浅海底栖生物、潮间带生物及游泳动物 5 类生物群落，主要选取指标包括种类组成（包括种类数、各类群生物种类数占总种数的比例）、优势种（群）、生物量、密度、物种数量、多样性指数等；海洋水动力冲淤环境主要选取潮流流速、流向、潮差、纳潮量、冲淤深度、冲淤范围等指标；水体质量和沉积物质量主要对一些常见的污染物浓度进行分析评估。

本研究在深入剖析曹妃甸围填海工程对海洋环境影响的特征基础上，海洋生物方面选取浮游植物、浮游动物、浅海底栖生物、潮间带生物及游泳动物 5 类生物群落，每类生物群落选取生物密度、生物种类个数、生物量 / 初级生产力、生物多样性指数 4 个指标，共 20 个评价指标；海洋水动力冲淤环境方面选取涨潮流速、落潮流速、大潮潮差和大潮纳潮量 4 个评价指标；水体质量方面选取活性磷酸盐、无机氮、石油类 3 个指标；沉积物质量方面选取硫化物 1 个评价指标。

层次分析法 (analytical hierarchy process，AHP) 是美国运筹学家 Saaty T.L.在 20 世纪 70 年代提出的，主要用于求解递阶多层次结构问题，是多指标综合评估的一种定量方法。层次分析法是将与决策有关的元素分解成目标、准则、方案等按支配关系组成递阶层次结构，通过每一层次各元素的两两比较，对其相对重要性作出判断，构造判断矩阵；通过计算确定决策方案相对重要性的总排序。近年来，层次分析法作为一种有效的、确定指标权重的方法，在许多方面得到了应用。曹妃甸围填海工程的海洋环境影响回顾性评估涉及海洋生态、海洋水动力、水体质量、沉积物质量等多个方面，目标层次多，结构复杂，采用常用的评估方法难以理清各评估指标之间的内在关系，增加了评估过程的主观性。层次分析法正好可以将围填海的海洋环境影响评估进行层次分解，分层次计算权重，最终将围填海的海洋环境影响多目标综合成一个终极影响评价数值，可作为围填海的海洋环境影响回顾性评估的重要方法。

依据层次分析法的基本原理，将曹妃甸围填海的海洋环境影响回顾性评估指标体系分为目标层、准则层、因素层和指标层 4 个层次。曹妃甸围填海工程的海洋环境影响回顾性评估总目标为曹妃甸围填海工程海洋环境影响 A；准则层分为海洋生物 B1 和海洋环境 B2 两部分；因素层包括浮游植物 C1、浮游动物 C2、底栖动物 C3、潮间带生物 C4、游泳动物 C5、水动力环境 C6、水质环境 C7 和沉积环境 C8 共 8 个部分；指标层包括海洋生物群落的生物密度、生物种类个数、生物量 / 初级生产力、生物多样性指数等 20 个指标；海洋水动力环境中的涨潮流速、落潮流速、大潮潮差、大潮纳潮量 4 个指标；水体环境质量的活性磷酸盐、无机氮、石油类 3 个指标；海洋沉积物环境质量中的硫化物指标。由此形成曹妃甸围填海工程的海洋环境影响回顾性评估指标体系，如图 9-5 所示。

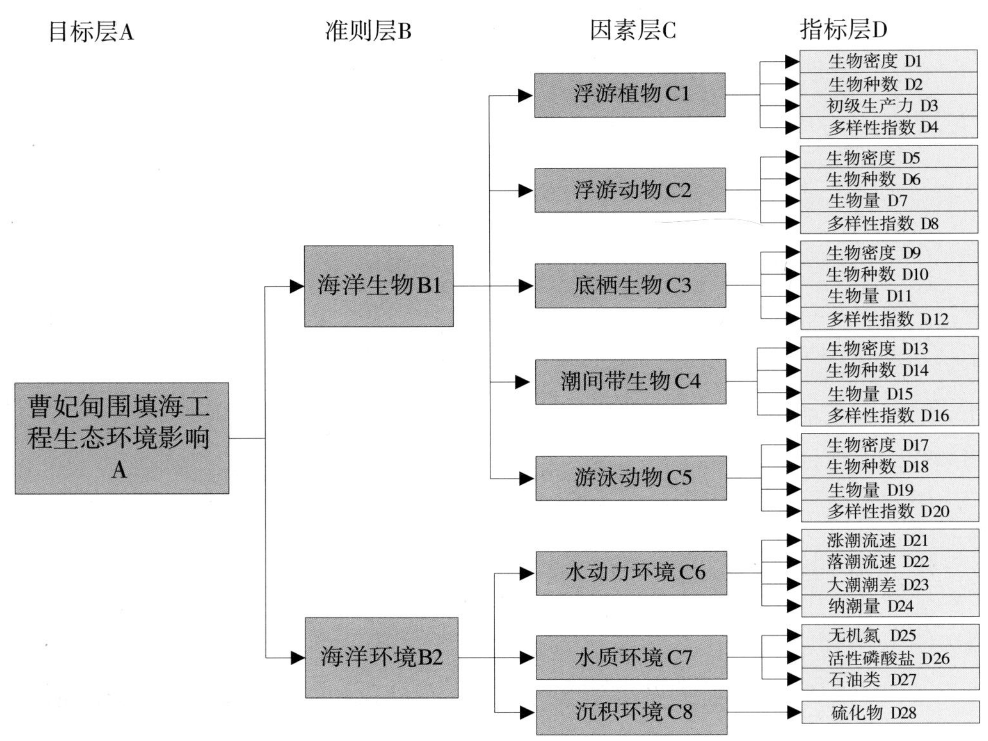

图9-5 曹妃甸围填海工程环境影响的回顾性评估指标体系

通过采用层次分析法来确定曹妃甸围填海工程的海洋环境影响回顾性评估各层次评估指标的权重，即依次构建每个层次各项指标的相对重要性程度判断矩阵，请有关专家依据各项指标相对重要性程度，对在同一层次上的各因素进行两两比较，按其优良程度或重要程度可以划分为若干等级，赋以定量值，采用 Saaty T.L. 的 1～9 标度法表示。通过求解最大特征值，计算出围填海的海洋环境影响回顾性评估各层次指标的排序权重，并进行一致性检验。依据以上过程最后得到曹妃甸围填海的海洋环境影响回顾性评估的指标体系权重，如图 9-6 所示。

二、围填海工程海洋环境影响回顾性评估标准

决定评估是否成功的关键是如何选择适宜的评估指标与评估标准。围填海工程环境影响评估标准不仅涉及海洋环境状况自身，而且包括复杂的人类价值取向等方面，同时海洋生物群落又受温度、盐度等的影响较大，很难找到统一的评估标准，因此评估标准一直是评估的难点之一。综合现有的研究成果，根据国家所规定的相关法律法规、环境背景值、历史资料及与前人的研究成果相结合的方法来确定曹妃店围填海工程的海洋环境影响回顾性评估标准值如下。

1. 海洋生物群落评估标准

海洋生物群落包括浮游植物群落、浮游动物群落、底栖动物群落、潮间带生物群落和游泳动物群落，评估指标包括群落生物密度、物种数量、生物量 / 初级生产力以及多样性指数。根据海洋生物群落的结构功能特征，采用对比分析的方法将围填海后的生物生态评估指标与围填海前相应指标进行比较，其中生物密度、生物量、物种数量指标保持围填海前数量的

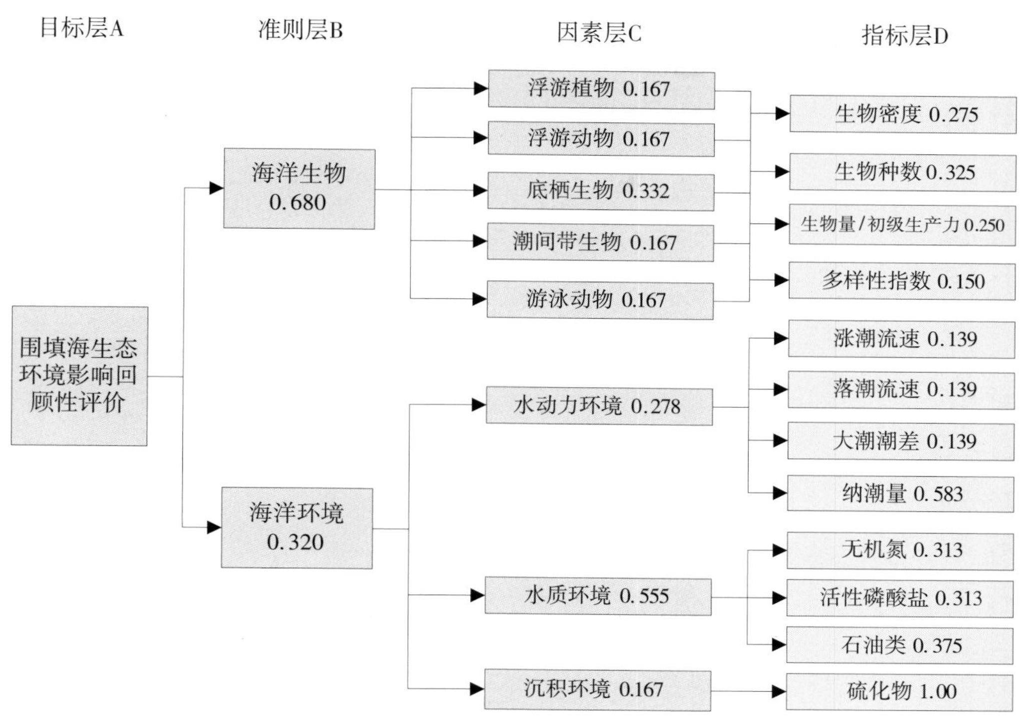

图 9-6 曹妃甸围填海工程的环境影响回顾性评价指标权重

80% 以上，为影响轻微；保持围填海前数量的 60% ～80%，为影响较大，保持围填海前数量的 60% 以下为影响严重。生物多样性指标评估标准的确定借鉴国内外相关学者在研究多样性指数与污染的关系来划分评价标准，当多样性指数≤ 1 时，表明生物群落不稳定，围填海的生态影响较严重；当 1 ＜多样性指数＜ 3 时，表明生物群落较好，围填海的生态影响较轻；当多样性指数＞ 3 时，表明生物群落稳定，围填海对生态效应不明显或无干扰状态。底栖生物量参考《海湾围填海生态环境影响评价技术导则》中关于围填海对底栖生物影响标准的确定，认为当底栖生物量＞100g/m^2 时，围填海工程对底栖生物群落的影响轻微；当 20g/m^2 ＜底栖生物量＜ 100g/m^2 时，围填海工程对底栖生物群落影响较大；当底栖生物量≤ 20g/m^2 时，围填海工程对底栖生物群落影响严重。初级生产力借鉴 1997 年国家海洋勘测专项之一“生物资源栖息环境调查与研究”中有关浮游植物初级生产力的评价标准，以碳计，当初级生产力＜ 200 mg/(m^2·d) 时，围填海工程对该海区初级生产力的影响轻微；以碳计，当 200 mg/(m^2·d) ＜初级生产力＜ 300 mg/(m^2·d) 时，围填海工程对该海区初级生产力的影响较大；以碳计，当初级生产力＞ 300 mg/(m^2·d) 时，围填海工程对该海区初级生产力的影响严重。

2. 水环境、沉积环境评估标准

水环境和沉积环境各评估因子的评估标准参考国家《海水水质标准》（GB3097—1997）、《海洋沉积物质量》（GB18668—2002）进行确定，同时相应调整为 3 个评价等级，借鉴相关海洋水环境和沉积物环境的评估，以国家二类标准作为围填海生态环境影响严重的分界线。各项指标的标准阈值详如表 9-13 所示。

表9-13　曹妃甸围填海工程环境影响回顾性评价指标标准

指标	影响轻微	影响较大	影响严重
浮游植物多样性指数	＞3	1～3	≤1
浮游植物生物密度	＞80%	60%～80%	≤60%
浮游植物种数	＞80%	60%～80%	≤60%
初级生产力 [mgC/(m^2·d)]	≤200	200～300	＞300
浮游动物多样性指数	≤1	1～3	＞3
浮游动物密度	＞80%	60%～80%	≤60%
浮游动物生物量	＞80%	60%～80%	≤60%
浮游动物种数	＞80%	60%～80%	≤60%
底栖生物生物量（g/m^2）	≤20	20～100	＞100
底栖生物多样性指数	≤1	1～3	＞3
底栖动物种数	＞80%	60%～80%	≤60%
底栖动物摸底	＞80%	60%～80%	≤60%
潮间带生物多样性	＞80%	60%～80%	≤60%
潮间带生物密度	＞80%	60%～80%	≤60%
潮间带生物种数	>80%	60%～80%	≤60%
潮间带生物量	>80%	60%～80%	≤60%
游泳动物多样性指数	>80%	60%～80%	≤60%
游泳动物生物量	>80%	60%～80%	≤60%
游泳动物密度	>80%	60%～80%	≤60%
游泳动物种数	>80%	60%～80%	≤60%
无机氮（μg/L）	>500	400～500	≤300
活性磷酸盐（μg/L）	>45	30～45	≤30
石油类（μg/L）	>50	10～50	≤10
硫化物（$\times 10^{-6}$）	>600	500～600	≤500
涨潮流速	>80%	60%～80%	≤60%
落潮流速	>80%	60%～80%	≤60%
大潮潮差	>80%	60%～80%	≤60%
纳潮量	>80%	60%～80%	≤60%

为了使评估结果能够量化，本研究将各级评估结果进行如下量化：影响轻微，量化值赋为 1，影响较大，量化值赋为 2；影响严重，量化值赋为 3，量化值越高，围填海对海洋环境的影响越大。

三、曹妃甸围填海海洋环境影响回顾性评估

通过对曹妃甸围填海工程附近海域海洋水动力冲淤环境、海洋生物生态环境、海洋水体质量环境和海洋沉积物质量环境影响分析，得到曹妃甸围填海工程前、后海洋环境指标变化结果如表 9-14 所示。

表9–14　曹妃店围填海工程前、后附近海域海洋环境指标变化

	围填海工程前	围填海工程后	变化量	变化标准差	围填海前变异系数	围填海后变异系数
涨潮流速(m/s)	0.502	0.489	−0.013	0.021	1.102	1.615
落潮流速(m/s)	0.438	0.420	−0.019	0.045	1.849	2.368
大潮潮差(m)	2.383	2.362	−0.021	0.031	1.521	1.481
大潮纳潮量(m^3)	11 671 700	11 668 800	−2 900	0	0	0
石油类(μg/L)	0.120	0.090	0.030	0.089	2.873	2.967
无机氮(μg/L)	0.134	1.341	−1.000	0.288	0.225	0.288
磷酸盐(μg/L)	0.390	1.234	−0.844	0.414	0.431	0.491
浮游植物密度(个/m^3)	969 800	1 621 307	651 507	106 626.085	0.165	0.164
浮游植物多样性指数	3.570	2.890	−0.680	0.502	0.704	0.738
初级生产力 [mgC/(m^2·d)]	250.400	306.100	55.700	73.180	1.022	1.314
浮游植物种数(个)	27.800	30	−2.200	1.870	0.758	0.850
浮游动物密度(个/m^3)	117.760	196.000	−78.400	351.193	3.339	4.479
浮游动物生物量(mg/m^3)	29.858	280.600	250.742	281.893	1.241	1.124
浮游动物多样性指数	2.565	2.000	−0.565	0.376	0.648	0.665
浮游动物种数(个)	20.500	17	−3.500	5.798	1.414	1.657
底栖动物密度(个/m^3)	213.300	41.470	171.83	283.276	1.653	1.649
底栖动物生物量(g/m^3)	17.800	21.790	3.990	20.038	4.497	5.022
底栖动物多样性指数	2.890	1.840	−1.0500	0.832	0.785	0.792
底栖动物种数(个)	36	32	−4.000	3.667	0.883	0.917
潮间带生物密度(个/m^3)	89.800	87	−2.800	3.624	1.325	1.294
潮间带生物量(g/m^3)	146.450	70.260	−76.190	128.057	1.649	1.681
潮间带多样性指数	2.400	2.160	−0.240	0.389	1.558	1.621
潮间带生物种数(个)	22	22	0	0	0	0
游泳动物密度(个/m^3)	13 088	1710	−11 378	33 387.440	2.741	2.934
游泳动物生物量(g/m^3)	85.450	18.528	-66.922	89.212	1.318	1.333
游泳动物多样性指数	0.970	1.550	0.580	1.292	2.024	2.228
游泳动物种数(个)	21	19	−2.000	3.186	1.427	1.593
硫化物	87.350	14.700	72.650	51.388	0.689	0.707

由曹妃甸围填海工程的海洋环境影响回顾性评估结果可以看出（图9-7），曹妃甸围填海工程的海洋环境影响综合评估值为1.622，也就是说曹妃甸围填海工程导致周边海域的生态、环境结构功能指数由原来的100%衰减为现在的61.65%，损失了38.35%。其中，海洋环境的评估指数为1.208，其结构功能衰减为原来的82.78%，这主要是由水质环境指数变化引起的，其水质环境质量主要为石油类污染物浓度增加所致。海洋生物评估指数为1.815，海洋生物结构功能衰减为原来的55.10%。在5类海洋生物群落中底栖动物评估指数最大为2.275，衰减为原来的30.36%；其次为游泳动物，评估指数为2.05，衰减为原来的48.78%；其后为浮游植物评估指数为2.05，潮间带生物评估指数为1.50，浮游动物评估指数为1.15。围填海工程对底栖动物群落的影响主要表现在对底栖动物群落密度的影响最大，依次为底栖动物种数、底栖动物生物量、底栖动物生物多样性指数。围填海工程对游泳动物群落的影响主要为游泳动物密度和游泳动物生物量。

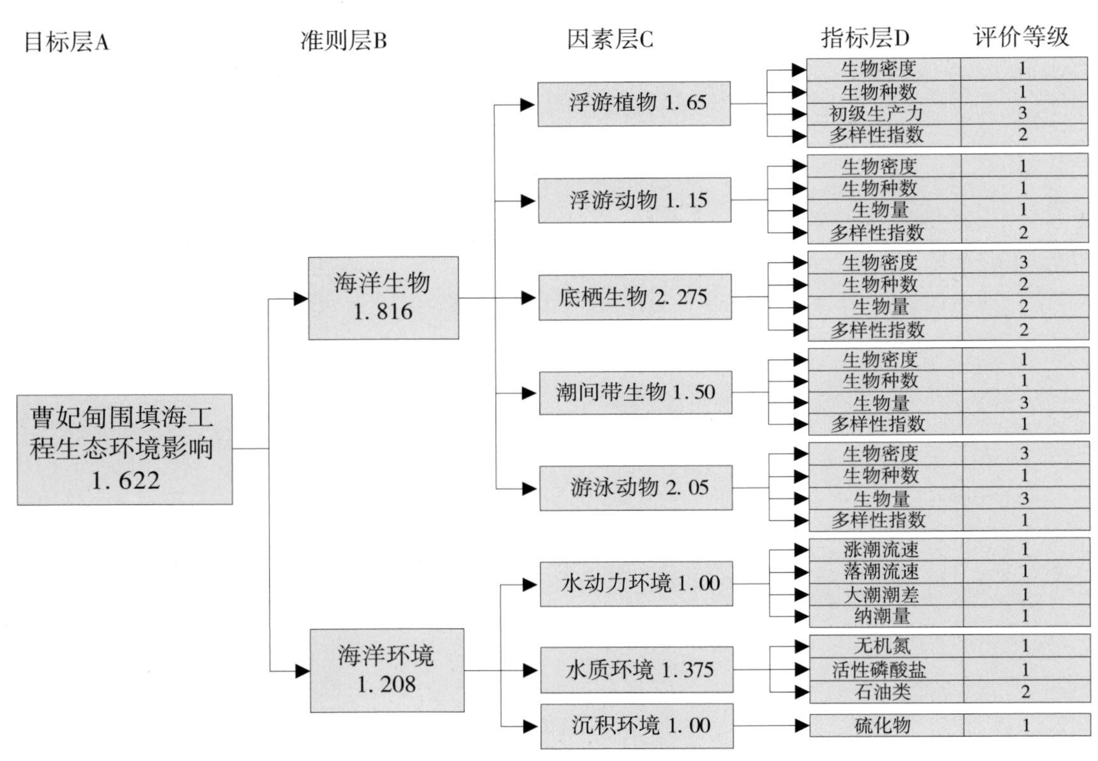

图9-7　曹妃甸围填海工程海洋环境影响回顾性评估结果

四、曹妃甸围填海工程海洋环境影响回顾性评估结论

采用对比分析的方法回顾性评估了曹妃甸围填海工程前、后附近海域水动力、生物生态、水质及沉积物质量的变化情况，探讨分析了围填海对海洋环境的影响程度。主要结论如下。

（1）曹妃甸围填海工程对周边海域水动力环境的影响主要集中在近岸高滩附近。

（2）曹妃甸围填海工程对浅海底栖生物产生了一定影响，主要原因是底栖生物为定置性生物，活动能力较差，取砂吹填及悬浮物的沉降都改变了附近海域底栖生物的生境。

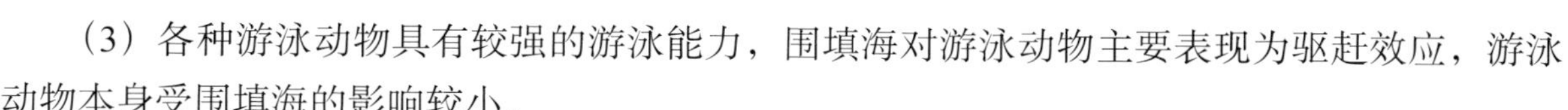

（3）各种游泳动物具有较强的游泳能力，围填海对游泳动物主要表现为驱赶效应，游泳动物本身受围填海的影响较小。

（4）曹妃甸围填海对潮间带生物的影响主要为围填海直接占用潮间带生物的大片栖息环境，对潮间带生物群落的影响较大。

（5）在水质方面，随着围填海工程的进行，污染类型从微污染变为中污染。另外，通岛公路阻断了浅滩潮道，海水的自净能力减弱，加剧了水质污染程度。

（6）目前曹妃甸围填海对附近海域海洋沉积物质量影响不大，但是随着曹妃甸工业园区投入使用及时间的积累，附近海域沉积物质量可能会进一步恶化。

参考文献

鲍献文, 乔璐璐, 于华明. 2008. 福建省海湾围填海规划水动力影响评价[M]. 北京：科学出版社.
陈才俊. 2001. 江苏中部海堤大规模外迁后的潮水沟发育[J]. 海洋通报, 20 (6): 71-79.
陈才俊. 2009. 围滩造田与淤泥质潮滩的发育[J]. 海洋通报, 9 (3): 69-73.
陈欣树, 陈俊仁. 1993. 华南沿海风沙灾害与防治[J].中国地质灾害与防治学报, 4 (3): 100-102.
陈欣树. 1989. 广东和海南岛砂质海岸地貌及其开发利用[J]. 热带海洋, 8 (1): 43-51.
陈子燊. 2008. 砂质海岸近岸地形动力过程研究[J]. 热带地理, 28 (3): 242-246.
李震, 雷怀彦. 2006. 中国砂质海岸分布特征与存在问题[J]. 海洋地质动态, 22 (6): 1-4.
崔承琦. 1983. 石臼湾及其附近海岸地貌特征[J].山东海洋学院学报, 13 (2): 67-80.
杜鹏, 娄安刚, 张学庆, 等. 2008. 胶州湾前湾填海对其水动力影响预测分析[J]. 海岸工程, 27 (1): 28-40.
范航清, 等. 1997. 海堤对广西沿海红树林的数量、群落特征和恢复的影响[J]. 应用生态学报, 8 (3): 240-244.
丰爱平, 夏东兴. 2003. 海岸侵蚀灾害分级[J]. 海岸工程, 22 (3): 60-66.
冯利华, 鲍毅新. 2004. 滩涂围垦的负面影响与可持续发展战略[J]. 海洋科学, 28 (4): 76-77.
傅命佐, 徐孝诗, 等. 1997. 黄渤海海岸风沙地貌类型及其分布规律和发育模式[J].海洋与湖沼, 28 (1): 56-65.
韩晓庆. 2008. 河北省近百年海岸线演变研究. 硕士学位论文, 河北师范大学.
贺宝根, 王初, 周乃晨, 等. 2004. 长江口潮滩浅水区域流速与含沙量的关系初析[J]. 泥沙研究, (5): 56-61.
黄少敏, 罗章仁. 2003. 海南岛沙质海岸侵蚀的初步研究[J]. 广东大学学报 (自然科学版) , 2 (5): 449-454.
金元欢. 1988. 我国入海河口的基本特点[J], 东海海洋, 5 (3): 18-25.
李加林, 杨晓平, 等. 2007. 潮滩围垦对海岸环境的影响研究进展[J]. 地理科学进展, 26 (2): 43-51.
李孟国, 曹祖德. 1999. 海岸河口潮流数值模拟的研究与进展[J]. 海洋学报, 21 (2): 111-125.
郭伟, 朱大奎. 2005. 深圳填海造地对海洋环境影响的分析[J].南京大学学报(自然科学版), 41 (3): 286-296.
刘修德. 2008. 福建省海湾围填海规划环境影响综合评价[M]. 北京：科学出版社.
陆永军, 董壮. 2002. 强潮河口困海工程对水动力环境的影响[J]. 海洋工程, 20 (4): 17-25.
骆晓明, 卢继清. 2006. 三门湾下洋涂围垦工程堤前波浪要素分析[J]. 水力发电, 32 (5): 18-20.
孟海涛, 陈伟琪, 赵最, 等. 2007. 生态足迹方法在围填海评价中的应用初探以厦门西海域为例[J]. 厦门大学学报 (自然科学版) , 46 增刊：203-207.
倪晋仁, 秦华鹏. 2003. 填海工程对潮间带湿地生境损失的影响评估[J]. 环境科学学报, 23 (3): 345-349.
秦华鹏, 倪晋仁. 2002. 确定海湾填海优化岸线的综合方法[J]. 水利学报, (8): 35-42.
邱若峰, 杨燕雄, 庄振业, 等. 2009. 河北省沙质海岸侵蚀灾害和防治对策[J]. 海洋湖沼通报, (2): 162-168.
裘江海. 2005. 浅析围涂工程对环境的影响[J].中国水利学会滩涂湿地保护与利用专委会2005学术年会论文集：62-69.

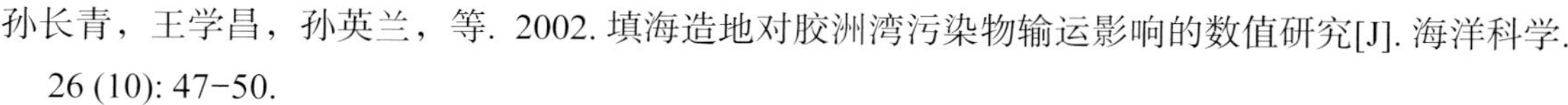

孙长青，王学昌，孙英兰，等. 2002. 填海造地对胶洲湾污染物输运影响的数值研究[J]. 海洋科学. 26 (10): 47-50.

孙连成. 2003. 塘沽围海造陆工程对周边泥沙环境影响的研究[J]. 水运工程，350 (3): 1-5.

王胜. 1999. 景观结构特征数量化方法概述[J].河北林业研究，14 (2): 126-132.

潘耀辉. 2007. 大规模滩涂围垦对河口海湾水质环境影响及其景观机理的研究. 硕士学位论文，浙江大学.

王文海, 吴桑云. 1993. 山东省海岸侵蚀灾害研究[J]. 自然灾害学报，2 (4): 60-66.

王艳红, 温永宁, 王建，等. 2006. 海岸滩涂围垦的适宜速度研究——以江苏淤泥质海岸为例[J]. 海洋通报, 25 (2): 15-19.

吴英海, 朱维斌，陈晓华，等. 2005. 围滩吹填工程对水环境的影响分析[J]. 水资源保护, 21 (2): 53-56.

夏海峰, 张玮. 2008. 南汇东滩及浦东国际机场外沿围海造地工程潮流数学模型研究[J]. 水道港口，29 (1): 25-30.

徐承祥, 俞勇强. 2003. 浙江省滩涂围垦发展综述[J].浙江水利科技，(1): 8-10.

徐敏，陆培东. 2003. 围海工程对邻近港区泥沙回淤的影响研究[J]. 海洋工程，21 (1): 47-52.

许国辉, 郑建国. 2001. 砂质海岸与淤泥质平原海岸的生态型保护研究[J].地学前缘, 8 (2).

杨桂山, 施雅风，张探. 2002. 江苏滨海潮滩湿地对潮位变化的生态响应[J].地理学报, 57 (3): 325-332.

杨世伦, 朱骏，赵庆英. 2003. 长江供沙量减少对水下三角洲发育影响的初步研究[J]. 海洋学报，25 (5): 83-91.

杨顺良. 2008. 福建省海湾围填海规划环境影响预测性评价[M]. 北京：科学出版社.

恽才兴. 2004. 长江河口近期演变基本规律[M]. 北京：海洋出版社.

张华国, 郭艳霞, 黄韦良, 等. 2005. 1986年以来杭州湾围垦淤涨状况卫星遥感调查[J].国土资源遥感，(2): 50-54.

Andy J Green, Joedi Figuerola. 2005. Recent advances in the study of long-distance dispersal of aquatic invertebratesvia birds[J]. Journal of Conservation Biogeography, 11 (2): 149-156.

Daily G C. 1997. Natural Service: Social dependence on natural ecosystem[M]. Washington:Island press.

Hein L, Koppen K, de Groote R S, et al. 2005. Spatial scales, stakeholders and the valuation of ecosystem services[J]. Ecological Economics, 57 (2): 209-228.